一流本科专业一流本科课程建设系列教材

解 析 几 何

曹丽梅　司新辉　李　晔　编

机 械 工 业 出 版 社

本书系统地介绍了解析几何的基本内容和基本方法. 内容共有 5 章, 包括向量代数与坐标、平面与空间直线、曲线与曲面方程、二次曲线与二次曲面的一般理论及等距变换与仿射变换. 书中有适量的例题且每节都配有习题, 并附有习题答案与提示.

本书在第 3 章和第 5 章介绍了用 Python 作图的一些基本方法, 并以二维码形式提供了全部程序及录屏演示. 对于教材中部分知识点讲解、定理证明及例题的求解, 也以二维码形式提供了视频, 便于学生更好地理解.

本书可作为综合性大学、理工类大学和高等师范院校数学类专业教材, 也可以作为其他相关专业的教学参考书.

图书在版编目（CIP）数据

解析几何/曹丽梅，司新辉，李晖编. —北京：机械工业出版社，2023.4（2024.1 重印）
一流本科专业一流本科课程建设系列教材
ISBN 978-7-111-72832-0

Ⅰ.①解… Ⅱ.①曹… ②司… ③李… Ⅲ.①解析几何-高等学校-教材 Ⅳ.①O182

中国国家版本馆 CIP 数据核字（2023）第 046683 号

机械工业出版社（北京市百万庄大街 22 号 邮政编码 100037）
策划编辑：韩效杰 责任编辑：韩效杰 李 乐
责任校对：潘 蕊 李 婷 封面设计：王 旭
责任印制：常天培
北京机工印刷厂有限公司印刷
2024 年 1 月第 1 版第 2 次印刷
184mm×260mm · 14.25 印张 · 341 千字
标准书号：ISBN 978-7-111-72832-0
定价：49.80 元

电话服务　　　　　　　网络服务
客服电话：010-88361066　机 工 官 网：www.cmpbook.com
　　　　　010-88379833　机 工 官 博：weibo.com/cmp1952
　　　　　010-68326294　金 书 网：www.golden-book.com
封底无防伪标均为盗版　机工教育服务网：www.cmpedu.com

前　言

解析几何是针对数学类专业开设的重要专业基础课之一，是通过代数研究几何问题的一门数学学科. 作为一门几何课程，其主要目的是培养学生的空间想象能力、数形结合能力以及逻辑推理能力，同时为学生后续的数学和物理课程的学习提供必要的基础知识.

本书内容上主次分明、结构清晰，在保持传统纸质教材经典体系的前提下，增加了丰富的在线数字学习内容，增强了教材的适用性. 在编写过程中，编者遵循深入浅出、循序渐进的原则，以不失数学语言的严谨性为前提，尽量用通俗易懂的语言阐述解析几何的相关知识.

第 1 章，向量代数与坐标. 从向量的定义出发，展示向量各种运算的几何意义及其在几何中的应用，然后把向量的各种运算代数化，并用坐标表示.

第 2 章，平面与空间直线. 用向量法和坐标法给出空间最基本的二维曲面（平面）和一维曲线（直线）方程，并研究它们之间的位置关系与度量关系.

第 3 章，曲线与曲面方程. 由图形出发，分别由点的轨迹、线的轨迹建立特殊曲线与曲面的方程；再从二次曲面的方程出发，讨论方程所代表的几何图形的特征，包括对称性、有界性、直纹性等. 为了提高学生对空间图形的直观理解以及增强学生对 Python 软件的使用能力，本章最后介绍了用 Python 作图的一些基本方法，特别是如何用 Python 作动态图，易于理解，更有利于教与学.

第 4 章，二次曲线与二次曲面的一般理论. 从代数角度研究二次曲线与二次曲面的方程，把代数与几何基础理论相结合；利用直角坐标变换，给出二次曲线与二次曲面的化简及分类.

第 5 章，等距变换与仿射变换. 以几何方式引入平面及空间等距变换与仿射变换的定义，并给出其在坐标系中的代数表示. 本章最后介绍了 Python 在平面仿射变换和空间仿射变换上的应用，并以二维码形式提供了全部程序及录屏演示.

编者曾多次以本书内容为讲义讲授解析几何，北京科技大学数理学院对本书的编写与试用给予了大力支持. 本书在编写中参考了国内外许多同类教材，借鉴了一些好的写法，向这些作者表示感谢. 同时也向为本书出版提出宝贵意见和建议的同行和学生以及机械工业出版社的编辑团队表示衷心的感谢.

由于编者水平所限，书中不妥甚至错误之处在所难免，恳请大家批评指正.

编　者

目 录

第 1 章
向量代数与坐标

解析几何的基本思想是用代数的方法研究几何问题，基本方法是向量法与坐标法. 为了把代数运算引入几何研究中，必须把几何结构进行系统的代数化. 可通过引入向量的代数运算，然后再转成坐标表示，使得点可用坐标表示，图形可用方程表示，进而将几何问题转化成代数问题，用代数方法研究几何问题.

本章将用直观的方法引入向量，讨论向量的各种代数运算的规律及几何意义，并用坐标进行向量运算，掌握并灵活运用它们解决几何问题.

1.1 向量的线性运算

1.1.1 向量及其表示

现实生活中，有些量只要取定了单位，就可以用一个实数把它表示出来，如长度、面积、质量、时间等. 这种只有大小的量称为数量. 而有些量，不仅有大小，还有方向，如速度、加速度、位移、力等. 这些量仅用一个数是不能表示其本质的，这种既有大小又有方向的量叫作向量.

向量是一种重要的代数工具. 在力学及工程技术中有着广泛的应用，我们可以利用向量解决许多问题. 在处理几何问题时，向量可以帮助我们建立几何图形的方程，同时具有很强的几何直观性.

定义 1.1.1 既有大小，又有方向的量称为**向量**(或**矢量**).

常用有向线段来表示向量. 线段的长短表示向量的大小，箭头的方向表示向量的方向. 如图 1-1-1 所示的向量记作 $\overrightarrow{AB}$，A 为向量的起点，B 为终点. 也可以用一个黑体字母或带箭头的小写字母表示，例如向量 $\boldsymbol{a}$ 或 $\vec{a}$ 等.

有向线段 $\overrightarrow{AB}$ 的长度叫作**向量的模**，记为 $|\overrightarrow{AB}|$. 若向量的长度

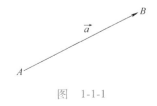

图　1-1-1

等于 1，则称之为**单位向量**.

规定长度为零的向量叫作**零向量**，记为 $\vec{0}$. 零向量的方向不确定. 当向量的起点和终点重合时，即当 $A = B$ 时，向量 $\overrightarrow{AB}$ 即为零向量，$\overrightarrow{AB} = \vec{0}$.

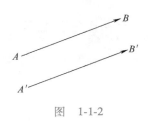

图   1-1-2

两个向量方向相同，是指它们平移到同一始点时，在一条直线上，且两个终点分布在始点的同一侧；反之，若两个终点分布在始点的两侧，则称两向量方向相反. 若两个向量通过平移可以移到同一直线上，则称这两个向量**共线**或**平行**，记作 $\vec{a} // \vec{b}$. 平行于同一平面的一组向量，称为**共面向量**.

若两个向量具有相同的长度和方向，则称这两个**向量相等**. 如图 1-1-2 所示，$\overrightarrow{AB}$ 与 $\overrightarrow{A'B'}$ 是相等的向量，记作 $\overrightarrow{AB} = \overrightarrow{A'B'}$. 因此，向量的起点可以任意选取，或者说向量可以自由地平行移动.

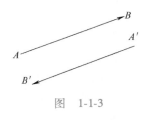

图   1-1-3

两个模相等、方向相反的向量称作互为**反向量**. 如图 1-1-3 所示，向量 $\overrightarrow{A'B'}$ 是向量 $\overrightarrow{AB}$ 的反向量，记作 $\overrightarrow{A'B'} = -\overrightarrow{AB}$.

1.1.2   向量的线性运算

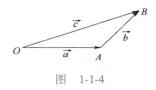

图   1-1-4

定义 1.1.2   对于任意给定的两个向量 $\vec{a}$，$\vec{b}$，从空间任意一点 O 引向量 $\overrightarrow{OA} = \vec{a}$，再从点 A 引向量使得 $\overrightarrow{AB} = \vec{b}$，定义新向量 $\overrightarrow{OB} = \vec{c}$ 为向量 $\vec{a}$，$\vec{b}$ 的和(见图 1-1-4)，记作 $\vec{a} + \vec{b}$，即 $\vec{c} = \vec{a} + \vec{b}$.

由上述定义表示的向量加法通常称为三角形法则.

我们也可以从力的合成法则(平行四边形法则)中抽象出向量加法的定义.

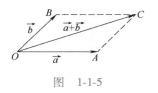

图   1-1-5

定义 1.1.3   以点 O 为公共始点，作向量 $\overrightarrow{OA} = \vec{a}$，$\overrightarrow{OB} = \vec{b}$，则以 $\overrightarrow{OA}$，$\overrightarrow{OB}$ 为邻边的平行四边形 $OACB$ 的对角线上的向量 $\overrightarrow{OC}$ 叫作向量 $\vec{a}$ 与 $\vec{b}$ 的和，记作 $\vec{a} + \vec{b}$(见图 1-1-5).

三角形的任意一条边长不超过另外两边的和，因此对于任意的向量 $\vec{a}$ 与 $\vec{b}$，有

$$|\vec{a} + \vec{b}| \leqslant |\vec{a}| + |\vec{b}|,$$

称该不等式为**三角不等式**.

向量加法具有下列运算规律：

（1）交换律　$\vec{a}+\vec{b}=\vec{b}+\vec{a}$；

（2）结合律　$(\vec{a}+\vec{b})+\vec{c}=\vec{a}+(\vec{b}+\vec{c})$；

（3）对任意向量 $\vec{a}$，有 $\vec{a}+\vec{0}=\vec{a}$；

（4）对任意向量 $\vec{a}$，有 $\vec{a}+(-\vec{a})=\vec{0}$.

证明　（1）取空间的任意一点 O，作向量 $\overrightarrow{OA}=\vec{a}$，$\overrightarrow{OB}=\vec{b}$，再以 OA 和 OB 为边作平行四边形 $OACB$，则对角线 $\overrightarrow{OC}=\vec{a}+\vec{b}$，可知 $\overrightarrow{BC}=\vec{a}$（见图 1-1-5），从而有

$$\vec{a}+\vec{b}=\overrightarrow{OB}+\overrightarrow{BC}=\overrightarrow{OC}=\vec{b}+\vec{a}.$$

（2）作向量 $\overrightarrow{OA}=\vec{a}$，$\overrightarrow{AB}=\vec{b}$，$\overrightarrow{BC}=\vec{c}$（见图 1-1-6），则

$$(\vec{a}+\vec{b})+\vec{c}=(\overrightarrow{OA}+\overrightarrow{AB})+\overrightarrow{BC}=\overrightarrow{OB}+\overrightarrow{BC}=\overrightarrow{OC},$$
$$\vec{a}+(\vec{b}+\vec{c})=\overrightarrow{OA}+(\overrightarrow{AB}+\overrightarrow{BC})=\overrightarrow{OA}+\overrightarrow{AC}=\overrightarrow{OC},$$

因此

$$(\vec{a}+\vec{b})+\vec{c}=\vec{a}+(\vec{b}+\vec{c}).$$

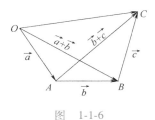

图　1-1-6

（3）（4）证明从略.

向量的减法运算可以利用反向量定义.

定义 1.1.4　向量 $\vec{a}$ 与向量 $\vec{b}$ 的差是一个向量，它是向量 $\vec{a}$ 与向量 $\vec{b}$ 的反向量 $-\vec{b}$ 的和，记作 $\vec{a}-\vec{b}$.

从空间任意一点作向量 $\overrightarrow{OA}=\vec{a}$，$\overrightarrow{OB}=\vec{b}$（见图 1-1-7），则

$$\vec{a}-\vec{b}=\overrightarrow{OA}-\overrightarrow{OB}=\overrightarrow{OA}+(-\overrightarrow{OB})=\overrightarrow{OA}+\overrightarrow{BO}=\overrightarrow{BA}.$$

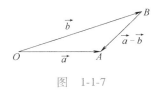

图　1-1-7

向量加法的定义可推广到任意有限个向量的加法，又由加法的结合律，三角不等式也可推广到有限多个向量的情形（见图 1-1-8），即

$$|\vec{a_1}+\vec{a_2}+\cdots+\vec{a_n}| \leqslant |\vec{a_1}|+|\vec{a_2}|+\cdots+|\vec{a_n}|.$$

向量的加减运算都是向量间的运算，运算的结果仍然是向量. 在某些情况下，数量和向量也会产生某些关系，例如位移可以表示为时间和速度的乘积，位移和速度方向平行. 推广到一般情况，如果两向量平行，即它们的方向相同或相反，其长度可以是任意的倍数，那么两平行向量之间的关系也可以用数量和向量的运算来表示，即为**数乘运算**.

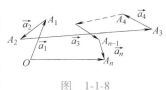

图　1-1-8

定义 1.1.5　实数 λ 与向量 $\vec{a}$ 的乘积是一个向量，记作 $\lambda\vec{a}$. 它的模 $|\lambda\vec{a}|=|\lambda||\vec{a}|$，对于它的方向，当 $\lambda>0$ 时与 $\vec{a}$ 同向，当

$\lambda < 0$ 时与 $\vec{a}$ 反向, 当 $\vec{a} = \vec{0}$ 或 $\lambda = 0$ 时, 则 $\lambda\vec{a}$ 是零向量. 再者, 若 $\lambda = -1$, 则 $-1 \cdot \vec{a}$ 的值等于 $\vec{a}$ 的反向量.

长度为 1 的向量称为单位向量. 对于任意非零向量 $\vec{a}$, 定义 $\vec{a}$ 的单位向量 $\vec{a_0} = \dfrac{1}{|\vec{a}|}\vec{a}$.

数乘运算有下列运算规律:

(1) $1 \cdot \vec{a} = \vec{a}$;

(2) $\lambda(\mu\vec{a}) = (\lambda\mu)\vec{a}$ $(\lambda, \mu \in \mathbf{R})$;

(3) $(\lambda + \mu)\vec{a} = \lambda\vec{a} + \mu\vec{a}$ $(\lambda, \mu \in \mathbf{R})$;

(4) $\lambda(\vec{a} + \vec{b}) = \lambda\vec{a} + \lambda\vec{b}$ $(\lambda \in \mathbf{R})$.

证明 (1) 略.

(2) 对于此规律的证明, 从两个角度进行考虑, 一是模相等, 二是方向一致.

(3) 若两常数值至少有一个为零, 等式显然成立; 若均不为零, 下面分两种情况讨论.

当 $\lambda\mu > 0$ 时, 不妨设 $\lambda > 0$, $\mu > 0$,

$$|(\lambda + \mu)\vec{a}| = |\lambda + \mu||\vec{a}| = (|\lambda| + |\mu|)|\vec{a}|$$
$$= |\lambda||\vec{a}| + |\mu||\vec{a}| = |\lambda\vec{a}| + |\mu\vec{a}|,$$

所以 $(\lambda + \mu)\vec{a} = \lambda\vec{a} + \mu\vec{a}$.

再来讨论 $\lambda\mu < 0$, 不妨设 $\lambda < 0$, $\mu > 0$, 这时 $\lambda + \mu$ 有两种取值, 设 $\lambda + \mu > 0$, 利用上面所得的结果进行推导

$$(\lambda + \mu)\vec{a} + (-\mu)\vec{a} = [(\lambda + \mu) + (-\mu)]\vec{a} = \lambda\vec{a},$$

移项后可得 $(\lambda + \mu)\vec{a} = \lambda\vec{a} + \mu\vec{a}$.

(4) 若 λ 为零或 $\vec{a}$, $\vec{b}$ 中有一个为零向量, 等式显然成立. 故只需证明 $\lambda \neq 0$, $\vec{a} \neq \vec{0}$, $\vec{b} \neq \vec{0}$ 的情况.

若 $\vec{a}$, $\vec{b}$ 共线, 分两种情况. 如果 $\vec{a}$, $\vec{b}$ 同向, 取 $m = \dfrac{|\vec{a}|}{|\vec{b}|}$, 否则取 $m = -\dfrac{|\vec{a}|}{|\vec{b}|}$, 则有 $\vec{a} = m\vec{b}$, 这时

$$\lambda(\vec{a} + \vec{b}) = \lambda(m\vec{b} + \vec{b}) = \lambda(m+1)\vec{b} = \lambda m\vec{b} + \lambda\vec{b} = \lambda\vec{a} + \lambda\vec{b}.$$

若 $\vec{a}$，$\vec{b}$ 不共线（见图 1-1-9），不妨设 $\lambda > 0$，则 $\overrightarrow{AE} = \vec{a}$，$\overrightarrow{AD} = \lambda \vec{a}$，$\overrightarrow{EC} = \vec{b}$，$\overrightarrow{DB} = \lambda \vec{b}$. 因为 $\triangle AEC$ 与 $\triangle ADB$ 相似，所以 $\overrightarrow{AB} = \lambda \overrightarrow{AC}$.
又因为 $\overrightarrow{AC} = \vec{a} + \vec{b}$，所以 $\overrightarrow{AB} = \lambda(\vec{a} + \vec{b})$. 另一方面 $\overrightarrow{AB} = \overrightarrow{AD} + \overrightarrow{DB} = \lambda \vec{a} + \lambda \vec{b}$，故 $\lambda(\vec{a} + \vec{b}) = \lambda \vec{a} + \lambda \vec{b}$. 同理可证 $\lambda < 0$ 的情况.

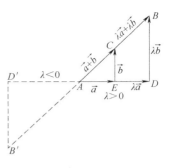

图　1-1-9

向量的加法运算和数乘运算称为向量的线性运算. 因此向量可以像实数及多项式一样进行加法和数乘运算.

例 1.1.1　已知 $\triangle ABC$ 三边 BC，CA，AB 的中点分别为 D，E，F.
证明：顺次将三个向量 $\overrightarrow{AD}$，$\overrightarrow{BE}$，$\overrightarrow{CF}$ 的终点和始点连接，正好构成一个三角形.

证明　三个向量的终点与始点依次连接，则以第一个向量的始点为始点，以最后一个向量的终点为终点的向量即是三个向量之和.

因此要证明三个向量的终点与始点依次连接能构成三角形，就要证明这三个向量之和为零向量.

因为

$$\overrightarrow{AD} = \overrightarrow{AC} + \frac{1}{2}\overrightarrow{CB}, \qquad \overrightarrow{BE} = \overrightarrow{BA} + \frac{1}{2}\overrightarrow{AC}, \qquad \overrightarrow{CF} = \overrightarrow{CB} + \frac{1}{2}\overrightarrow{BA},$$

所以有

$$\overrightarrow{AD} + \overrightarrow{BE} + \overrightarrow{CF} = \overrightarrow{AC} + \overrightarrow{BA} + \overrightarrow{CB} + \frac{1}{2}(\overrightarrow{CB} + \overrightarrow{AC} + \overrightarrow{BA}) = \frac{3}{2}(\overrightarrow{AC} + \overrightarrow{CB} + \overrightarrow{BA}) = \vec{0},$$

这表明 $\overrightarrow{AD}$，$\overrightarrow{BE}$，$\overrightarrow{CF}$ 构成一个三角形.

1.1.3　向量的共线与共面

定理 1.1.1　向量 $\vec{b}$ 与非零向量 $\vec{a}$ 共线的充要条件是存在实数 λ，使 $\vec{b} = \lambda \vec{a}$.

证明　充分性　若 $\lambda = 0$，则 $\lambda \vec{a}$ 为零向量，即 $\vec{b}$ 为零向量，显然 $\vec{b}$ 与 $\vec{a}$ 共线.

当 $\lambda \neq 0$ 时，由数乘定义，$\lambda \vec{a}$ 与 $\vec{a}$ 同向或反向，即 $\lambda \vec{a}$ 与 $\vec{a}$ 共线，$\vec{b}$ 与 $\vec{a}$ 共线.

必要性　若 $\vec{b} = \vec{0}$，则取 $\lambda = 0$.

若 $\vec{b} \neq \vec{0}$，则取 λ，使得 $|\lambda| = \dfrac{|\vec{b}|}{|\vec{a}|}$. 当 $\vec{b}$ 与 $\vec{a}$ 同向时，λ 取正号；当 $\vec{b}$ 与 $\vec{a}$ 反向时，λ 取负号. 这时就有 $\vec{b} = \lambda \vec{a}$.

推论 1.1.1　两个向量 $\vec{a}$ 与 $\vec{b}$ 共线的充要条件是存在不全为零的实数 λ,μ，使得 $\lambda\vec{a}+\mu\vec{b}=\vec{0}$.

证明　**充分性**　不妨设 $\mu\neq0$，有 $\vec{b}=-\dfrac{\lambda}{\mu}\vec{a}$，则 $\vec{b}$ 与 $\vec{a}$ 共线.

必要性　若 $\vec{a}=\vec{b}=\vec{0}$，则显然成立. 不妨设 $\vec{a}\neq\vec{0}$，则由 $\vec{a}$ 与 $\vec{b}$ 共线及定理 1.1.1，存在实数 k，使得 $\vec{b}=k\vec{a}$，于是有 $k\vec{a}-\vec{b}=\vec{0}$. 取 $\lambda=k,\mu=-1$，即可得到结果.

定理 1.1.2　若向量 $\vec{a},\vec{b}$ 不共线，则向量 $\vec{c}$ 与 $\vec{a},\vec{b}$ 共面的充要条件是存在实数 λ,μ，使得

$$\vec{c}=\lambda\vec{a}+\mu\vec{b}.$$

证明　**充分性**　由数乘及向量加法的定义，得到 $\vec{c}$ 是以 $\lambda\vec{a}$ 和 $\mu\vec{b}$ 为邻边的平行四边形的对角线向量，所以 $\lambda\vec{a}$ 和 $\mu\vec{b}$ 与 $\vec{c}$ 共面，因而 $\vec{c}$ 与 $\vec{a},\vec{b}$ 共面.

必要性　从一点 O 作 $\overrightarrow{OA}=\vec{a}$，$\overrightarrow{OB}=\vec{b}$，$\overrightarrow{OC}=\vec{c}$（见图 1-1-10），于是 $\overrightarrow{OC}$ 在 $\overrightarrow{OA}$ 和 $\overrightarrow{OB}$ 所确定的平面上. 由 C 分别作 OB，OA 的平行线，与直线 OA，OB 分别交于 A'，B'，于是有

$$\overrightarrow{OC}=\overrightarrow{OA'}+\overrightarrow{OB'}.$$

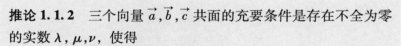

图　1-1-10

由定理 1.1.1 知存在 $\lambda,\mu\in\mathbf{R}$，使得 $\overrightarrow{OA'}=\lambda\overrightarrow{OA}$，$\overrightarrow{OB'}=\mu\overrightarrow{OB}$. 代入上式即得结论.

推论 1.1.2　三个向量 $\vec{a},\vec{b},\vec{c}$ 共面的充要条件是存在不全为零的实数 λ,μ,ν，使得

$$\lambda\vec{a}+\mu\vec{b}+\nu\vec{c}=\vec{0}.$$

证明　本推论的证明作为练习题.

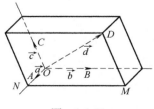

图　1-1-11

定理 1.1.3　设 $\vec{a},\vec{b},\vec{c}$ 不共面，则对空间中任意向量 $\vec{d}$，均存在唯一数组 (λ,μ,ν)，使得

$$\vec{d}=\lambda\vec{a}+\mu\vec{b}+\nu\vec{c}.$$

证明　如图 1-1-11 所示，取一点 O 作 $\overrightarrow{OA}=\vec{a}$，$\overrightarrow{OB}=\vec{b}$，$\overrightarrow{OC}=$

$\vec{c}$，$\overrightarrow{OD}=\vec{d}$. 过 D 作一直线与 OC 平行，且与 OA 和 OB 所确定的平面交于 M，过 M 作一直线与 OB 平行，且与 OA 交于 N. 因为

$$\overrightarrow{ON}\,/\!/\,\vec{a}, \quad \overrightarrow{NM}\,/\!/\,\vec{b}, \quad \overrightarrow{MD}\,/\!/\,\vec{c},$$

所以分别存在实数 λ，μ，ν 使得

$$\overrightarrow{ON}=\lambda\vec{a}, \quad \overrightarrow{NM}=\mu\vec{b}, \quad \overrightarrow{MD}=\nu\vec{c}.$$

从而 $\vec{d}=\overrightarrow{OD}=\overrightarrow{ON}+\overrightarrow{NM}+\overrightarrow{MD}=\lambda\vec{a}+\mu\vec{b}+\nu\vec{c}$.

下面证明系数 λ，μ，ν 由 $\vec{a}$，$\vec{b}$，$\vec{c}$，$\vec{d}$ 唯一确定. 因为如果

$$\vec{d}=\lambda\vec{a}+\mu\vec{b}+\nu\vec{c}=\lambda'\vec{a}+\mu'\vec{b}+\nu'\vec{c},$$

那么

$$(\lambda-\lambda')\vec{a}+(\mu-\mu')\vec{b}+(\nu-\nu')\vec{c}=\vec{0}.$$

如果

$$\lambda\neq\lambda',$$

那么

$$\vec{a}=-\frac{\mu-\mu'}{\lambda-\lambda'}\vec{b}-\frac{\nu-\nu'}{\lambda-\lambda'}\vec{c},$$

所以由定理 1.1.2 知 $\vec{a}$，$\vec{b}$，$\vec{c}$ 共面，这与定理的假设矛盾，所以有 $\lambda=\lambda'$. 同理，$\mu=\mu'$，$\nu=\nu'$. 因此 λ，μ，ν 被唯一确定.

例 1.1.2 设一直线上三点 A，B，P 满足 $\overrightarrow{AP}=\lambda\overrightarrow{PB}(\lambda\neq-1)$，$O$ 是空间任意一点. 求证：$\overrightarrow{OP}=\dfrac{\overrightarrow{OA}+\lambda\overrightarrow{OB}}{1+\lambda}$.

证明 如图 1-1-12 所示，直接利用向量加法的定义，我们有

$$\overrightarrow{OP}=\overrightarrow{OA}+\overrightarrow{AP}=\overrightarrow{OA}+\lambda\overrightarrow{PB}=\overrightarrow{OA}+\lambda(\overrightarrow{OB}-\overrightarrow{OP}),$$

移项，即得

$$\overrightarrow{OP}=\frac{\overrightarrow{OA}+\lambda\overrightarrow{OB}}{1+\lambda}. \tag{1.1.1}$$

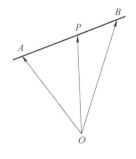

图 1-1-12

式（1.1.1）中，P 点的位置与公共起点 O 的选取无关.

式（1.1.1）称为向量形式的**定比分点公式**. 当点 P 是中点时，$\lambda=1$. 此时，中点公式为

$$\overrightarrow{OP}=\frac{\overrightarrow{OA}+\overrightarrow{OB}}{2}.$$

例 1.1.3 利用向量证明三角形的三条中线相交于一点（重心）.

证明 如图 1-1-13 所示，在 $\triangle ABC$ 中，D，E，F 分别是边 BC，AC，AB 的中点. 作中线 BE 与 AD 相交于一点 G，设 $\overrightarrow{AG}=$

例 1.1.3 证明
视频扫码

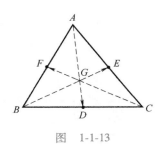

图　1-1-13

$\lambda \overrightarrow{AD}$, $\overrightarrow{BG}=\mu \overrightarrow{BE}$, 因为

$$\overrightarrow{AD}=\overrightarrow{AB}+\frac{1}{2}\overrightarrow{BC}, \qquad \overrightarrow{BE}=\overrightarrow{BC}+\frac{1}{2}\overrightarrow{CA},$$

所以

$$\overrightarrow{AG}=\lambda\left(\overrightarrow{AB}+\frac{1}{2}\overrightarrow{BC}\right), \qquad \overrightarrow{BG}=\mu\left(\overrightarrow{BC}+\frac{1}{2}\overrightarrow{CA}\right).$$

又因为 $\overrightarrow{AB}+\overrightarrow{BG}+\overrightarrow{GA}=\vec{0}$, 即

$$\overrightarrow{AB}+\mu\left(\overrightarrow{BC}+\frac{1}{2}\overrightarrow{CA}\right)-\lambda\left(\overrightarrow{AB}+\frac{1}{2}\overrightarrow{BC}\right)=(1-\lambda)\overrightarrow{AB}+\left(\mu-\frac{1}{2}\lambda\right)\overrightarrow{BC}+\frac{1}{2}\mu\,\overrightarrow{CA}=\vec{0}.$$

把 $\overrightarrow{CA}=-\overrightarrow{AB}-\overrightarrow{BC}$ 代入上式得

$$\left(1-\lambda-\frac{1}{2}\mu\right)\overrightarrow{AB}+\frac{1}{2}(\mu-\lambda)\overrightarrow{BC}=\vec{0}.$$

因为 $\overrightarrow{AB}$, $\overrightarrow{BC}$ 不共线, 则必有 $1-\lambda-\frac{1}{2}\mu=0$, $\mu-\lambda=0$. 可得 $\lambda=\mu=\frac{2}{3}$, 即

$$\overrightarrow{AG}=\frac{2}{3}\overrightarrow{AD}, \qquad \overrightarrow{BG}=\frac{2}{3}\overrightarrow{BE}.$$

这表明, 中线 AD 和 BE 的交点与顶点 A, B 的距离分别等于相应中线长的 $\frac{2}{3}$. 同理可证中线 AD 和 CF 的交点与 A, C 的距离也等于相应中线长的 $\frac{2}{3}$. 因此三中线必交于一点, 且这点与 A, B, C 的距离分别等于相应中线长的 $\frac{2}{3}$.

例 1.1.4 已知 $\triangle OAB$, 其中 $\overrightarrow{OA}=\vec{a}$, $\overrightarrow{OB}=\vec{b}$, 而 M, N 分别为三角形两边 OA, OB 上的点, 且有 $\overrightarrow{OM}=\lambda\vec{a}$ $(0<\lambda<1)$, $\overrightarrow{ON}=\mu\vec{b}$ $(0<\mu<1)$. 设 AN 与 BM 相交于 P (见图 1-1-14), 试把向量 $\overrightarrow{OP}$ 分解成 $\vec{a}$, $\vec{b}$ 的线性组合.

解 因为

$$\overrightarrow{OP}=\overrightarrow{OM}+\overrightarrow{MP},$$

或

$$\overrightarrow{OP}=\overrightarrow{ON}+\overrightarrow{NP},$$

而

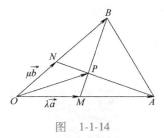

图　1-1-14

$$\overrightarrow{OM}=\lambda\vec{a}, \qquad \overrightarrow{MP}=m\,\overrightarrow{MB}=m(\overrightarrow{OB}-\overrightarrow{OM})=m(\vec{b}-\lambda\vec{a}),$$
$$\overrightarrow{ON}=\mu\vec{b}, \qquad \overrightarrow{NP}=n\,\overrightarrow{NA}=n(\overrightarrow{OA}-\overrightarrow{ON})=n(\vec{a}-\mu\vec{b}),$$

所以

$$\overrightarrow{OP} = \lambda \vec{a} + m(\vec{b} - \lambda \vec{a}) = \lambda(1-m)\vec{a} + m\vec{b}, \qquad (1.1.2)$$

或

$$\overrightarrow{OP} = \mu\vec{b} + n(\vec{a} - \mu\vec{b}) = n\vec{a} + \mu(1-n)\vec{b}. \qquad (1.1.3)$$

因为 $\vec{a}$，$\vec{b}$ 不共线，所以由式(1.1.2)和式(1.1.3)得

$$\begin{cases} \lambda(1-m) = n, \\ m = \mu(1-n). \end{cases}$$

由上述方程组解得

$$\begin{cases} m = \dfrac{\mu(1-\lambda)}{1-\lambda\mu}, \\ n = \dfrac{\lambda(1-\mu)}{1-\lambda\mu}. \end{cases}$$

所以得

$$\overrightarrow{OP} = \lambda\left[1 - \frac{\mu(1-\lambda)}{1-\lambda\mu}\right]\vec{a} + \frac{\mu(1-\lambda)}{1-\lambda\mu}\vec{b},$$

即

$$\overrightarrow{OP} = \frac{\lambda(1-\mu)}{1-\lambda\mu}\vec{a} + \frac{\mu(1-\lambda)}{1-\lambda\mu}\vec{b}.$$

习题 1.1

1. *ABCD-EFGH* 是一个平行六面体(见图 1-1-15)，指出下列各对向量中相等的向量和互为反向量的向量.

(1) $\overrightarrow{AB}$ 和 $\overrightarrow{CD}$；　　　(2) $\overrightarrow{AE}$ 和 $\overrightarrow{CG}$；

(3) $\overrightarrow{AC}$ 和 $\overrightarrow{EG}$；　　　(4) $\overrightarrow{AD}$ 和 $\overrightarrow{GF}$；

(5) $\overrightarrow{BE}$ 和 $\overrightarrow{CH}$.

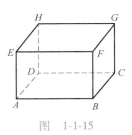

图　1-1-15

2. 设 $\overrightarrow{AB} = \vec{a} + 5\vec{b}$，$\overrightarrow{BC} = -2\vec{a} + 8\vec{b}$，$\overrightarrow{CD} = 3(\vec{a} - \vec{b})$，证明 A，B，D 三点共线(其中向量 $\vec{a}$ 不平行于向量 $\vec{b}$).

3. 指出下列各等式中 $\vec{a}$，$\vec{b}$ 应满足的条件.

(1) $|\vec{a} - \vec{b}| = |\vec{a}| + |\vec{b}|$；

(2) $|\vec{a} - \vec{b}| = |\vec{a}| - |\vec{b}|$.

4. 在平行四边形 *ABCD* 中(见图 1-1-16)，设 $\overrightarrow{AB} = \vec{a}$，$\overrightarrow{AD} = \vec{b}$. 试用 $\vec{a}$ 和 $\vec{b}$ 表示向量 $\overrightarrow{MA}$、$\overrightarrow{MB}$、$\overrightarrow{MC}$、$\overrightarrow{MD}$，其中 M 是平行四边形对角线的交点.

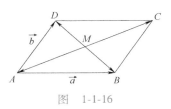

图　1-1-16

5. 在四边形 *ABCD* 中，设 $\overrightarrow{AB} = \vec{a} + 2\vec{b}$，$\overrightarrow{BC} = -4\vec{a} - \vec{b}$，$\overrightarrow{CD} = -5\vec{a} - 3\vec{b}$，$\vec{a}$，$\vec{b}$ 两个向量不共线. 证明：四边形 *ABCD* 是梯形.

6. O 是空间的一个定点,证明:对于不在一条直线上的三点 A,B,C,点 M 位于 A,B,C 所确定的平面的充分必要条件为存在唯一一组实数 k_1,k_2,k_3,使得 $\overrightarrow{OM}=k_1\overrightarrow{OA}+k_2\overrightarrow{OB}+k_3\overrightarrow{OC}$,且 $k_1+k_2+k_3=1$.

7. 设 M 是平行四边形 $ABCD$ 的对角线的交点,O 是空间的任一点,试用向量法证明:

$$\overrightarrow{OA}+\overrightarrow{OB}+\overrightarrow{OC}+\overrightarrow{OD}=4\overrightarrow{OM}.$$

8. 证明:四面体对边中点的连线交于一点且相互平分.

9. 在 $\triangle ABC$ 中,点 D 与 E 分别在边 BC 及 CA 上,且 $\overrightarrow{BD}=\dfrac{1}{3}\overrightarrow{BC}$,$\overrightarrow{CE}=\dfrac{1}{3}\overrightarrow{CA}$,$AD$ 与 BE 交于点 G,证明:

$$\overrightarrow{GD}=\frac{1}{7}\overrightarrow{AD},\qquad \overrightarrow{GE}=\frac{4}{7}\overrightarrow{BE}.$$

1.2　向量的内积与外积

1.2.1　向量的射影

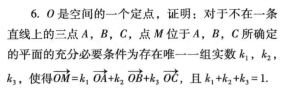

向量射影的概念及性质讲解视频扫码

定义 1.2.1　设有两个非零向量 $\vec{a}$ 与 $\vec{b}$,如图 1-2-1 所示,任取空间一点 O,作 $\overrightarrow{OA}=\vec{a}$,$\overrightarrow{OB}=\vec{b}$,规定不超过 π 的角 $\angle AOB(0\leqslant\angle AOB\leqslant\pi)$,称为向量 $\vec{a}$ 与 $\vec{b}$ 的**夹角**,记为 $\angle(\vec{a},\vec{b})$.

图　1-2-1

当 $\vec{a}$ 与 $\vec{b}$ 方向相同时,$\angle(\vec{a},\vec{b})=0$;当 $\vec{a}$ 与 $\vec{b}$ 方向相反时,$\angle(\vec{a},\vec{b})=\pi$;如果 $\vec{a}$ 与 $\vec{b}$ 不平行,则 $0<\angle(\vec{a},\vec{b})<\pi$. 特别地,当 $\angle(\vec{a},\vec{b})=\dfrac{\pi}{2}$ 时,称 $\vec{a}$ 与 $\vec{b}$ **垂直**,记作 $\vec{a}\perp\vec{b}$. 另外,当 $\lambda>0$ 时,$\angle(\lambda\vec{a},\vec{b})=\angle(\vec{a},\vec{b})$;当 $\lambda<0$ 时,$\angle(\lambda\vec{a},\vec{b})=\pi-\angle(\vec{a},\vec{b})$.

定义 1.2.2　点 A 在一个有向轴 L 上的**射影**,是通过点 A 且垂直于 L 的平面与 L 的交点 A'(见图 1-2-2).

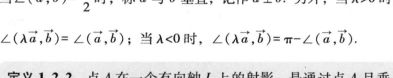

图　1-2-2

定义 1.2.3　设向量 $\overrightarrow{AB}$ 的始点 A 与终点 B 在有向轴 L 上的射影分别为 A' 和 B',那么向量 $\overrightarrow{A'B'}$ 叫作向量 $\overrightarrow{AB}$ 在轴 L 上的**射影向量**(见图 1-2-3).

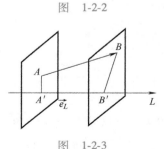

图　1-2-3

在有向轴 L 上取与轴方向相同的单位向量 $\vec{e}_L$,则射影向量 $\overrightarrow{A'B'}=x\vec{e}_L$,这里 x 叫作**向量 $\overrightarrow{AB}$ 在轴 L 上的射影**,记为 $\mathrm{Prj}_L\overrightarrow{AB}$.

显然,当 $\overrightarrow{A'B'}$ 与轴 L 同向时,有 $\mathrm{Prj}_L\overrightarrow{AB}=|\overrightarrow{A'B'}|$;当 $\overrightarrow{A'B'}$ 与轴 L 反向时,有 $\mathrm{Prj}_L\overrightarrow{AB}=-|\overrightarrow{A'B'}|$.

定理 1.2.1　向量 $\overrightarrow{AB}$ 在有向轴 L 上的**射影**，等于向量的模乘以该向量与轴的夹角的余弦，即

$$\mathrm{Prj}_L \overrightarrow{AB} = |\overrightarrow{AB}| \cos\theta, \quad \theta = \angle(\overrightarrow{e_L}, \overrightarrow{AB}).$$

证明　当 $\theta = \dfrac{\pi}{2}$ 时，命题显然成立.

设 $\theta \neq \dfrac{\pi}{2}$（见图 1-2-4），过向量 $\overrightarrow{AB}$ 的始点 A 和终点 B 分别作垂直于轴 L 的平面 α，β，分别交轴 L 于 A'，B'. 再过 A' 作 $\overrightarrow{A'B_1} /\!/ \overrightarrow{AB}$ 交平面 β 于 B_1，则

$$\overrightarrow{A'B'} = (\mathrm{Prj}_L \overrightarrow{AB})\overrightarrow{e_L}, \quad \overrightarrow{A'B_1} = \overrightarrow{AB}, \quad \angle(\overrightarrow{e_L}, \overrightarrow{A'B_1}) = \angle(\overrightarrow{e_L}, \overrightarrow{AB}) = \theta,$$

且 $\triangle A'B_1B'$ 为直角三角形. 当 $0 \leqslant \theta < \dfrac{\pi}{2}$ 时，$\overrightarrow{A'B'}$ 与 L 方向相同，则

$$\mathrm{Prj}_L \overrightarrow{AB} = |\overrightarrow{A'B'}| = |\overrightarrow{A'B_1}| \cos\theta = |\overrightarrow{AB}| \cos\theta.$$

当 $\dfrac{\pi}{2} < \theta \leqslant \pi$ 时，$\overrightarrow{A'B'}$ 与 L 方向相反，则

$$\mathrm{Prj}_L \overrightarrow{AB} = -|\overrightarrow{A'B_1}| \cos(\pi-\theta) = |\overrightarrow{AB}| \cos\theta.$$

因此，当 $0 \leqslant \theta \leqslant \pi$ 时，总有

$$\mathrm{Prj}_L \overrightarrow{AB} = |\overrightarrow{AB}| \cos\theta.$$

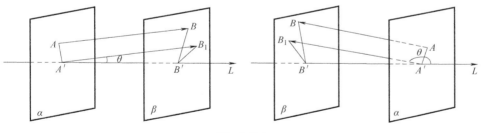

图　1-2-4

射影具有以下性质：

（1）相等的向量在同一有向轴上的射影相等；

（2）两向量之和在一有向轴上的射影等于两向量在该轴上的射影之和，即

$$\mathrm{Prj}_L(\vec{a}+\vec{b}) = \mathrm{Prj}_L\vec{a} + \mathrm{Prj}_L\vec{b}.$$

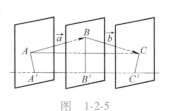

图　1-2-5

证明　如图 1-2-5 所示，作 $\overrightarrow{AB} = \vec{a}$，$\overrightarrow{BC} = \vec{b}$，则 $\overrightarrow{AC} = \vec{a} + \vec{b}$. 设 A，B，C 在轴 L 上的射影分别为 A'，B'，C'，则

$$\overrightarrow{A'B'}=\mathrm{Prj}_L\,\overrightarrow{AB},\quad \overrightarrow{B'C'}=\mathrm{Prj}_L\,\overrightarrow{BC},\quad \overrightarrow{A'C'}=\mathrm{Prj}_L\,\overrightarrow{AC},$$

又 $\overrightarrow{A'C'}=\overrightarrow{A'B'}+\overrightarrow{B'C'}$，所以

$$(\mathrm{Prj}_L\,\overrightarrow{AC})\overrightarrow{e_L}=(\mathrm{Prj}_L\,\overrightarrow{AB})\overrightarrow{e_L}+(\mathrm{Prj}_L\,\overrightarrow{BC})\overrightarrow{e_L}=(\mathrm{Prj}_L\,\overrightarrow{AB}+\mathrm{Prj}_L\,\overrightarrow{BC})\overrightarrow{e_L},$$

其中 $\overrightarrow{e_L}$ 为与 L 同向的单位向量，因此

$$\mathrm{Prj}_L(\vec{a}+\vec{b})=\mathrm{Prj}_L\,\vec{a}+\mathrm{Prj}_L\,\vec{b}.$$

（3）数乘向量在一个有向轴上的射影等于该数乘以向量在此轴上的射影，即

$$\mathrm{Prj}_L(\lambda\vec{a})=\lambda\mathrm{Prj}_L\,\vec{a}.$$

证明　当 $\lambda=0$ 或 $\vec{a}=\vec{0}$ 时，命题显然成立.

设 $\lambda\neq0$，$\vec{a}\neq\vec{0}$，令 $\sigma=\angle(\overrightarrow{e_L},\vec{a})$，则 $\lambda>0$ 时，$\angle(\overrightarrow{e_L},\lambda\vec{a})=\sigma$.
由定理 1.2.1 知

$$\mathrm{Prj}_L(\lambda\vec{a})=|\lambda\vec{a}|\cos\theta=\lambda(|\vec{a}|\cos\theta)=\lambda\mathrm{Prj}_L\,\vec{a}.$$

当 $\lambda<0$ 时，$\angle(\overrightarrow{e_L},\lambda\vec{a})=\pi-\sigma$，所以

$$\mathrm{Prj}_L(\lambda\vec{a})=|\lambda\vec{a}|\cos(\pi-\theta)=-\lambda|\vec{a}|(-\cos\theta)=\lambda\mathrm{Prj}_L\,\vec{a}.$$

因此，$\mathrm{Prj}_L(\lambda\vec{a})=\lambda\mathrm{Prj}_L\,\vec{a}.$

若非零向量 $\vec{b}$ 与 L 的方向相同，则也可以把向量 $\vec{a}$ 在轴 L 上的射影向量叫作 $\vec{a}$ 在 $\vec{b}$ 上的射影向量，记作 $(\mathrm{Prj}_{\vec{b}}\,\vec{a})\overrightarrow{e_{\vec{b}}}$；把向量 $\vec{a}$ 在轴 L 上的射影叫作 $\vec{a}$ 在 $\vec{b}$ 上的射影，记作 $\mathrm{Prj}_{\vec{b}}\,\vec{a}.$

例 1.2.1　设立方体的一条对角线为 OM，一条棱为 OA，且 $|\overrightarrow{OA}|=a$，求 $\overrightarrow{OA}$ 在 $\overrightarrow{OM}$ 上的射影 $\mathrm{Prj}_{\overrightarrow{OM}}\,\overrightarrow{OA}.$

解　如图 1-2-6 所示，记 $\angle MOA=\theta$，由于 $\angle OAM=\dfrac{\pi}{2}$，则

$$\cos\theta=\frac{|\overrightarrow{OA}|}{|\overrightarrow{OM}|}=\frac{a}{\sqrt{a^2+a^2+a^2}}=\frac{1}{\sqrt{3}},$$

所以

$$\mathrm{Prj}_{\overrightarrow{OM}}\,\overrightarrow{OA}=|\overrightarrow{OA}|\cos\theta=\frac{a}{\sqrt{3}}.$$

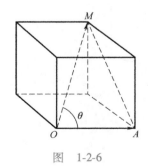

图　1-2-6

1.2.2　向量的内积

在中学物理中，我们学过这样一个问题. 如图 1-2-7 所示，设一物体在常力 $\vec{F}$ 作用下沿直线从点 M_1 移动到点 M_2. 以 $\vec{s}$ 表示

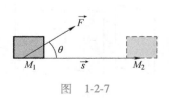

图　1-2-7

位移 $\overrightarrow{M_1M_2}$. 由物理学知识可知, 力 $\vec{F}$ 所做的功为

$$W = |\vec{F}| \, |\vec{s}| \cos\theta,$$

其中 θ 为 $\vec{F}$ 与 $\vec{s}$ 的夹角.

在许多问题中, 我们经常需要由两个向量 $\vec{a}$, $\vec{b}$ 算出如 $|\vec{a}| |\vec{b}| \cos\angle(\vec{a}, \vec{b})$ 这样的一个数量, 为此我们引进向量内积的概念.

定义 1.2.4　两个向量 $\vec{a}$, $\vec{b}$ 的**内积**是指这两个向量的模乘以它们夹角的余弦, 记为 $\vec{a} \cdot \vec{b}$, 即

$$\vec{a} \cdot \vec{b} = |\vec{a}| |\vec{b}| \cos\angle(\vec{a}, \vec{b}).$$

内积是一个数量, 又称**数量积**. 内积运算常用一个点来表示, 所以内积也称**点积**.

特殊情况下, 若 $\vec{a}$, $\vec{b}$ 有一个是零向量, 则它们的内积为零, 即

$$\vec{a} \cdot \vec{0} = \vec{0} \cdot \vec{b} = 0.$$

应用内积的定义, 可以解决以下的几何问题.

(1) 两向量垂直的充要条件是它们的内积为零.

证明　必要性　根据内积的定义可知, 当 $\angle(\vec{a}, \vec{b}) = \dfrac{\pi}{2}$ 时, $\vec{a} \cdot \vec{b} = 0$.

充分性　如果 $\vec{a} \cdot \vec{b} = 0$, 则 $|\vec{a}|$, $|\vec{b}|$, $\cos\angle(\vec{a}, \vec{b})$ 中至少有一个为零. 如果 $\vec{a}$, $\vec{b}$ 中至少有一个为零向量, 由于零向量的方向可任取, 故向量 $\vec{a}$, $\vec{b}$ 互相垂直. 如果 $\cos\angle(\vec{a}, \vec{b}) = 0$, 则 $\angle(\vec{a}, \vec{b}) = \dfrac{\pi}{2}$, 即 $\vec{a}$, $\vec{b}$ 互相垂直.

(2) 由内积的定义可计算两个非零向量的夹角

$$\cos\angle(\vec{a}, \vec{b}) = \frac{\vec{a} \cdot \vec{b}}{|\vec{a}| |\vec{b}|}.$$

(3) 利用内积可计算向量的长度. 对于任意向量 $\vec{a}$, 由内积定义知

$$\vec{a} \cdot \vec{a} = |\vec{a}| |\vec{a}| \cos 0 = |\vec{a}|^2,$$

记 $\vec{a} \cdot \vec{a} = (\vec{a})^2$, 于是 $|\vec{a}| = \sqrt{(\vec{a})^2}$.

（4）利用内积可计算一个向量在另一个向量上的射影. 因为 $\mathrm{Prj}_{\vec{b}}\vec{a}=|\vec{a}|\cos\angle(\vec{a},\vec{b})$，所以内积可表示为

$$\vec{a}\cdot\vec{b}=|\vec{b}|\mathrm{Prj}_{\vec{b}}\vec{a}=|\vec{a}|\mathrm{Prj}_{\vec{a}}\vec{b},$$

于是有

$$\mathrm{Prj}_{\vec{b}}\vec{a}=\frac{\vec{a}\cdot\vec{b}}{|\vec{b}|},\quad \mathrm{Prj}_{\vec{a}}\vec{b}=\frac{\vec{a}\cdot\vec{b}}{|\vec{a}|}.$$

例 1.2.2　证明施瓦兹(Schwarz)不等式

$$|\vec{a}\cdot\vec{b}|\leqslant|\vec{a}||\vec{b}|.$$

证法 1　因为 $|\cos\angle(\vec{a},\vec{b})|\leqslant1$，由内积的定义即可得.

证法 2　用内积的性质推证.

对于任意实数 x，有

$$(\vec{a}+x\vec{b})^2=(\vec{a})^2+2x\vec{a}\cdot\vec{b}+x^2(\vec{b})^2\geqslant0.$$

把它看作关于 x 的一个二次三项式. 由判别式可得

$$(\vec{a}\cdot\vec{b})^2-|\vec{a}|^2|\vec{b}|^2\leqslant0.$$

> 内积运算具有如下运算规律：
>
> （1）交换律：$\vec{a}\cdot\vec{b}=\vec{b}\cdot\vec{a}$；
>
> （2）与数乘的结合律：$(\lambda\vec{a})\cdot\vec{b}=\lambda\vec{a}\cdot\vec{b}$；
>
> （3）分配律：$(\vec{a}+\vec{c})\cdot\vec{b}=\vec{a}\cdot\vec{b}+\vec{c}\cdot\vec{b}$；
>
> （4）正定性：$\vec{a}\cdot\vec{a}\geqslant0$，且 $\vec{a}\cdot\vec{a}=0\Leftrightarrow\vec{a}=\vec{0}$，否则 $\vec{a}\cdot\vec{a}>0$.

证明　（1）（4）可直接由内积的定义证明.

（2）由内积的定义及射影的性质知

$$(\lambda\vec{a})\cdot\vec{b}=|\vec{b}|\mathrm{Prj}_{\vec{b}}(\lambda\vec{a})=|\vec{b}|(\lambda\mathrm{Prj}_{\vec{b}}\vec{a})=\lambda(|\vec{b}|\mathrm{Prj}_{\vec{b}}\vec{a})=\lambda\vec{a}\cdot\vec{b}.$$

（3）$(\vec{a}+\vec{c})\cdot\vec{b}=|\vec{b}|\mathrm{Prj}_{\vec{b}}(\vec{a}+\vec{c})=|\vec{b}|(\mathrm{Prj}_{\vec{b}}\vec{a}+\mathrm{Prj}_{\vec{b}}\vec{c})$

$$=|\vec{b}|\mathrm{Prj}_{\vec{b}}\vec{a}+|\vec{b}|\mathrm{Prj}_{\vec{b}}\vec{c}=\vec{a}\cdot\vec{b}+\vec{c}\cdot\vec{b}.$$

由内积的运算规律可知，内积可像多项式一样进行运算. 但有几点需要特别注意. 三个向量作内积 $\vec{a}\cdot\vec{b}\cdot\vec{c}$ 无意义，但 $(\vec{a}\cdot\vec{b})\vec{c}$ 是有意义的，它是指数量 $(\vec{a}\cdot\vec{b})$ 与向量 $\vec{c}$ 进行数乘运算. 在内积的运算中消去律是不成立的，即若 $\vec{a}\cdot\vec{b}=\vec{a}\cdot\vec{c}$ 且 $\vec{a}\neq\vec{0}$，不能推出 $\vec{b}=\vec{c}$.

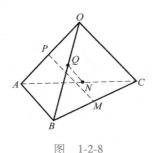

图　1-2-8

例 1.2.3　在四面体 $OABC$ 中(见图 1-2-8)，M，N，P，Q 分别为线段 BC，AC，OA，OB 的中点，且 $|AB|=|OC|$. 证明 $PM\perp QN$.

证明 设 $\overrightarrow{OA}=\vec{a}$, $\overrightarrow{OB}=\vec{b}$, $\overrightarrow{OC}=\vec{c}$, $\overrightarrow{AB}=\vec{b}-\vec{a}$, 则

$$\overrightarrow{PM}=\overrightarrow{PO}+\overrightarrow{OM}=\frac{1}{2}\overrightarrow{AO}+\frac{1}{2}(\overrightarrow{OB}+\overrightarrow{OC})=\frac{1}{2}(\vec{b}+\vec{c}-\vec{a}),$$

同理得

$$\overrightarrow{QN}=\frac{1}{2}(\vec{a}+\vec{c}-\vec{b}),$$

所以可得

$$\overrightarrow{PM}\cdot\overrightarrow{QN}=\frac{1}{2}(\vec{b}+\vec{c}-\vec{a})\cdot\frac{1}{2}(\vec{a}+\vec{c}-\vec{b})$$

$$=\frac{1}{4}[\vec{c}^2-(\vec{b}-\vec{a})^2]$$

$$=\frac{1}{4}(|\overrightarrow{OC}|^2-|\overrightarrow{AB}|^2)$$

$$=0.$$

故有 $PM\perp QN$.

例 1.2.3 证明
视频扫码

例 1.2.4 已知在 $\triangle ABC$ 中, $\angle A$ 不是直角, O 是 $\triangle ABC$ 的外心, H 是 $\triangle ABC$ 的垂心. 试证 $\triangle ABC$ 的 $\angle A$ 满足什么条件时才能使得 $AH=OA$.

证明 如图 1-2-9 所示, 设 G 是 $\triangle ABC$ 的重心, D 为边 BC 的中点, O 是 $\triangle ABC$ 的外心, R 是外接圆半径, H 是 $\triangle ABC$ 的垂心. 由平面几何的知识可知, 点 O, G, H 共线.

由例 1.1.3 的结论可知, 因 G 是 $\triangle ABC$ 的重心, 所以有

$$\overrightarrow{AG}=\frac{2}{3}\overrightarrow{AD},$$

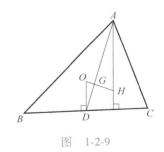

图 1-2-9

因此

$$\overrightarrow{OG}=\overrightarrow{OA}+\overrightarrow{AG}=\overrightarrow{OA}+\frac{2}{3}\overrightarrow{AD}$$

$$=\overrightarrow{OA}+\frac{2}{3}\left(\frac{1}{2}\overrightarrow{AB}+\frac{1}{2}\overrightarrow{AC}\right),$$

整理可得

$$\overrightarrow{OG}=\frac{1}{3}(\overrightarrow{OA}+\overrightarrow{OB}+\overrightarrow{OC}).$$

由 $\triangle AHG$ 与 $\triangle DOG$ 相似, $AG:GD=2:1$ 可得

$$\overrightarrow{OG}=\frac{1}{3}\overrightarrow{OH},$$

即

$$\overrightarrow{OH}=\overrightarrow{OA}+\overrightarrow{OB}+\overrightarrow{OC}. \tag{1.2.1}$$

若 $AH=OA$, 则

$$|\overrightarrow{AH}| = |\overrightarrow{OA}| = R,$$

即

$$|\overrightarrow{OH} - \overrightarrow{OA}| = R. \qquad (1.2.2)$$

将式(1.2.1)代入式(1.2.2)可得

$$|\overrightarrow{OB} + \overrightarrow{OC}| = R.$$

因此有

$$(\overrightarrow{OB} + \overrightarrow{OC}) \cdot (\overrightarrow{OB} + \overrightarrow{OC}) = R^2.$$

利用

$$\overrightarrow{OB} \cdot \overrightarrow{OB} = |\overrightarrow{OB}|^2 = R^2, \qquad \overrightarrow{OC} \cdot \overrightarrow{OC} = |\overrightarrow{OC}|^2 = R^2,$$

有

$$\overrightarrow{OB} \cdot \overrightarrow{OC} = -\frac{1}{2}R^2,$$

再由内积定义及向量 $\overrightarrow{OB}$，$\overrightarrow{OC}$ 的长度皆为 R，有

$$R^2 \cos \angle(\overrightarrow{OB}, \overrightarrow{OC}) = -\frac{1}{2}R^2,$$

从而有

$$\cos \angle(\overrightarrow{OB}, \overrightarrow{OC}) = -\frac{1}{2}.$$

当角 A 是锐角时，可知 $\angle(\overrightarrow{OB}, \overrightarrow{OC}) = 2A$；当角 A 是钝角时，可知 $\angle(\overrightarrow{OB}, \overrightarrow{OC}) = 2(\pi - A)$．于是有

$$\cos 2A = -\frac{1}{2}.$$

由于 $0 < 2A < 2\pi$，从上式可得

$$A = \frac{\pi}{3} \text{或} A = \frac{2\pi}{3}.$$

即为保证 $AH = OA$ 的条件.

例 1.2.5　　如图 1-2-10 所示，在 $\triangle ABC$ 内部任取一点 O，分别连接 $\overrightarrow{OA}$，$\overrightarrow{OB}$，$\overrightarrow{OC}$，又 $\vec{e_1}, \vec{e_2}, \vec{e_3}$ 分别为它们的单位向量，求证：向量 $\vec{e_1} + \vec{e_2} + \vec{e_3}$ 的长度小于 1.

　　证明　　记 $\angle BOC = \theta_1$，$\angle COA = \theta_2$，$\angle AOB = \theta_3$，这里 θ_1，θ_2，θ_3 都在 $(0, \pi)$ 内，显然 $\theta_1 + \theta_2 + \theta_3 = 2\pi$．因 $\vec{e_1}, \vec{e_2}, \vec{e_3}$ 分别为单位向量，因此有

$$\vec{e_1} \cdot \vec{e_2} = \cos \theta_3, \qquad \vec{e_1} \cdot \vec{e_3} = \cos \theta_2, \qquad \vec{e_2} \cdot \vec{e_3} = \cos \theta_1,$$

则

$$(\vec{e_1} + \vec{e_2} + \vec{e_3}) \cdot (\vec{e_1} + \vec{e_2} + \vec{e_3}) = 3 + 2(\cos \theta_1 + \cos \theta_2 + \cos \theta_3). \quad (1.2.3)$$

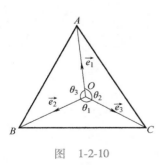

图　1-2-10

又

$$\cos \theta_1 + \cos \theta_2 + \cos \theta_3$$

$$= 2\cos \frac{1}{2}(\theta_1 + \theta_2) \cos \frac{1}{2}(\theta_1 - \theta_2) + \cos(\theta_1 + \theta_2)$$

$$= 2\cos \frac{1}{2}(\theta_1 + \theta_2) \cos \frac{1}{2}(\theta_1 - \theta_2) + 2\cos^2 \frac{1}{2}(\theta_1 + \theta_2) - 1$$

$$= 2\cos \frac{1}{2}(\theta_1 + \theta_2) \left[\cos \frac{1}{2}(\theta_1 - \theta_2) + \cos \frac{1}{2}(\theta_1 + \theta_2) \right] - 1$$

$$= 4\cos \frac{1}{2}(\theta_1 + \theta_2) \cos \frac{1}{2}\theta_1 \cos \frac{1}{2}\theta_2 - 1$$

$$= -4\cos \frac{1}{2}\theta_1 \cos \frac{1}{2}\theta_2 \cos \frac{1}{2}\theta_3 - 1.$$

由于 $\frac{1}{2}\theta_1$，$\frac{1}{2}\theta_2$，$\frac{1}{2}\theta_3$ 都是锐角，所以有

$$\cos \theta_1 + \cos \theta_2 + \cos \theta_3 < -1. \qquad (1.2.4)$$

从式(1.2.3)和式(1.2.4)可得

$$(\overrightarrow{e_1} + \overrightarrow{e_2} + \overrightarrow{e_3}) \cdot (\overrightarrow{e_1} + \overrightarrow{e_2} + \overrightarrow{e_3}) < 1,$$

即

$$|\overrightarrow{e_1} + \overrightarrow{e_2} + \overrightarrow{e_3}| < 1.$$

1.2.3　向量的外积

如图 1-2-11 所示，设 O 为杠杆 L 的支点，有一个与杠杆夹角为 θ 的力 $\overrightarrow{F}$ 作用在杠杆的 P 点上，使其绕支点 O 转动，这就产生了力矩 $\overrightarrow{M}$. 其大小为 $|\overrightarrow{M}| = |\overrightarrow{F}| \, |\overrightarrow{OP}| \sin \theta$，其方向满足右手坐标系(见图 1-2-12)，拇指指向为力矩 $\overrightarrow{M}$ 的方向. 这里的力矩 $\overrightarrow{M}$ 就是由力 $\overrightarrow{F}$ 及力臂 $\overrightarrow{OP}$ 生成的一个新的向量，这种向量运算就是我们要介绍的向量的外积运算.

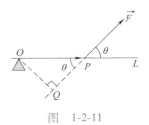

图　1-2-11

定义 1.2.5　向量 $\vec{a}$ 与 $\vec{b}$ 的外积是一个向量，记为 $\vec{a} \times \vec{b}$，它的长度为

$$|\vec{a} \times \vec{b}| = |\vec{a}| \, |\vec{b}| \sin \angle (\vec{a}, \vec{b}),$$

它的方向垂直于 $\vec{a}$，$\vec{b}$，且 $\{\vec{a}, \vec{b}, \vec{a} \times \vec{b}\}$ 构成右手系.

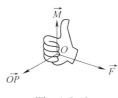

图　1-2-12

外积是一个向量，所以又叫作**向量积**，也叫作**叉积**，记作 $\vec{a} \times \vec{b}$. 特别地，当 $\vec{a} = \vec{0}$ 或 $\vec{b} = \vec{0}$ 时，$\vec{a} \times \vec{b} = \vec{0}$.

定理 1.2.2 $\vec{a} \times \vec{b} = \vec{0}$ 的充分必要条件是向量 $\vec{a}$, $\vec{b}$ 共线.

证明 充分性. 如果向量 $\vec{a}$, $\vec{b}$ 共线, 则外积 $\vec{a} \times \vec{b}$ 的长度为零, 因此外积 $\vec{a} \times \vec{b}$ 一定是零向量.

必要性. 如果 $\vec{a} \times \vec{b} = \vec{0}$, 则 $|\vec{a}|$, $|\vec{b}|$, $\sin \angle (\vec{a}, \vec{b}) = 0$ 中至少有一个为零, 即 $\vec{a}$, $\vec{b}$ 中至少有一个为零向量或者 $\vec{a}$, $\vec{b}$ 共线. 当 $\vec{a}$, $\vec{b}$ 中有一个向量为零向量时, $\vec{a}$, $\vec{b}$ 也共线, 因此 $\vec{a}$, $\vec{b}$ 共线.

从定义可以看出, $\vec{a} \times \vec{b}$ 的模是以 $\vec{a}$, $\vec{b}$ 为邻边的平行四边形的面积. 于是有 $S_{\square \vec{a} \vec{b}} = |\vec{a} \times \vec{b}| = |\vec{a}| |\vec{b}| \sin \angle (|\vec{a}|, |\vec{b}|)$. 这就是外积的模的几何意义.

进而, 可以求出以 $\vec{a}$, $\vec{b}$ 为边的三角形的面积是以 $\vec{a}$, $\vec{b}$ 为邻边的平行四边形的面积的一半, 即

$$S_{\triangle \vec{a} \vec{b}} = \frac{1}{2} |\vec{a} \times \vec{b}| = \frac{1}{2} |\vec{a}| |\vec{b}| \sin \angle (\vec{a}, \vec{b}).$$

当 $\vec{a}$, $\vec{b}$ 共线时, 从几何上看, 两向量所形成的平行四边形的面积为零, 故 $\vec{a}$, $\vec{b}$ 的外积为零向量.

我们可以利用外积来求点 P 到直线 L 的距离. 在直线 L 上, 任取一向量 $\overrightarrow{AB}$, 则由外积的模的几何意义可知, 点 P 到直线 L 的距离为(见图 1-2-13)

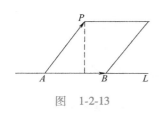

图 1-2-13

$$d = \frac{|\overrightarrow{AP} \times \overrightarrow{AB}|}{|\overrightarrow{AB}|}.$$

向量外积运算规律证明视频扫码

向量的外积满足如下运算律, 对任意向量 $\vec{a}, \vec{b}, \vec{c}$ 及任意实数 λ 有

(1) 反交换律: $\vec{a} \times \vec{b} = -\vec{b} \times \vec{a}$;

(2) 与数乘的结合律: $(\lambda \vec{a}) \times \vec{b} = \lambda (\vec{a} \times \vec{b})$;

(3) 对加法的分配律: $(\vec{a} + \vec{b}) \times \vec{c} = \vec{a} \times \vec{c} + \vec{b} \times \vec{c}$,

$$\vec{a} \times (\vec{b} + \vec{c}) = \vec{a} \times \vec{b} + \vec{a} \times \vec{c}.$$

证明 (1) 由外积的定义知, $\vec{a} \times \vec{b}$ 与 $\vec{b} \times \vec{a}$ 有相同的模. $\vec{a} \times \vec{b}$ 的方向垂直于 $\vec{a}$, $\vec{b}$, 且 $\{\vec{a}, \vec{b}, \vec{a} \times \vec{b}\}$ 构成右手系; 而 $\vec{b} \times \vec{a}$ 的方向垂直于 $\vec{a}$, $\vec{b}$, 且 $\{\vec{b}, \vec{a}, \vec{b} \times \vec{a}\}$ 构成右手系. 因此 $\vec{a} \times \vec{b}$ 与 $\vec{b} \times \vec{a}$ 方向

相反，可知 $\vec{a}\times\vec{b}=-\vec{b}\times\vec{a}$，反交换律成立.

（2）当 $\vec{a}$，$\vec{b}$ 共线时，$\vec{a}\times\vec{b}=\vec{0}$，即 $\lambda(\vec{a}\times\vec{b})=\vec{0}$. 当 $\lambda\vec{a}$，$\vec{b}$ 也共线时，有 $(\lambda\vec{a})\times\vec{b}=\vec{0}$. 假设 $\vec{a}$，$\vec{b}$ 不共线，当 $\lambda>0$ 时，$\angle(\lambda\vec{a},\vec{b})=\angle(\vec{a},\vec{b})$；当 $\lambda<0$ 时，$\angle(\lambda\vec{a},\vec{b})=\pi-\angle(\vec{a},\vec{b})$，故 $(\lambda\vec{a})\times\vec{b}=\lambda(\vec{a}\times\vec{b})$ 两边的向量长度满足

$$
\begin{aligned}
|(\lambda\vec{a})\times\vec{b}| &= |\lambda\vec{a}||\vec{b}|\sin\angle(\vec{a},\vec{b}) \\
&= |\lambda||\vec{a}||\vec{b}|\sin\angle(\vec{a},\vec{b}) \\
&= |\lambda||\vec{a}\times\vec{b}| = |\lambda(\vec{a}\times\vec{b})|.
\end{aligned}
$$

当 $\lambda>0$ 时，$\lambda\vec{a}$ 与 $\vec{a}$ 同向，故 $(\lambda\vec{a})\times\vec{b}$ 与 $\lambda(\vec{a}\times\vec{b})$ 同向；当 $\lambda<0$ 时，$(\lambda\vec{a})\times\vec{b}$ 与 $(\vec{a}\times\vec{b})$ 反向，故 $(\lambda\vec{a})\times\vec{b}$ 与 $\lambda(\vec{a}\times\vec{b})$ 也同向.

（3）如果 $\vec{a},\vec{b},\vec{c}$ 中至少有一个是零向量或 $\vec{a}$，$\vec{b}$，$\vec{c}$ 为一组共线向量，$(\vec{a}+\vec{b})\times\vec{c}=\vec{a}\times\vec{c}+\vec{b}\times\vec{c}$ 显然成立. 现在假设不是上述情况.

设 $\vec{c_0}$ 为 $\vec{c}$ 的单位向量，先证明下式成立：

$$
(\vec{a}+\vec{b})\times\vec{c_0}=\vec{a}\times\vec{c_0}+\vec{b}\times\vec{c_0}. \tag{1.2.5}
$$

首先，我们可以用下面的作图法作出向量 $\vec{a}\times\vec{c_0}$.

通过向量 $\vec{a}$ 与 $\vec{c_0}$ 的公共始点 O 作平面 π 垂直于 $\vec{c_0}$（见图 1-2-14），自向量 $\vec{a}$ 的终点 A 引 $AA_1\perp\pi$，A_1 为垂足，由此得向量 $\vec{a}$ 在 π 上的射影向量 $\overrightarrow{OA_1}$，再将 $\overrightarrow{OA_1}$ 在平面 π 上绕 O 点依顺时针方向（自 $\vec{c_0}$ 的终点看平面 π）旋转 $90°$ 得 $\overrightarrow{OA_2}$，那么 $\overrightarrow{OA_2}=\vec{a}\times\vec{c_0}$.

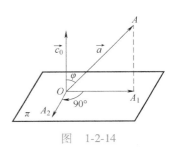

图　1-2-14

事实上，由作图法知 $\overrightarrow{OA_2}\perp\vec{a}$，$\overrightarrow{OA_2}\perp\vec{c_0}$，且 $\{\vec{a},\vec{c_0},\overrightarrow{OA_2}\}$ 构成右手系，所以 $\overrightarrow{OA_2}$ 与 $\vec{a}\times\vec{c_0}$ 同方向；如果设 $\angle(\vec{a},\vec{c_0})=\varphi$，那么

$$
|\overrightarrow{OA_2}|=|\overrightarrow{OA_1}|=|\vec{a}|\sin\varphi=|\vec{a}|\cdot|\vec{c_0}|\cdot\sin\angle(\vec{a},\vec{c_0}),
$$

所以 $\overrightarrow{OA_2}=\vec{a}\times\vec{c_0}$.

现在来证明式（1.2.5），如图 1-2-15 所示，设 $\overrightarrow{OA}=\vec{a}$，$\overrightarrow{AB}=\vec{b}$，那么 $\overrightarrow{OB}=\vec{a}+\vec{b}$. 并设 $\overrightarrow{OA_1}$，$\overrightarrow{A_1B_1}$，$\overrightarrow{OB_1}$ 分别为 $\overrightarrow{OA}$，$\overrightarrow{AB}$，$\overrightarrow{OB}$ 在垂直于 $\vec{c_0}$ 的平面 π 上的射影向量，再将 $\overrightarrow{OA_1}$，$\overrightarrow{A_1B_1}$，$\overrightarrow{OB_1}$ 在平面 π 内绕点 O 依顺时针方向（自 $\vec{c_0}$ 的终点看平面 π）旋转 $90°$，得 $\overrightarrow{OA_2}$，$\overrightarrow{A_2B_2}$，$\overrightarrow{OB_2}$，依上述作图法可知

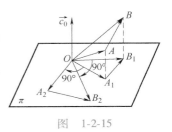

图　1-2-15

$$
\overrightarrow{OA_2}=\vec{a}\times\vec{c_0}, \qquad \overrightarrow{A_2B_2}=\vec{b}\times\vec{c_0}, \qquad \overrightarrow{OB_2}=(\vec{a}+\vec{b})\times\vec{c_0},
$$

而

$$\overrightarrow{OB_2}=\overrightarrow{OA_2}+\overrightarrow{A_2B_2},$$

所以

$$(\vec{a}+\vec{b})\times\vec{c_0}=\vec{a}\times\vec{c_0}+\vec{b}\times\vec{c_0}.$$

将式（1.2.5）两边乘 $|\vec{c}|$，得

$$(\vec{a}+\vec{b})\times|\vec{c}|\vec{c_0}=\vec{a}\times|\vec{c}|\vec{c_0}+\vec{b}\times|\vec{c}|\vec{c_0},$$

又由 $\vec{c}=|\vec{c}|\vec{c_0}$，所以

$$(\vec{a}+\vec{b})\times\vec{c}=\vec{a}\times\vec{c}+\vec{b}\times\vec{c}.$$

而 $\vec{a}\times(\vec{b}+\vec{c})=-(\vec{b}+\vec{c})\times\vec{a}=-\vec{b}\times\vec{a}-\vec{c}\times\vec{a}=\vec{a}\times\vec{b}+\vec{a}\times\vec{c}$，所以加法的分配律成立.

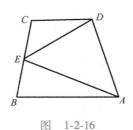

图 1-2-16

例 1.2.6 已知 BC 是梯形 $ABCD$ 的一个腰，E 是 BC 的中点，证明 $\triangle AED$ 的面积是梯形 $ABCD$ 面积的一半.

证明 如图 1-2-16 所示，设 $\overrightarrow{BA}=\vec{a}$，$\overrightarrow{BE}=\vec{b}$，$\overrightarrow{CD}=\lambda\vec{a}$，则由外积的性质知

$$S_{\triangle ABE}=\frac{1}{2}|\vec{a}\times\vec{b}|,$$

同理有

$$S_{\triangle AED}=\frac{1}{2}|\overrightarrow{EA}\times\overrightarrow{ED}|=\frac{1}{2}|(\vec{a}-\vec{b})\times(\vec{b}+\lambda\vec{a})|=\frac{1}{2}(1+\lambda)|\vec{a}\times\vec{b}|,$$

和

$$S_{\triangle CDE}=\frac{1}{2}|\lambda\vec{a}\times\vec{b}|.$$

显然有 $S_{\triangle AED}=S_{\triangle ABE}+S_{\triangle CDE}$，故结论得证.

例 1.2.7 利用向量的外积推导三角形的正弦定理.

证明 设 $\triangle ABC$ 的三个内角分别为 $\angle A$，$\angle B$，$\angle C$，三边长分别为 $AB=c$，$BC=a$，$AC=b$. 由外积的性质知

$$S_{\triangle ABC}=\frac{1}{2}|\overrightarrow{AB}\times\overrightarrow{AC}|=\frac{1}{2}|\overrightarrow{BC}\times\overrightarrow{BA}|,$$

用外积模的定义展开得

$$|\overrightarrow{AB}\times\overrightarrow{AC}|=|\overrightarrow{BC}\times\overrightarrow{BA}|$$
$$\Leftrightarrow|\overrightarrow{AB}||\overrightarrow{AC}|\sin\angle(\overrightarrow{AB},\overrightarrow{AC})=|\overrightarrow{BC}||\overrightarrow{BA}|\sin\angle(\overrightarrow{BC},\overrightarrow{BA})$$
$$\Leftrightarrow cb\sin\angle A=ac\sin\angle B.$$

即

$$\frac{\sin\angle A}{a}=\frac{\sin\angle B}{b},$$

同理可得

$$\frac{\sin \angle A}{a} = \frac{\sin \angle B}{b} = \frac{\sin \angle C}{c}.$$

例 1.2.8　如图 1-2-17 所示，三个人分别沿着平面上 L_1，L_2，L_3 这三条直线匀速行走. 开始时，他们不在同一直线上. 求证：他们在运动中共线的次数不会超过两次.

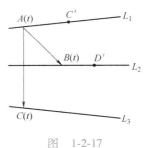

图　1-2-17

证明　设平面 π 内点 $A(t)$，$B(t)$，$C(t)$ 分别表示三个人在时刻 t 的位置. 记

$$\overrightarrow{x(t)} = \overrightarrow{A(t)B(t)}, \qquad \overrightarrow{y(t)} = \overrightarrow{A(t)C(t)},$$

设 C'，D' 分别是 $A(t)$，$B(t)$ 所在直线上的两个固定点，则有

$$\overrightarrow{A(t)B(t)} = \overrightarrow{A(t)C'} + \overrightarrow{C'D'} + \overrightarrow{D'B(t)},$$

$\overrightarrow{C'D'}$ 是一个常向量. 由于是匀速行走，因此，$\overrightarrow{D'B(t)}$，$\overrightarrow{A(t)C'}$ 都是 t 的一次函数（向量形式）. 从而有

$$\overrightarrow{x(t)} = t\vec{a} + \vec{b}.$$

取点 O 在这平面上，这里 $\vec{a}$，$\vec{b}$ 的起点都是点 O，则 $\vec{a}$，$\vec{b}$ 都是平面 π 内的向量.

同理，有

$$\overrightarrow{y(t)} = t\vec{c} + \vec{d}.$$

这里 $\vec{c}$，$\vec{d}$ 都是平面 π 内以点 O 为起点的向量.

三人在时刻 t 共线当且仅当 $\overrightarrow{x(t)} /\!/ \overrightarrow{y(t)}$，即 $\overrightarrow{x(t)} \times \overrightarrow{y(t)} = \vec{0}$. 因此可得

$$\overrightarrow{x(t)} \times \overrightarrow{y(t)} = (t\vec{a} + \vec{b}) \times (t\vec{c} + \vec{d}) = (\vec{a} \times \vec{c})t^2 + (\vec{b} \times \vec{c} + \vec{a} \times \vec{d})t + \vec{b} \times \vec{d}.$$

$$(1.2.6)$$

由于 $\vec{a}$，$\vec{b}$，$\vec{c}$，$\vec{d}$ 都是平面 π 内以点 O 为起点的向量，记垂直于平面 π 的向量为 $\vec{N}$，则有

$$\vec{a} \times \vec{c} = \lambda_1 \vec{N}, \quad \vec{b} \times \vec{c} + \vec{a} \times \vec{d} = \lambda_2 \vec{N}, \quad \vec{b} \times \vec{d} = \lambda_3 \vec{N}, \quad (1.2.7)$$

这里 λ_1，λ_2，λ_3 均为实数.

将式（1.2.7）代入式（1.2.6）得

$$\overrightarrow{x(t)} \times \overrightarrow{y(t)} = (\lambda_1 t^2 + \lambda_2 t + \lambda_3) \vec{N}. \qquad (1.2.8)$$

由题目条件，$\overrightarrow{x(0)} \times \overrightarrow{y(0)}$ 不是零向量，则由式（1.2.8），有 $\lambda_3 \neq 0$. 由式（1.2.8）可以看出，满足 $\lambda_1 t^2 + \lambda_2 t + \lambda_3 = 0$ 的实数 t 至多有两个，结论得证.

习题 1.2

1. 已给下列各条件，求 $\vec{a}$，$\vec{b}$ 的内积，并求 $\vec{a}$ 在 $\vec{b}$ 上的射影.

(1) $|\vec{a}|=3$，$|\vec{b}|=5$，$\vec{a}$，$\vec{b}$ 反向；

(2) $|\vec{a}|=4$，$|\vec{b}|=3$，$\angle(\vec{a},\vec{b})=\dfrac{\pi}{2}$；

(3) $|\vec{a}|=2$，$|\vec{b}|=5$，$\angle(\vec{a},\vec{b})=\dfrac{\pi}{6}$.

2. 利用外积运算规律化简下列式子.

(1) $(\vec{a}+\vec{b})\times(\vec{a}-2\vec{b})$；

(2) $(3\vec{a}-\vec{b})\times(\vec{a}+3\vec{b})$.

3. 已知 $|\vec{a}|=3$，$|\vec{b}|=5$，$\vec{a}$ 和 $\vec{b}$ 不共线，试确定常数 k，使 $\vec{a}+k\vec{b}$ 和 $\vec{a}-k\vec{b}$ 垂直.

4. 证明：平行四边形对角线的平方和等于各边的平方和.

5. 证明：$(\vec{a}\times\vec{b})^2+(\vec{a}\cdot\vec{b})^2=(\vec{a})^2(\vec{b})^2$.

6. 证明关于三角形面积的海伦(Heron)公式

$$S_{\triangle ABC}=\sqrt{s(s-a)(s-b)(s-c)},$$

此处 a，b，c 是 $\triangle ABC$ 三边之长，s 是 $\triangle ABC$ 周长之半，$S_{\triangle ABC}$ 表示 $\triangle ABC$ 的面积.

7. 证明：$\vec{a}\perp[(\vec{a}\cdot\vec{b})\vec{c}-(\vec{a}\cdot\vec{c})\vec{b}]$.

8. 已知 $\triangle ABC$ 的三边长分别为 a，b，c，证明三角形余弦定理，即

$$c^2=a^2+b^2-2ab\cos C.$$

9. 证明：三角形的三条高线相交于一点.

10. 证明：三角形三条中线长度的平方和等于三边长度的平方和的 $\dfrac{3}{4}$.

11. (1) 如图 1-2-18 所示，已知单位向量 $\vec{e}$ 垂直于非零向量 $\vec{r}$，将 $\vec{r}$ 绕(以原点 O 为起点的)$\vec{e}$ 逆时针旋转角度 θ 得到向量 $\vec{r_1}$，用 $\vec{e}$，$\vec{r}$ 和 θ 表示 $\vec{r_1}$.

(2) 如图 1-2-19 所示，给定不共线的 3 点 O，P，A，将点 P 绕向量 $\overrightarrow{OA}$ 按逆时针旋转角度 θ 得到点 P_1，用 $\overrightarrow{OA}$，$\overrightarrow{OP}$ 和 θ 表示 $\overrightarrow{OP_1}$.

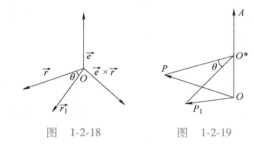

图 1-2-18　　　　图 1-2-19

1.3 ## 向量的多重乘积

1.3.1　向量的混合积

前面所给出的都是两个向量间的运算，接下来介绍三个向量的混合运算.

定义 1.3.1　给定三个向量 $\vec{a}$, $\vec{b}$, $\vec{c}$，先求其中两个向量 $\vec{a}$ 和 $\vec{b}$ 的外积，再用所得的向量与第三个向量 $\vec{c}$ 作内积，最后得到的数称为 $\vec{a}$, $\vec{b}$, $\vec{c}$ 的混合积，记作 $(\vec{a}\times\vec{b})\cdot\vec{c}$ 或 $(\vec{a},\vec{b},\vec{c})$.

混合积具有下面的性质.

定理 1.3.1　三个不共面的向量 $\vec{a},\vec{b},\vec{c}$，以 $\vec{a},\vec{b},\vec{c}$ 为邻边的平行六面体的体积为 V，则有

$$(\vec{a},\vec{b},\vec{c})=\varepsilon V,$$

当 $\vec{a},\vec{b},\vec{c}$ 呈右手系时，$\varepsilon=1$；当 $\vec{a},\vec{b},\vec{c}$ 呈左手系时，$\varepsilon=-1$.

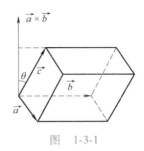

图　1-3-1

证明　如图 1-3-1 所示，由内积与射影的关系，有 $(\vec{a}\times\vec{b})\cdot\vec{c}=|\vec{a}\times\vec{b}|\cdot\mathrm{Prj}_{\vec{a}\times\vec{b}}\vec{c}$，在这里 $|\mathrm{Prj}_{\vec{a}\times\vec{b}}\vec{c}|$ 实际上是以 $\vec{a},\vec{b},\vec{c}$ 为棱的平行六面体中以 $\vec{a}$，$\vec{b}$ 为边的平行四边形为底面的高，因此 $|(\vec{a}\times\vec{b})\cdot\vec{c}|$ 表示的是以 $\vec{a},\vec{b},\vec{c}$ 为棱的平行六面体的体积.

如果 $(\vec{a}\times\vec{b})\cdot\vec{c}>0$，则 $\vec{a}\times\vec{b}$ 与 $\vec{c}$ 的夹角 θ 为锐角，此时 $\vec{a}$，$\vec{b},\vec{c}$ 呈右手系；反之如果 $(\vec{a}\times\vec{b})\cdot\vec{c}<0$，则 $\vec{a}\times\vec{b}$ 与 $\vec{c}$ 的夹角 θ 为钝角，此时 $\vec{a},\vec{b},\vec{c}$ 呈左手系；如果 $(\vec{a}\times\vec{b})\cdot\vec{c}=0$，则 $\vec{a}\times\vec{b}$ 与 $\vec{c}$ 相互垂直，此时 $\vec{a},\vec{b},\vec{c}$ 都垂直于 $\vec{a}\times\vec{b}$，因此 $\vec{a},\vec{b},\vec{c}$ 共面.

从几何上看混合积 $(\vec{a}\times\vec{b})\cdot\vec{c}$ 的大小等于以向量 $\vec{a},\vec{b},\vec{c}$ 为棱的平行六面体的体积.

定理 1.3.2　三个向量 $\vec{a},\vec{b},\vec{c}$ 共面的充分必要条件是 $(\vec{a}\times\vec{b})\cdot\vec{c}=0$.

证明　三个向量 $\vec{a},\vec{b},\vec{c}$ 共面，即 $\vec{c}$ 在 $\vec{a}$，$\vec{b}$ 构成的平面上. $\vec{c}$ 在 $\vec{a}$，$\vec{b}$ 构成的平面上的充分必要条件是 $\vec{c}$ 与 $\vec{a}\times\vec{b}$ 相互垂直. 而 $\vec{c}$ 与 $\vec{a}\times\vec{b}$ 相互垂直的充分必要条件是 $(\vec{a}\times\vec{b})\cdot\vec{c}=0$.

根据混合积的定义及几何意义，容易得到以下性质：

(1) $(\vec{a},\vec{a},\vec{b})=0$；

(2) $(\vec{a},\vec{b},\vec{c})=(\vec{b},\vec{c},\vec{a})=(\vec{c},\vec{a},\vec{b})=-(\vec{b},\vec{a},\vec{c})=-(\vec{c},\vec{b},\vec{a})=-(\vec{a},\vec{c},\vec{b})$；

(3) $(\vec{a_1}+\vec{a_2},\vec{b},\vec{c})=(\vec{a_1},\vec{b},\vec{c})+(\vec{a_2},\vec{b},\vec{c})$；

(4) $(\lambda\vec{a},\vec{b},\vec{c})=\lambda(\vec{a},\vec{b},\vec{c})$.

例 1.3.1　设三个不共面的向量 $\vec{a},\vec{b},\vec{c}$，求空间任意向量 $\vec{d}$ 关于 $\vec{a},\vec{b},\vec{c}$ 的分解式

$$\vec{d}=x\vec{a}+y\vec{b}+z\vec{c}$$

中的系数 x, y, z.

解　决定系数 x 的方法是用向量 $\vec{b}, \vec{c}$ 与上式两端的向量作混合积,

$$(\vec{d}, \vec{b}, \vec{c}) = (x\vec{a} + y\vec{b} + z\vec{c}, \vec{b}, \vec{c}) = x(\vec{a}, \vec{b}, \vec{c}).$$

因为 $\vec{a}, \vec{b}, \vec{c}$ 不共面, 所以 $(\vec{a}, \vec{b}, \vec{c}) \neq 0$, 于是有

$$x = \frac{(\vec{d}, \vec{b}, \vec{c})}{(\vec{a}, \vec{b}, \vec{c})}.$$

同理可得

$$y = \frac{(\vec{a}, \vec{d}, \vec{c})}{(\vec{a}, \vec{b}, \vec{c})}, \quad z = \frac{(\vec{a}, \vec{b}, \vec{d})}{(\vec{a}, \vec{b}, \vec{c})}.$$

由例 1.3.1 知, 空间任一向量可由三个不共面的向量线性表示, 且系数唯一确定.

1.3.2　向量的双重外积

定义 1.3.2　给定三个向量, 先作其中两向量的外积, 再作所得向量和第三个向量的外积, 最后所得的向量称为三个向量的**双重外积**.

定理 1.3.3
证明视频扫码

定理 1.3.3　对任意向量 $\vec{a}, \vec{b}, \vec{c}$, 有

$$(\vec{a} \times \vec{b}) \times \vec{c} = (\vec{a} \cdot \vec{c})\vec{b} - (\vec{b} \cdot \vec{c})\vec{a}. \tag{1.3.1}$$

证明　先证特殊情形, 即

$$(\vec{a} \times \vec{b}) \times \vec{a} = (\vec{a})^2\vec{b} - (\vec{a} \cdot \vec{b})\vec{a}. \tag{1.3.2}$$

若 $\vec{a}, \vec{b}$ 有一个为零向量, 显然成立. 当 $\vec{a}, \vec{b}$ 共线时, 等式也成立.

当 $\vec{a}, \vec{b}$ 不共线时, $\vec{a} \times \vec{b} \neq \vec{0}$, 由外积定义知向量 $(\vec{a} \times \vec{b}) \times \vec{a}$, $\vec{a}, \vec{b}$ 都与向量 $\vec{a} \times \vec{b}$ 垂直, 因此 $(\vec{a} \times \vec{b}) \times \vec{a}$, $\vec{a}, \vec{b}$ 共面. 因此有

$$(\vec{a} \times \vec{b}) \times \vec{a} = \lambda \vec{a} + \mu \vec{b}, \tag{1.3.3}$$

用 $(\vec{a} \times \vec{b}) \times \vec{a}$ 与式 (1.3.3) 两端作内积, 左端得

$$[(\vec{a} \times \vec{b}) \times \vec{a}] \cdot [(\vec{a} \times \vec{b}) \times \vec{a}] = (\vec{a} \times \vec{b})^2(\vec{a})^2,$$

由于 $[(\vec{a} \times \vec{b}) \times \vec{a}] \perp \vec{a}$, 右端得

$$[(\vec{a} \times \vec{b}) \times \vec{a}] \cdot (\lambda \vec{a} + \mu \vec{b}) = \mu(\vec{a} \times \vec{b}) \cdot (\vec{a} \times \vec{b}) = \mu(\vec{a} \times \vec{b})^2.$$

于是有 $\mu = (\vec{a})^2$.

再用 $\vec{a}$ 与式 (1.3.3) 两端作内积，左端为零. 注意到 $\mu = (\vec{a})^2$，右端得

$$\lambda \vec{a} \cdot \vec{a} + (\vec{a})^2 (\vec{a} \cdot \vec{b}) = (\vec{a})^2 (\lambda + \vec{a} \cdot \vec{b}) = 0,$$

因为 $\vec{a} \neq \vec{0}$，故有 $\lambda = -\vec{a} \cdot \vec{b}$. 因此有

$$(\vec{a} \times \vec{b}) \times \vec{a} = (\vec{a})^2 \vec{b} - (\vec{a} \cdot \vec{b}) \vec{a}.$$

再讨论一般情形，若 $\vec{a}, \vec{b}, \vec{c}$ 有一个为零向量，等式显然成立. 当 $\vec{a}, \vec{b}$ 共线时也可验证式 (1.3.1) 成立.

若 $\vec{a}, \vec{b}$ 不共线，则 $\vec{a} \times \vec{b} \neq \vec{0}$. 从而可知 $\vec{a} \times \vec{b}$ 与 $\vec{a}, \vec{b}$ 及 $(\vec{a} \times \vec{b}) \times \vec{c}$ 垂直，所以 $\vec{a}, \vec{b}, (\vec{a} \times \vec{b}) \times \vec{c}$ 共面. 因此有

$$(\vec{a} \times \vec{b}) \times \vec{c} = \lambda \vec{a} + \mu \vec{b}. \qquad (1.3.4)$$

用 $\vec{b} \times \vec{c}$ 与式 (1.3.4) 两端作内积，左端得

$$(\vec{b} \times \vec{c}) \cdot [(\vec{a} \times \vec{b}) \times \vec{c}] = (\vec{c} \times \vec{b} \times \vec{c}) \cdot (\vec{a} \times \vec{b}) = -(\vec{b} \cdot \vec{c})(\vec{a}, \vec{b}, \vec{c}),$$

右端得

$$(\vec{b} \times \vec{c}) \cdot (\lambda \vec{a} + \mu \vec{b}) = \lambda (\vec{a}, \vec{b}, \vec{c}),$$

如果 $(\vec{a}, \vec{b}, \vec{c}) \neq 0$，有 $\lambda = -(\vec{b} \cdot \vec{c})$.

如果 $(\vec{a}, \vec{b}, \vec{c}) = 0$，则 $\vec{a}, \vec{b}, \vec{c}$ 共面. 因为 $\vec{a}, \vec{b}$ 不共线，所以 $\vec{c}$ 可由 $\vec{a}, \vec{b}$ 表示，即 $\vec{c} = k\vec{a} + l\vec{b}$，利用式 (1.3.2) 可证 $\lambda = -(\vec{b} \cdot \vec{c})$.

再对式 (1.3.4) 两端用 $\vec{c} \times \vec{a}$ 作内积. 左端得

$$(\vec{c} \times \vec{a}) \cdot [(\vec{a} \times \vec{b}) \times \vec{c}] = (\vec{a} \cdot \vec{c})(\vec{a}, \vec{b}, \vec{c}),$$

右端得

$$(\vec{c} \times \vec{a}) \cdot (\lambda \vec{a} + \mu \vec{b}) = \mu (\vec{a}, \vec{b}, \vec{c}),$$

类似地，经讨论可得

$$\mu = \vec{a} \cdot \vec{c}.$$

注意　向量的外积运算，不但不满足交换律，而且也不满足结合律，即一般情况下对任意向量 $\vec{a}, \vec{b}, \vec{c}$ 有

$$(\vec{a} \times \vec{b}) \times \vec{c} \neq \vec{a} \times (\vec{b} \times \vec{c}).$$

例 1.3.2　证明拉格朗日 (Lagrange) 恒等式

$$(\vec{a_1} \times \vec{a_2}) \cdot (\vec{a_3} \times \vec{a_4}) = (\vec{a_1} \cdot \vec{a_3})(\vec{a_2} \cdot \vec{a_4}) - (\vec{a_1} \cdot \vec{a_4})(\vec{a_2} \cdot \vec{a_3}).$$

证明

$$(\overrightarrow{a_1}\times\overrightarrow{a_2})\cdot(\overrightarrow{a_3}\times\overrightarrow{a_4})$$
$$=[(\overrightarrow{a_1}\times\overrightarrow{a_2})\times\overrightarrow{a_3}]\cdot\overrightarrow{a_4}$$
$$=[(\overrightarrow{a_1}\cdot\overrightarrow{a_3})\overrightarrow{a_2}-(\overrightarrow{a_2}\cdot\overrightarrow{a_3})\overrightarrow{a_1}]\cdot\overrightarrow{a_4}$$
$$=(\overrightarrow{a_1}\cdot\overrightarrow{a_3})(\overrightarrow{a_2}\cdot\overrightarrow{a_4})-(\overrightarrow{a_1}\cdot\overrightarrow{a_4})(\overrightarrow{a_2}\cdot\overrightarrow{a_3}).$$

例 1.3.3　证明雅可比(Jacobi)恒等式

$$(\overrightarrow{a}\times\overrightarrow{b})\times\overrightarrow{c}+(\overrightarrow{b}\times\overrightarrow{c})\times\overrightarrow{a}+(\overrightarrow{c}\times\overrightarrow{a})\times\overrightarrow{b}=\overrightarrow{0}.$$

证明

$$(\overrightarrow{a}\times\overrightarrow{b})\times\overrightarrow{c}=(\overrightarrow{a}\cdot\overrightarrow{c})\overrightarrow{b}-(\overrightarrow{b}\cdot\overrightarrow{c})\overrightarrow{a},$$
$$(\overrightarrow{b}\times\overrightarrow{c})\times\overrightarrow{a}=(\overrightarrow{a}\cdot\overrightarrow{b})\overrightarrow{c}-(\overrightarrow{a}\cdot\overrightarrow{c})\overrightarrow{b},$$
$$(\overrightarrow{c}\times\overrightarrow{a})\times\overrightarrow{b}=(\overrightarrow{b}\cdot\overrightarrow{c})\overrightarrow{a}-(\overrightarrow{a}\cdot\overrightarrow{b})\overrightarrow{c}.$$

三式相加得

$$(\overrightarrow{a}\times\overrightarrow{b})\times\overrightarrow{c}+(\overrightarrow{b}\times\overrightarrow{c})\times\overrightarrow{a}+(\overrightarrow{c}\times\overrightarrow{a})\times\overrightarrow{b}=\overrightarrow{0}.$$

习题 1.3

1. 化简 $[(\overrightarrow{a}-\overrightarrow{b})\times(\overrightarrow{a}-\overrightarrow{b}-\overrightarrow{c})]\cdot(\overrightarrow{a}+2\overrightarrow{b}-\overrightarrow{c})$.

2. 设有空间任意三向量 $\overrightarrow{m}$, $\overrightarrow{n}$, $\overrightarrow{p}$, 证明: $\overrightarrow{a}\times\overrightarrow{m}$, $\overrightarrow{a}\times\overrightarrow{n}$, $\overrightarrow{a}\times\overrightarrow{p}$ 共面.

3. 证明: 三个向量 $m\overrightarrow{b}-n\overrightarrow{c}$, $n\overrightarrow{c}-l\overrightarrow{a}$, $l\overrightarrow{a}-m\overrightarrow{b}$ 必共面.

4. 已知三个向量 $\overrightarrow{a},\overrightarrow{b},\overrightarrow{c}$ 不共面, 则

(1) λ 满足什么条件时, $\lambda\overrightarrow{a}+\overrightarrow{b}$ 与 $\overrightarrow{a}+\lambda\overrightarrow{b}$ 共线?

(2) λ 满足什么条件时, $\lambda\overrightarrow{a}+\mu\overrightarrow{b}+\nu\overrightarrow{c}$ 与 $\overrightarrow{b}$, $\overrightarrow{c}$ 共面?

5. 证明: $|(\overrightarrow{a},\overrightarrow{b},\overrightarrow{c})|\leqslant|\overrightarrow{a}||\overrightarrow{b}||\overrightarrow{c}|$, 并说明它的几何意义.

6. 证明:

$$(\overrightarrow{a_1}\times\overrightarrow{a_2})\times(\overrightarrow{a_3}\times\overrightarrow{a_4})=(\overrightarrow{a_1},\overrightarrow{a_2},\overrightarrow{a_4})\overrightarrow{a_3}-(\overrightarrow{a_1},\overrightarrow{a_2},\overrightarrow{a_3})\overrightarrow{a_4}$$
$$=(\overrightarrow{a_1},\overrightarrow{a_3},\overrightarrow{a_4})\overrightarrow{a_2}-(\overrightarrow{a_2},\overrightarrow{a_3},\overrightarrow{a_4})\overrightarrow{a_1}.$$

7. 利用向量导出球面三角形中的两个公式.

(1) 球面三角形边的余弦公式

$$\cos\alpha=\cos\beta\cos\gamma+\sin\beta\sin\gamma\cos A,$$

$$\cos\beta=\cos\gamma\cos\alpha+\sin\gamma\sin\alpha\cos B,$$

$$\cos\gamma=\cos\alpha\cos\beta+\sin\alpha\sin\beta\cos C.$$

(2) 球面三角形的正弦公式

$$\frac{\sin\alpha}{\sin A}=\frac{\sin\beta}{\sin B}=\frac{\sin\gamma}{\sin C},$$

其中 α, β, γ 是单位球面上的三角形三边, A, B, C 依次为三角形三边 α, β, γ 所对的角(见图 1-3-2).

8. 如图 1-3-3 所示, $O\text{-}ABC$ 是三棱锥, 其中 $\angle AOB=\angle AOC=\angle BOC=90°$, $\triangle ABC$ 是它的斜面. 已知拉格朗日恒等式结论, 证明: 直角三棱锥的斜面面积的平方等于其三个直角面面积的平方和.

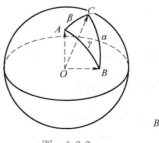
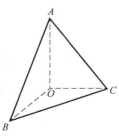

图 1-3-2   图 1-3-3

1.4 用坐标进行向量运算

1.4.1 标架与坐标

定义 1.4.1 自空间中的一个定点 O，引三个不共面的向量 $\vec{e_1}$, $\vec{e_2}$, $\vec{e_3}$，它们合在一起称为空间的一个**仿射标架**，记作 $\{O;\vec{e_1},\vec{e_2},\vec{e_3}\}$，称点 O 为**原点**；如果 $\vec{e_1}$, $\vec{e_2}$, $\vec{e_3}$ 都是单位向量，那么 $\{O;\vec{e_1},\vec{e_2},\vec{e_3}\}$ 叫作**笛卡尔标架**；如果 $\vec{e_1}$, $\vec{e_2}$, $\vec{e_3}$ 都是单位向量且两两互相垂直，那么 $\{O;\vec{e_1},\vec{e_2},\vec{e_3}\}$ 叫作**笛卡尔直角标架**，简称**直角标架**.

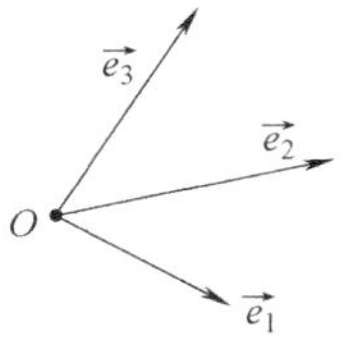

图 1-4-1

对于标架，如果 $\{O;\vec{e_1},\vec{e_2},\vec{e_3}\}$ 满足右手系，则称 $\{O;\vec{e_1},\vec{e_2},\vec{e_3}\}$ 为**右手标架**（见图 1-4-1）；否则称为**左手标架**（见图 1-4-2）.

定义 1.4.2 设 $\{O;\vec{e_1},\vec{e_2},\vec{e_3}\}$ 为空间一取定标架，空间任意一点 P 的位置可以由向量 $\overrightarrow{OP}$ 完全确定，向量 $\overrightarrow{OP}$ 叫作点 P 的**向径**，可唯一表示成 $\overrightarrow{OP}=x\vec{e_1}+y\vec{e_2}+z\vec{e_3}$. 称 (x,y,z) 为向量 $\overrightarrow{OP}$ 在此标架下的**坐标**；向径 $\overrightarrow{OP}$ 的坐标 (x,y,z) 叫作**点 P 的坐标**，记为 $P(x,y,z)$.

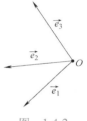

图 1-4-2

坐标系的建立可以通过标架来建立.

定义 1.4.3 对于仿射标架 $\{O;\vec{e_1},\vec{e_2},\vec{e_3}\}$，过点 O 且分别以 $\vec{e_1}$, $\vec{e_2}$, $\vec{e_3}$ 的方向为方向得到的三条数轴，分别称为 x 轴、y 轴、z 轴，统称为**坐标轴**. 由点 O 和三个坐标轴组成的图形叫作**仿射坐标系**（见图 1-4-3），仍然用 $\{O;\vec{e_1},\vec{e_2},\vec{e_3}\}$ 来表示. 点 O 叫作**坐标原点**，$\vec{e_1}$, $\vec{e_2}$, $\vec{e_3}$ 叫作**坐标向量**，两两坐标轴所确定的平面叫作**坐标平面**，分别称为 xOy 坐标面、xOz 坐标面、yOz 坐标面.

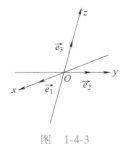

图 1-4-3

三个坐标平面把空间划分成八个区域，每一个区域都叫作**卦限**，如图 1-4-4 所示，八个区域按排列顺序 Ⅰ，Ⅱ，…，Ⅷ，依次叫作第Ⅰ卦限，第Ⅱ卦限，…，第Ⅷ卦限.

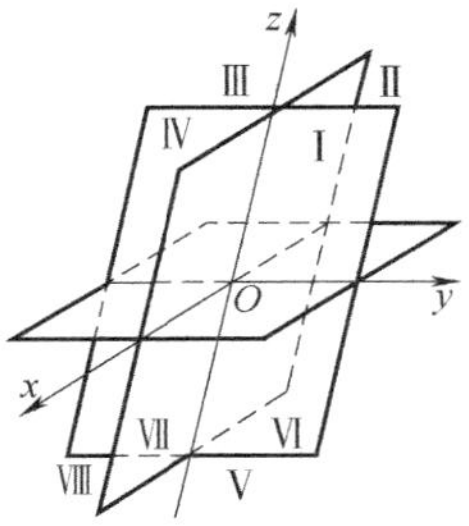

由笛卡尔标架和直角标架决定的坐标系分别叫作**笛卡尔坐标系**和**直角坐标系**；右手标架决定的坐标系为**右手坐标系**，左手标架决定的坐标系为**左手坐标系**. 若无特殊说明，我们一般都采用右手坐标系.

图 1-4-4

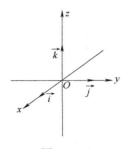

图 1-4-5

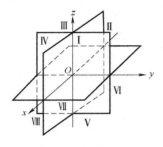

图 1-4-6

例 1.4.1 证明
视频扫码

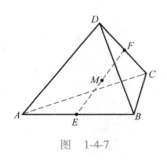

图 1-4-7

特别地，我们约定在今后用到直角坐标系时，坐标向量用单位向量 $\vec{i}$，$\vec{j}$，$\vec{k}$ 表示，即用 $\{O;\vec{i},\vec{j},\vec{k}\}$ 表示直角坐标系，若无特殊说明，一般都是右手直角坐标系（见图 1-4-5）. 三个直角坐标平面把空间划分成八个卦限（见图 1-4-6）.

例 1.4.1 证明四面体 $ABCD$ 的三对对棱中点的连线交于一点.

证明 如图 1-4-7 所示，取仿射坐标系 $\{A;\overrightarrow{AB},\overrightarrow{AC},\overrightarrow{AD}\}$. 设点 E，F 分别是线段 AB，CD 的中点，由

$$\overrightarrow{AE}=\frac{1}{2}\overrightarrow{AB}, \qquad \overrightarrow{AF}=\frac{1}{2}(\overrightarrow{AC}+\overrightarrow{AD})$$

可得点 E，F 的坐标分别为 $\left(\frac{1}{2},0,0\right)$，$\left(0,\frac{1}{2},\frac{1}{2}\right)$. 设点 M 是线段 EF 的中点，从

$$\overrightarrow{AM}=\frac{1}{2}(\overrightarrow{AE}+\overrightarrow{AF})=\frac{1}{4}\overrightarrow{AB}+\frac{1}{4}\overrightarrow{AC}+\frac{1}{4}\overrightarrow{AD}$$

可知 M 的坐标为 $\left(\frac{1}{4},\frac{1}{4},\frac{1}{4}\right)$. 容易知道，另外两对对棱中点连线的中点的坐标也是 $\left(\frac{1}{4},\frac{1}{4},\frac{1}{4}\right)$. 因此四面体三对对棱中点的连线交于一点.

引进了向量的坐标后，我们用坐标来进行向量的各种运算.

1.4.2 仿射坐标系下向量的线性运算

1. 向量的坐标表示

在仿射坐标系 $\{O;\vec{e_1},\vec{e_2},\vec{e_3}\}$ 下，设两点 P_1，P_2 的坐标分别为 $P_1(x_1,y_1,z_1)$，$P_2(x_2,y_2,z_2)$，那么有 $\overrightarrow{OP_1}=x_1\vec{e_1}+y_1\vec{e_2}+z_1\vec{e_3}$，$\overrightarrow{OP_2}=x_2\vec{e_1}+y_2\vec{e_2}+z_2\vec{e_3}$，所以有

$$\begin{aligned}\overrightarrow{P_1P_2}&=\overrightarrow{OP_2}-\overrightarrow{OP_1}\\&=(x_2\vec{e_1}+y_2\vec{e_2}+z_2\vec{e_3})-(x_1\vec{e_1}+y_1\vec{e_2}+z_1\vec{e_3})\\&=(x_2-x_1)\vec{e_1}+(y_2-y_1)\vec{e_2}+(z_2-z_1)\vec{e_3}.\end{aligned}$$

即

$$\overrightarrow{P_1P_2}=(x_2-x_1,\ y_2-y_1,\ z_2-z_1).$$

2. 两向量之和的坐标表示

设两向量 $\vec{a}$，$\vec{b}$ 的坐标分别为 $\vec{a}=(a_x,a_y,a_z)$，$\vec{b}=(b_x,b_y,b_z)$，所以

$$\vec{a}\pm\vec{b}=(a_x\pm b_x)\vec{e_1}+(a_y\pm b_y)\vec{e_2}+(a_z\pm b_z)\vec{e_3},$$

$\vec{a}\pm\vec{b}$ 的坐标为 $(a_x\pm b_x,a_y\pm b_y,a_z\pm b_z)$，即两个向量和的坐标等于两个向量对应分量的坐标之和.

3. 向量数乘的坐标表示

设 λ 为任意常数，则向量 $\vec{a}$ 与数量 λ 相乘为

$$\lambda\vec{a}=\lambda(a_x\vec{e_1}+a_y\vec{e_2}+a_z\vec{e_3})=\lambda a_x\vec{e_1}+\lambda a_y\vec{e_2}+\lambda a_z\vec{e_3},$$

$\lambda\vec{a}$ 的坐标为 $(\lambda a_x,\lambda a_y,\lambda a_z)$，即数量乘以向量之积的坐标等于该数量乘以向量相应分量的坐标.

1.4.3　仿射坐标系下向量位置的坐标表示

在空间仿射坐标系 $\{O;\vec{e_1},\vec{e_2},\vec{e_3}\}$ 中，向量 $\vec{a},\vec{b},\vec{c}$ 的坐标分别为 (a_x,a_y,a_z)，(b_x,b_y,b_z)，(c_x,c_y,c_z).

（1）设 $\vec{a}$ 为非零向量，则空间两向量 $\vec{a}$，$\vec{b}$ 共线（即 $\vec{b}=\lambda\vec{a}$）的充分必要条件为

$$\frac{b_x}{a_x}=\frac{b_y}{a_y}=\frac{b_z}{a_z}.$$

（2）设三点 P_1,P_2,P_3 的坐标分别为 $P_1(x_1,y_1,z_1)$，$P_2(x_2,y_2,z_2)$，$P_3(x_3,y_3,z_3)$，则三点共线的充分必要条件为

$$\frac{x_2-x_1}{x_3-x_1}=\frac{y_2-y_1}{y_3-y_1}=\frac{z_2-z_1}{z_3-z_1}.$$

（3）三个向量 $\vec{a},\vec{b},\vec{c}$ 共面的充分必要条件是它们坐标的行列式为零，即

$$\begin{vmatrix} a_x & a_y & a_z \\ b_x & b_y & b_z \\ c_x & c_y & c_z \end{vmatrix}=0.$$

证明　三个向量 $\vec{a},\vec{b},\vec{c}$ 共面的充分必要条件为存在不全为零的实数 λ,μ,ν 使得

$$\lambda\vec{a}+\mu\vec{b}+\nu\vec{c}=\vec{0},$$

即

$$\begin{cases} \lambda a_x+\mu b_x+\nu c_x=0, \\ \lambda a_y+\mu b_y+\nu c_y=0, \\ \lambda a_z+\mu b_z+\nu c_z=0. \end{cases}$$

因为 λ,μ,ν 不全为零，上述方程组有非零解的充分必要条件为

$$\begin{vmatrix} a_x & a_y & a_z \\ b_x & b_y & b_z \\ c_x & c_y & c_z \end{vmatrix}=0.$$

（4）在平面仿射坐标系 $\{O;\overrightarrow{e_1},\overrightarrow{e_2}\}$ 中，三点 $P_1(x_1,y_1)$，$P_2(x_2,y_2)$，$P_3(x_3,y_3)$ 共线的充分必要条件是

$$\begin{vmatrix} x_1 & y_1 & 1 \\ x_2 & y_2 & 1 \\ x_3 & y_3 & 1 \end{vmatrix}=0.$$

证明　可利用行列式的性质，证明留作练习题.

（5）定比分点公式的坐标表示. 在空间仿射坐标系下，设点 P_1，P_2 的坐标分别为 $P_1(x_1,y_1,z_1)$，$P_2(x_2,y_2,z_2)$，点 P 满足 $\overrightarrow{P_1P}=\lambda\overrightarrow{PP_2}(\lambda\neq-1)$，则 P 的坐标 (x,y,z) 为

$$x=\frac{x_1+\lambda x_2}{1+\lambda}, \qquad y=\frac{y_1+\lambda y_2}{1+\lambda}, \qquad z=\frac{z_1+\lambda z_2}{1+\lambda}.$$

向量的线性关系在空间仿射坐标系下不变，空间直角坐标系是空间仿射坐标系的特殊情形，因此以上结论在空间直角坐标系中均成立.

例 1.4.2　设 $\triangle ABC$ 的三顶点为

$$A(x_1,y_1,z_1), \quad B(x_2,y_2,z_2), \quad C(x_3,y_3,z_3),$$

则 $\triangle ABC$ 的重心 G 的坐标为

$$x=\frac{x_1+x_2+x_3}{3}, \qquad y=\frac{y_1+y_2+y_3}{3}, \qquad z=\frac{z_1+z_2+z_3}{3}.$$

证明　设 D 为 BC 的中点（见图 1-4-8），则

$$D\left(\frac{x_2+x_3}{2},\frac{y_2+y_3}{2},\frac{z_2+z_3}{2}\right),$$

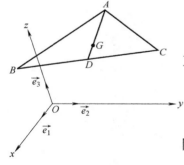

又 $AG=2GD$，所以

$$x=\frac{x_1+2\cdot\dfrac{x_2+x_3}{2}}{1+2}=\frac{x_1+x_2+x_3}{3},$$

同理

$$y=\frac{y_1+y_2+y_3}{3}, \qquad z=\frac{z_1+z_2+z_3}{3}.$$

图　1-4-8

例 1.4.3　[梅涅劳斯（Menelaus）定理] 如图 1-4-9 所示，在 $\triangle ABC$ 中，P，Q，R 分别为三条边 AB，BC，CA 上的点，并且 $\overrightarrow{AP}=\lambda\overrightarrow{PB}$，$\overrightarrow{BQ}=\mu\overrightarrow{QC}$，$\overrightarrow{CR}=\nu\overrightarrow{RA}$，证明：$P$，$Q$，$R$ 共线的充分必要条件为 $\lambda\mu\nu=-1$.

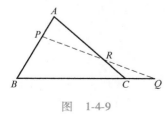

图　1-4-9

证明　因为 $\overrightarrow{AB}$，$\overrightarrow{AC}$ 不共线，建立仿射坐标系 $\{A;\overrightarrow{AB},\overrightarrow{AC}\}$，此时 P，Q，R 的坐标分别为 $\left(\dfrac{\lambda}{1+\lambda},0\right)$，$\left(\dfrac{1}{1+\mu},\dfrac{\mu}{1+\mu}\right)$，$\left(0,\dfrac{1}{1+\nu}\right)$.

由平面上三点共线的充要条件可知，P，Q，R 共线的充分必要条件是

$$\begin{vmatrix} \dfrac{\lambda}{1+\lambda} & 0 & 1 \\[2mm] \dfrac{1}{1+\mu} & \dfrac{\mu}{1+\mu} & 1 \\[2mm] 0 & \dfrac{1}{1+\nu} & 1 \end{vmatrix} = 0,$$

计算行列式得

$$\begin{vmatrix} \dfrac{\lambda}{1+\lambda} & 0 & 1 \\[2mm] \dfrac{1}{1+\mu} & \dfrac{\mu}{1+\mu} & 1 \\[2mm] 0 & \dfrac{1}{1+\nu} & 1 \end{vmatrix} = \dfrac{\lambda\mu\nu+1}{(1+\lambda)(1+\mu)(1+\nu)} = 0,$$

因此有 P，Q，R 共线的充分必要条件为 $\lambda\mu\nu = -1$.

1.4.4　向量的内积与外积在直角坐标下的表示

1. 用空间直角坐标作向量的内积运算

在直角坐标系 $\{O; \vec{i}, \vec{j}, \vec{k}\}$ 下，设向量 $\vec{a}$，$\vec{b}$ 的坐标分别为 $\vec{a} = (a_x, a_y, a_z)$，$\vec{b} = (b_x, b_y, b_z)$，则

$$\vec{a} \cdot \vec{b} = (a_x \vec{i} + a_y \vec{j} + a_z \vec{k}) \cdot (b_x \vec{i} + b_y \vec{j} + b_z \vec{k})$$

$$= a_x b_x \vec{i} \cdot \vec{i} + a_x b_y \vec{i} \cdot \vec{j} + a_x b_z \vec{i} \cdot \vec{k} + a_y b_x \vec{j} \cdot \vec{i} + a_y b_y \vec{j} \cdot \vec{j} +$$

$$a_y b_z \vec{j} \cdot \vec{k} + a_z b_x \vec{k} \cdot \vec{i} + a_z b_y \vec{k} \cdot \vec{j} + a_z b_z \vec{k} \cdot \vec{k}.$$

其中 $\vec{i}$，$\vec{j}$，$\vec{k}$ 为两两垂直的单位向量，有 $\vec{i} \cdot \vec{j} = \vec{j} \cdot \vec{k} = \vec{k} \cdot \vec{i} = 0$，$\vec{i} \cdot \vec{i} = \vec{j} \cdot \vec{j} = \vec{k} \cdot \vec{k} = 1$. 因此，整理可得

$$\vec{a} \cdot \vec{b} = a_x b_x + a_y b_y + a_z b_z,$$

即两个向量的内积等于它们对应坐标的乘积之和.

特别地，向量 $\vec{a}$ 的长度为

$$|\vec{a}|^2 = \vec{a} \cdot \vec{a} = a_x^2 + a_y^2 + a_z^2,$$

$$|\vec{a}| = \sqrt{a_x^2 + a_y^2 + a_z^2}.$$

两点 $P_1(x_1, y_1, z_1)$，$P_2(x_2, y_2, z_2)$ 之间的距离为

$$|\overrightarrow{P_1 P_2}| = \sqrt{(x_2 - x_1)^2 + (y_2 - y_1)^2 + (z_2 - z_1)^2}.$$

如果向量 $\vec{a}$，$\vec{b}$ 为非零向量，利用内积公式可得

$$\cos\angle(\vec{a},\vec{b})=\frac{\vec{a}\cdot\vec{b}}{|\vec{a}||\vec{b}|}=\frac{a_xb_x+a_yb_y+a_zb_z}{\sqrt{a_x^2+a_y^2+a_z^2}\sqrt{b_x^2+b_y^2+b_z^2}}.$$

因此两向量 $\vec{a}$, $\vec{b}$ 垂直的充要条件为 $a_xb_x+a_yb_y+a_zb_z=0$.

2. 向量方向余弦的坐标表示

> **定义 1.4.4** 向量与三个坐标轴的夹角叫作**向量的方向角**，方向角的余弦叫作**向量的方向余弦**.

一个向量的方向可以由它的方向角或方向余弦完全确定.

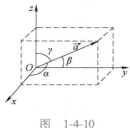

图 1-4-10

在直角坐标系 $\{O;\vec{i},\vec{j},\vec{k}\}$ 下，如图 1-4-10 所示，非零向量 $\vec{a}=(a_x,a_y,a_z)$ 与三个坐标轴的夹角分别为 α, β, γ，则向量 $\vec{a}$ 的方向余弦为

$$\begin{cases}\cos\alpha=\dfrac{a_x}{|\vec{a}|}=\dfrac{a_x}{\sqrt{a_x^2+a_y^2+a_z^2}},\\[2mm]\cos\beta=\dfrac{a_y}{|\vec{a}|}=\dfrac{a_y}{\sqrt{a_x^2+a_y^2+a_z^2}},\\[2mm]\cos\gamma=\dfrac{a_z}{|\vec{a}|}=\dfrac{a_z}{\sqrt{a_x^2+a_y^2+a_z^2}}.\end{cases}$$

若已知向量 $\vec{a}$ 的模和方向余弦，则向量 $\vec{a}$ 可以表示为

$$\vec{a}=|\vec{a}|(\cos\alpha\vec{i}+\cos\beta\vec{j}+\cos\gamma\vec{k}).$$

一个向量的方向余弦的平方和等于 1，即

$$\cos^2\alpha+\cos^2\beta+\cos^2\gamma=1.$$

向量 $\vec{a}$ 的单位向量 $\vec{a_0}$ 可表示为

$$\vec{a_0}=(\cos\alpha,\cos\beta,\cos\gamma).$$

3. 用直角坐标作向量的外积运算

在直角坐标系 $\{O;\vec{i},\vec{j},\vec{k}\}$ 下，设向量 $\vec{a}$, $\vec{b}$ 的坐标分别为 $\vec{a}=(a_x,a_y,a_z)$, $\vec{b}=(b_x,b_y,b_z)$，则

$$\vec{a}\times\vec{b}=\begin{vmatrix}\vec{i}&\vec{j}&\vec{k}\\a_x&a_y&a_z\\b_x&b_y&b_z\end{vmatrix}.$$

向量外积在直角
坐标系下的表示
证明视频扫码

证明 因为 $\vec{i}$, $\vec{j}$, $\vec{k}$ 为两两垂直的单位向量，$\vec{i}\times\vec{j}=\vec{k}$, $\vec{j}\times\vec{k}=\vec{i}$, $\vec{k}\times\vec{i}=\vec{j}$，所以

$$\vec{a}\times\vec{b}=(a_yb_z-a_zb_y)\vec{i}+(a_zb_x-a_xb_z)\vec{j}+(a_xb_y-a_yb_x)\vec{k}$$

$$= \begin{vmatrix} a_y & a_z \\ b_y & b_z \end{vmatrix} \vec{i} + \begin{vmatrix} a_z & a_x \\ b_z & b_x \end{vmatrix} \vec{j} + \begin{vmatrix} a_x & a_y \\ b_x & b_y \end{vmatrix} \vec{k}$$

$$= \begin{vmatrix} \vec{i} & \vec{j} & \vec{k} \\ a_x & a_y & a_z \\ b_x & b_y & b_z \end{vmatrix}.$$

进一步，由向量外积的几何性质可知，邻边为 $\vec{a}$，$\vec{b}$ 的平行四边形的面积为

$$|\vec{a} \times \vec{b}| = \sqrt{(a_y b_z - a_z b_y)^2 + (a_z b_x - a_x b_z)^2 + (a_x b_y - a_y b_x)^2}.$$

例 1.4.4　已知三点 $A(1,0,0)$，$B(3,1,1)$，$C(2,0,1)$，且 $\overrightarrow{BC} = \vec{a}$，$\overrightarrow{CA} = \vec{b}$，$\overrightarrow{AB} = \vec{c}$. 求

（1）$\vec{a}$ 与 $\vec{b}$ 的夹角；（2）$\vec{a}$ 在 $\vec{c}$ 上的射影.

解　由已知得

$$\vec{a} = \overrightarrow{BC} = (-1,-1,0), \quad |\vec{a}| = \sqrt{2};$$

$$\vec{b} = \overrightarrow{CA} = (-1,0,-1), \quad |\vec{b}| = \sqrt{2};$$

$$\vec{c} = \overrightarrow{AB} = (2,1,1), \quad |\vec{c}| = \sqrt{6}.$$

所以

$$\cos \angle (\vec{a}, \vec{b}) = \frac{\vec{a} \cdot \vec{b}}{|\vec{a}||\vec{b}|} = \frac{1}{\sqrt{2} \times \sqrt{2}} = \frac{1}{2}.$$

所以 $\angle(\vec{a}, \vec{b}) = \dfrac{\pi}{3}$，$\mathrm{Prj}_{\vec{c}}\,\vec{a} = \dfrac{\vec{a} \cdot \vec{c}}{|\vec{c}|} = \dfrac{-3}{\sqrt{6}} = -\dfrac{\sqrt{6}}{2}$.

例 1.4.5　如果一个平面上有不共线的三点 $A(1,0,0)$，$B(1,1,1)$，$C(2,-2,3)$，找一个向量垂直于这个平面.

解　取垂直于该平面的一个向量为

$$\overrightarrow{AB} \times \overrightarrow{AC} = \begin{vmatrix} \vec{i} & \vec{j} & \vec{k} \\ 0 & 1 & 1 \\ 1 & -2 & 3 \end{vmatrix} = \left(\begin{vmatrix} 1 & 1 \\ -2 & 3 \end{vmatrix}, \begin{vmatrix} 1 & 0 \\ 3 & 1 \end{vmatrix}, \begin{vmatrix} 0 & 1 \\ 1 & -2 \end{vmatrix} \right) = (5,1,-1).$$

1.4.5　向量的多重乘积在直角坐标下的表示

（1）用直角坐标作向量的混合积运算

在直角坐标系 $\{O; \vec{i}, \vec{j}, \vec{k}\}$ 下，设向量 $\vec{a}, \vec{b}, \vec{c}$ 的坐标分别为 (a_x, a_y, a_z)，(b_x, b_y, b_z)，(c_x, c_y, c_z)，则

$$(\vec{a} \times \vec{b}) \cdot \vec{c} = \left[(a_y b_z - a_z b_y) \vec{i} + (a_z b_x - a_x b_z) \vec{j} + (a_x b_y - a_y b_x) \vec{k} \right] \cdot$$

$$(c_x \vec{i} + c_y \vec{j} + c_z \vec{k})$$
$$= \left[(a_y b_z - a_z b_y) c_x + (a_z b_x - a_x b_z) c_y + (a_x b_y - a_y b_x) c_z \right]$$
$$= \begin{vmatrix} a_x & a_y & a_z \\ b_x & b_y & b_z \\ c_x & c_y & c_z \end{vmatrix}.$$

由混合积的几何性质可知，三个向量 $\vec{a}, \vec{b}, \vec{c}$ 共面的充分必要条件是

$$(\vec{a}, \vec{b}, \vec{c}) = \begin{vmatrix} a_x & a_y & a_z \\ b_x & b_y & b_z \\ c_x & c_y & c_z \end{vmatrix} = 0. \qquad (1.4.1)$$

值得注意的是，三阶行列式(1.4.1)的许多性质与混合积的性质相对应.

（2）用直角坐标作向量的双重外积运算

例 1.4.6　用坐标法求证双重外积公式：$(\vec{a} \times \vec{b}) \times \vec{c} = (\vec{a} \cdot \vec{c}) \vec{b} - (\vec{b} \cdot \vec{c}) \vec{a}$.

证明　由两个向量的外积的坐标公式可得

$$(\vec{a} \times \vec{b}) \times \vec{c} = \left[(a_y b_z - a_z b_y) \vec{i} + (a_z b_x - a_x b_z) \vec{j} + (a_x b_y - a_y b_x) \vec{k} \right] \times$$
$$(c_x \vec{i} + c_y \vec{j} + c_z \vec{k})$$
$$= \left[(a_y b_z - a_z b_y), (a_z b_x - a_x b_z), (a_x b_y - a_y b_x) \right] \times (c_x, c_y, c_z)$$
$$= \begin{vmatrix} \vec{i} & \vec{j} & \vec{k} \\ a_y b_z - a_z b_y & a_z b_x - a_x b_z & a_x b_y - a_y b_x \\ c_x & c_y & c_z \end{vmatrix}$$
$$= (a_x c_x + a_y c_y + a_z c_z)(b_x, b_y, b_z) - (b_x c_x + b_y c_y + b_z c_z)(a_x, a_y, a_z)$$
$$= (\vec{a} \cdot \vec{c}) \vec{b} - (\vec{b} \cdot \vec{c}) \vec{a}.$$

习题 1.4

1. 已知向量 $\vec{a} = (4, -2, -4)$，$\vec{b} = (6, -3, 2)$. 求 $\vec{a} \cdot \vec{b}$，$|\vec{a}|$，$|\vec{b}|$，$(2\vec{a} - 3\vec{b}) \cdot (\vec{a} + 2\vec{b})$.

2. 已知 $\vec{a} = (3, 5, 6)$，$\vec{b} = (1, -2, 3)$，求 $\vec{a} \cdot \vec{b}$，$|\vec{a}|$，$|\vec{b}|$，$\angle(\vec{a}, \vec{b})$.

3. 证明：向量 $\vec{a} = (2, -1, 3)$ 和向量 $\vec{b} = (-6,$ 3, $-9)$ 共线. 问其中一个的长度是另一个的多少倍，它们的方向是相同还是相反？

4. 已知三点 $P_0(0, 1, 1)$，$P_1(1, 2, 1)$，$P_2(1, 1, 2)$，求 $\overrightarrow{P_0 P_1}$ 和 $\overrightarrow{P_0 P_2}$ 的夹角.

5. 在右手直角坐标系中，已知四面体 $ABCD$ 顶点坐标分别为 $A(0, 0, 0)$，$B(0, 0, 6)$，$C(4, 3, 0)$，$D(2, -1, 3)$，求它的体积.

6. 设向量 $\vec{a}=(3,5,-4)$，$\vec{b}=(2,1,8)$.

（1）计算 $2\vec{a}+3\vec{b}$；（2）当 λ，μ 满足什么条件时，$\lambda\vec{a}+\mu\vec{b}$ 与 z 轴垂直？

7. 已知两点 $P_1(2,-3,1)$，$P_2(3,4,-5)$，在 P_1 和 P_2 的连线上求一点 P，使 $\dfrac{P_1P}{PP_2}=\dfrac{3}{2}$.

8. 已知 $A(2,3,1)$，$B(4,1,-2)$，$C(6,3,7)$，$D(-5,4,8)$，判断 A，B，C，D 是否共面，若不共面，求出以它们为顶点的四面体的体积.

9. 设四面体的顶点分别为 $A(2,1,-1)$，$B(3,0,1)$，$C(2,-1,3)$，D，其中 D 点在 y 轴上，且此四面体的体积等于 5，试求 D 点的坐标.

10. 证明：在平面仿射坐标系 $\{O;\overrightarrow{e_1},\overrightarrow{e_2}\}$ 上，三点 $P_1(x_1,y_1)$，$P_2(x_2,y_2)$，$P_3(x_3,y_3)$ 共线的充分必要条件是

$$\begin{vmatrix} x_1 & y_1 & 1 \\ x_2 & y_2 & 1 \\ x_3 & y_3 & 1 \end{vmatrix}=0.$$

11. ［切瓦（Ceva）定理］如图 1-4-11 所示，设点 P，Q，R 分别内分 $\triangle ABC$ 的边 AB，BC，CA 成定比 λ，μ，ν，证明：三线 AQ，BR，CP 共点的充分必要条件为 $\lambda\mu\nu=1$.

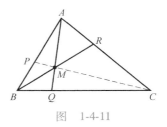

图　1-4-11

12. 已知向量 $\vec{a}=(2,-3,1)$，$\vec{b}=(-3,1,2)$，$\vec{c}=(1,2,3)$，分别计算 $\vec{a}\times(\vec{b}\times\vec{c})$ 和 $(\vec{a}\times\vec{b})\times\vec{c}$，从而说明向量等式 $\vec{a}\times(\vec{b}\times\vec{c})=(\vec{a}\times\vec{b})\times\vec{c}$ 一般不成立，也就是说向量外积的运算不满足"结合律".

第 2 章
平面与空间直线

平面和直线是空间中最简单最基本的二维曲面和一维曲线. 本章将用向量法和坐标法, 从平面和直线的特征出发分析共面和共线, 分别建立平面和直线的方程, 并研究它们之间的位置关系及度量关系.

对于建立平面方程和直线方程以及讨论它们的位置关系, 可以采用更具有一般性的仿射坐标系. 而研究有关度量问题时, 如距离、夹角、面积、体积等, 为了方便计算采用直角坐标系. 若无特殊说明, 本章统一使用右手直角坐标系.

2.1 平面及其方程

2.1.1 平面的点法式方程

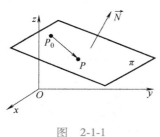

图　2-1-1

如图 2-1-1 所示, 给定空间一点 $P_0(x_0,y_0,z_0)$ 和一个非零向量 $\vec{N}=(A,B,C)$, 那么过点 P_0 且垂直于 $\vec{N}$ 的平面 π 唯一确定. $\vec{N}$ 称为平面 π 的**法向量**, 它的单位向量 $\vec{N_0}$ 称为平面 π 的**单位法向量**. 下面求平面 π 的方程.

设 $P(x,y,z)$ 是平面 π 上任意一点, 因此点 P 在平面 π 上的充要条件是 $\overrightarrow{P_0P}$ 与 $\vec{N}$ 垂直, 即 $\overrightarrow{P_0P}\cdot\vec{N}=0$. 取点 O 为坐标原点, 则有

$$(\overrightarrow{OP}-\overrightarrow{OP_0})\cdot\vec{N}=0, \tag{2.1.1}$$

$\overrightarrow{OP}$ 是平面 π 上动点 P 的向径. 式(2.1.1)称为平面的向量形式的**点法式方程**.

把坐标代入进去, 可得

$$A(x-x_0)+B(y-y_0)+C(z-z_0)=0. \tag{2.1.2}$$

称式(2.1.2)为**坐标形式的点法式方程**.

例 2.1.1　已知两点 $P_1(1,-2,3)$ 与 $P_2(3,0,-1)$, 求线段 P_1P_2 的垂直平分面 π 的方程.

解　因为向量 $\overrightarrow{P_1P_2}=(2,2,-4)=2(1,1,-2)$ 垂直于平面，取平面的一个法向量 $\vec{N}=(1,1,-2)$，又平面 π 通过线段 P_1P_2 的中点 $P_0(2,-1,1)$，代入平面的点法式方程得

$$(x-2)+(y+1)-2(z-1)=0,$$

化简得

$$x+y-2z+1=0.$$

2.1.2　平面的点位式方程

定义 2.1.1　与平面平行且不共线的两个向量 $\vec{V_1}$，$\vec{V_2}$ 称为平面的一组方位向量.

如图 2-1-2 所示，已知空间一点 $P_0(x_0,y_0,z_0)$ 和两个不共线的向量 $\vec{V_1}=(X_1,Y_1,Z_1)$，$\vec{V_2}=(X_2,Y_2,Z_2)$，则通过 P_0 且与 $\vec{V_1}$，$\vec{V_2}$ 平行的平面 π 被唯一确定，下面求平面 π 的方程.

设 $P(x,y,z)$ 是平面 π 上任意一点，则向量 $\overrightarrow{P_0P}$，$\vec{V_1}$，$\vec{V_2}$ 是三个共面向量. 三个向量共面的充要条件是 $(\overrightarrow{P_0P},\vec{V_1},\vec{V_2})=0$，取 O 为坐标原点，则有

$$((\overrightarrow{OP}-\overrightarrow{OP_0}),\vec{V_1},\vec{V_2})=0,\qquad(2.1.3)$$

代入坐标可写成

$$\begin{vmatrix} x-x_0 & y-y_0 & z-z_0 \\ X_1 & Y_1 & Z_1 \\ X_2 & Y_2 & Z_2 \end{vmatrix}=0.\qquad(2.1.4)$$

式 (2.1.3) 与式 (2.1.4) 都称为平面的**点位式方程**.

由 $\vec{V_1}$，$\vec{V_2}$ 不共线可知 $\overrightarrow{P_0P}=\lambda\vec{V_1}+\mu\vec{V_2}$，取 O 为坐标原点，则有

$$\overrightarrow{OP}=\overrightarrow{OP_0}+\lambda\vec{V_1}+\mu\vec{V_2},$$

上式称为平面 π 的**向量式参数方程**，其中 λ，μ 为参数.

代入坐标可得

$$\begin{cases} x=x_0+\lambda X_1+\mu X_2 \\ y=y_0+\lambda Y_1+\mu Y_2 \quad(\lambda,\mu\in\mathbf{R}), \\ z=z_0+\lambda Z_1+\mu Z_2 \end{cases}$$

上式称为平面 π 的**坐标式参数方程**，其中 λ，μ 为参数.

如图 2-1-3 所示，空间中不共线的三个点 $P_1(x_1,y_1,z_1)$，$P_2(x_2,y_2,z_2)$，$P_3(x_3,y_3,z_3)$ 也可唯一确定平面 π. 把 $P_1(x_1,y_1,z_1)$ 看成平面 π 上已知确定的点，$\overrightarrow{P_1P_2}$，$\overrightarrow{P_1P_3}$ 是间接给出的平行于平

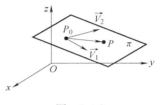

图　2-1-2

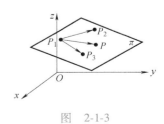

图　2-1-3

面 π 的两个向量. 因此利用上述点位式方程可得

$$((\overrightarrow{OP}-\overrightarrow{OP_1}),(\overrightarrow{OP_2}-\overrightarrow{OP_1}),(\overrightarrow{OP_3}-\overrightarrow{OP_1}))=0,$$

代入坐标得

$$\begin{vmatrix} x-x_1 & y-y_1 & z-z_1 \\ x_2-x_1 & y_2-y_1 & z_2-z_1 \\ x_3-x_1 & y_3-y_1 & z_3-z_1 \end{vmatrix}=0,$$

上式称为平面 π 的**三点式方程**.

作为三点式的特例，如果已知三点为平面与三坐标轴的交点 $P_1(a,0,0)$，$P_2(0,b,0)$，$P_3(0,0,c)$（其中 $abc\neq0$）可得**平面的截距式方程**为

$$\frac{x}{a}+\frac{y}{b}+\frac{z}{c}=1,$$

其中 a，b，c 分别为平面在三个坐标轴上的**截距**.

例 2.1.2　　求过点 $A(3,1,1)$ 及 $B(1,0,-1)$ 且平行于向量 $\overrightarrow{V}=(-1,0,2)$ 的平面方程.

解　由已知，所求平面的法向量

$$\overrightarrow{N}=\overrightarrow{AB}\times\overrightarrow{V}=(-2,-1,-2)\times(-1,0,2)=(-2,6,-1),$$

又因方程过点 A，根据平面点法式方程，所求方程为

$$-2(x-3)+6(y-1)-(z-1)=0,$$

即

$$2x-6y+z-1=0.$$

例 2.1.3　　如果 $abcd\neq0$，求由各个坐标面与平面 $ax+by+cz+d=0$ 所围成的四面体的体积.

解　平面 $ax+by+cz+d=0$ 与各个坐标轴的交点分别是 $P\left(-\dfrac{d}{a},0,0\right)$，$Q\left(0,-\dfrac{d}{b},0\right)$，$R\left(0,0,-\dfrac{d}{c}\right)$，从而

$$(\overrightarrow{OP},\overrightarrow{OQ},\overrightarrow{OR})=\begin{vmatrix} -\dfrac{d}{a} & 0 & 0 \\ 0 & -\dfrac{d}{b} & 0 \\ 0 & 0 & -\dfrac{d}{c} \end{vmatrix}=-\frac{d^3}{abc}.$$

从而所求四面体的体积为

$$\frac{1}{6}|(\overrightarrow{OP},\overrightarrow{OQ},\overrightarrow{OR})|=\frac{1}{6}\left|\frac{d^3}{abc}\right|.$$

2.1.3   平面的一般方程

定理 2.1.1   空间任一平面的方程都可表示成一个关于变量 x，y，z 的一次方程；反之，每一个关于 x，y，z 的一次方程均可表示空间一平面.

证明   先证定理 2.1.1 的前半部分. 由确定空间平面的条件可知，空间平面 π 可由平面上一点 $P_0(x_0, y_0, z_0)$ 及平行于平面的两个不共线的向量 $\vec{V_1} = (X_1, Y_1, Z_1)$，$\vec{V_2} = (X_2, Y_2, Z_2)$ 确定. 因此展开式(2.1.4)可得

$$Ax + By + Cz + D = 0, \qquad (2.1.5)$$

其中

$$A = \begin{vmatrix} Y_1 & Z_1 \\ Y_2 & Z_2 \end{vmatrix}, \ B = \begin{vmatrix} Z_1 & X_1 \\ Z_2 & X_2 \end{vmatrix}, \ C = \begin{vmatrix} X_1 & Y_1 \\ X_2 & Y_2 \end{vmatrix}, \ D = -(Ax_0 + By_0 + Cz_0).$$

因为 $\vec{V_1}$，$\vec{V_2}$ 不共线，因此 A，B，C 不全为零，从而空间任一平面都可以用关于 x，y，z 的一次方程来表示.

同理，平面的点法式、三点式、参数式方程也都可由 $Ax + By + Cz + D = 0$ 表示，其中 A，B，C 不全为零. 我们称式(2.1.5)为**平面的一般方程**.

反之，也可证明任意关于 x，y，z 的一次方程(2.1.5)都表示一个平面.

情况 1：因为 A，B，C 不全为零，不妨假设 $A \neq 0$，那么式(2.1.5)可写成

$$A\left(x + \frac{D}{A}\right) + By + Cz = 0,$$

即

$$A\left[x - \left(-\frac{D}{A}\right)\right] + B(y - 0) + C(z - 0) = 0,$$

它表示以 $\vec{N} = (A, B, C)$ 为法向量，且过 $P_0\left(-\frac{D}{A}, 0, 0\right)$ 的平面的方程.

情况 2：不妨假设 $A \neq 0$，式(2.1.5)也可改写成

$$A^2\left(x + \frac{D}{A}\right) + ABy + ACz = 0,$$

即

$$\begin{vmatrix} x+\dfrac{D}{A} & y & z \\ B & -A & 0 \\ C & 0 & -A \end{vmatrix}=0,$$

显然，它表示由点 $P_0\left(-\dfrac{D}{A},0,0\right)$ 和两个不共线向量 $\overrightarrow{V_1}=(B,-A,0)$，

$\overrightarrow{V_2}=(C,0-A)$ 所决定的平面. 定理 2.1.1 得证.

通过讨论平面一般方程的系数，可给出平面的几种特殊位置：

（1）$D=0\Leftrightarrow$ 平面 π 经过原点；

（2）$D\neq0$，$A=0\Leftrightarrow$ 平面 π 平行于 x 轴；

$D=0$，$A=0\Leftrightarrow$ 平面 π 过 x 轴；

（3）$D\neq0$，$A=B=0\Leftrightarrow$ 平面 π 平行于 xOy 平面；

$D=0$，$A=B=0\Leftrightarrow$ 平面 π 为 xOy 平面；

类似地，可分别讨论其他情况.

例 2.1.4   求经过两点 $P_1(2,-1,1)$，$P_2(3,-2,1)$ 且平行于 z 轴的平面的方程.

解   设所求平面的方程为 $Ax+By+D=0$，因为 P_1，P_2 在平面上，所以 P_1，P_2 的坐标满足上述方程. 故有

$$\begin{cases} 2A-B+D=0, \\ 3A-2B+D=0, \end{cases}$$

由此得 $A=B=-D$，因此所求的平面方程为 $x+y-1=0$.

2.1.4   两平面的位置关系

已知两平面方程分别为

$$\pi_1:A_1x+B_1y+C_1z+D_1=0, \qquad (2.1.6)$$

$$\pi_2:A_2x+B_2y+C_2z+D_2=0, \qquad (2.1.7)$$

由方程可知，平面 π_1 的法向量 $\overrightarrow{N_1}=(A_1,B_1,C_1)$，平面 π_2 的法向量 $\overrightarrow{N_2}=(A_2,B_2,C_2)$.

两平面之间的位置关系是借助于其法向量来判断的.

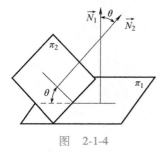

图   2-1-4

定义 2.1.2   两个平面的夹角是指它们法向量之间的夹角（取锐角）（见图 2-1-4）.

于是两个平面的夹角 θ 的计算公式如下：

$$\cos\theta=\frac{|\overrightarrow{N_1}\cdot\overrightarrow{N_2}|}{|\overrightarrow{N_1}||\overrightarrow{N_2}|}=\frac{|A_1A_2+B_1B_2+C_1C_2|}{\sqrt{A_1^2+B_1^2+C_1^2}\sqrt{A_2^2+B_2^2+C_2^2}}.$$

下面讨论当满足怎样的条件时，它们的位置关系为平行、重

合或相交.

当式(2.1.6)和式(2.1.7)的各个系数成比例时，即

$$\frac{A_1}{A_2}=\frac{B_1}{B_2}=\frac{C_1}{C_2}=\frac{D_1}{D_2}, \qquad (2.1.8)$$

两个方程表示同一个平面，因此 π_1 与 π_2 重合.

当式(2.1.6)和式(2.1.7)中的 x,y,z 所对应的系数成比例而与常数项不成比例时，即

$$\frac{A_1}{A_2}=\frac{B_1}{B_2}=\frac{C_1}{C_2}\neq\frac{D_1}{D_2}, \qquad (2.1.9)$$

此时式(2.1.6)和式(2.1.7)不表示同一平面，说明 π_1，π_2 平行但不重合.

当式(2.1.6)和式(2.1.7)中的 x,y,z 所对应的系数不成比例时，两平面相交.

特别地，当

$$A_1A_2+B_1B_2+C_1C_2=0, \qquad (2.1.10)$$

说明 $\overrightarrow{N_1}\perp\overrightarrow{N_2}$，即 $\pi_1\perp\pi_2$.

式(2.1.8)~式(2.1.10)也分别为两平面重合、平行、垂直的必要条件.

定理 2.1.2 已知两平面

$$\pi_1:A_1x+B_1y+C_1z+D_1=0,$$

$$\pi_2:A_2x+B_2y+C_2z+D_2=0,$$

则

$$\pi_1,\pi_2\ \text{重合}\Leftrightarrow\frac{A_1}{A_2}=\frac{B_1}{B_2}=\frac{C_1}{C_2}=\frac{D_1}{D_2},$$

$$\pi_1,\pi_2\ \text{平行}\Leftrightarrow\frac{A_1}{A_2}=\frac{B_1}{B_2}=\frac{C_1}{C_2}\neq\frac{D_1}{D_2},$$

$$\pi_1,\pi_2\ \text{垂直}\Leftrightarrow A_1A_2+B_1B_2+C_1C_2=0.$$

例 2.1.5 一平面 π 通过两点 $P_1(1,1,1)$ 和 $P_2(0,1,-1)$，且垂直于平面 $\pi_1:x+y+z=0$，求它的方程.

解 设平面 π 的法向量为 $\overrightarrow{N}=(A,B,C)$，因为 $\overrightarrow{P_1P_2}=(-1,0,-2)$，且平面 π 通过点 P_1 和 P_2，所以有 $\overrightarrow{P_1P_2}\perp\overrightarrow{N}$，得 $-A-2C=0$，又平面 π_1 的法向量为 $\overrightarrow{N_1}=(1,1,1)$，所以 $\overrightarrow{N_1}\perp\overrightarrow{N}$，所以

$$\begin{cases} -A-2C=0, \\ A+B+C=0, \end{cases}$$

解得 $\vec{N}=(-2,1,1)$，所以平面 π 的方程为 $-2(x-1)+(y-1)+(z-1)=0$，化简得 $2x-y-z=0$。

习题 2.1

1. 判断下列各对平面的位置关系.

（1）$2x-y-2z-5=0$ 与 $x+3y-z-1=0$；

（2）$6x+2y-4z+3=0$ 与 $9x+3y-6z-3=0$.

2. 在下列条件下确定 l, m 的值.

（1）$lx+y-3z+1=0$ 与 $7x-2y+mz=0$ 表示两个平行的平面；

（2）$5x+y-3z-m=0$ 与 $2x+ly-3z+1=0$ 表示两个互相垂直的平面.

3. 求通过点 $P_1(3,1,-1)$ 和 $P_2(1,-1,0)$，且平行于向量 $\vec{V}=(-1,0,2)$ 的平面方程，并用平面的坐标式参数方程和一般方程表示.

4. 求通过 z 轴且与平面 $2x+y-\sqrt{5}z-7=0$ 的夹角为 $\dfrac{\pi}{3}$ 的平面方程.

5. 求过点 $P(4,-3,-1)$ 及 z 轴的平面方程.

6. 已知四点 $A(5,1,3)$，$B(1,6,2)$，$C(5,0,4)$，$D(4,0,6)$.

（1）求通过直线 AB 且平行于直线 CD 的平面方程；

（2）求通过直线 AB 且与 $\triangle ABC$ 所在平面垂直的平面方程.

7. 给出平面 $4x-4y+7z+1=0$ 与三个坐标轴交点的坐标.

8. 求下列各组平面所成的角.

（1）$x+y-11=0$，$3x+8=0$；

（2）$2x-3y+6z-12=0$，$x+2y+2z-7=0$.

9. 证明通过点 $P_0(x_0,y_0,z_0)$，并且与相交平面 $\pi_1:A_1x+B_1y+C_1z+D_1=0$，$\pi_2:A_2x+B_2y+C_2z+D_2=0$ 都垂直的平面 π 的方程为

$$\begin{vmatrix} x-x_0 & y-y_0 & z-z_0 \\ A_1 & B_1 & C_1 \\ A_2 & B_2 & C_2 \end{vmatrix}=0.$$

2.2　空间直线及其方程

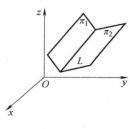

空间直线一般方程与对称方程参数讲解视频扫码

图　2-2-1

2.2.1　空间直线的一般方程

空间直线 L 也可以看成是两个平面相交所得（见图 2-2-1）. 设已知两平面方程分别为

$$\pi_1:A_1x+B_1y+C_1z+D_1=0,$$
$$\pi_2:A_2x+B_2y+C_2z+D_2=0.$$

当平面 π_1 与平面 π_2 的一次项系数不成比例时，则它们相交. 于是

$$\begin{cases} A_1x+B_1y+C_1z+D_1=0, \\ A_2x+B_2y+C_2z+D_2=0, \end{cases} \tag{2.2.1}$$

称式（2.2.1）为直线 L 的**一般方程**.

需要注意的是经过一条直线的平面有无穷多个，所以直线 L 的一般方程的表达形式也不唯一.

2.2.2 空间直线的参数方程及标准方程

给定空间一定点 P_0 和定方向的非零向量 $\vec{V}$ 可确定一条直线 L(见图 2-2-2). 设直线 L 上的动点为 P,则有 $\overrightarrow{P_0P} /\!/ \vec{V}$,于是有

$$\overrightarrow{OP} = \overrightarrow{OP_0} + t\vec{V} \tag{2.2.2}$$

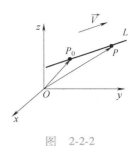

图 2-2-2

为直线 L 的方程,其中 $\overrightarrow{OP}$ 为直线 L 上动点的向径,$\vec{V}$ 为方向向量,$\overrightarrow{OP_0}$ 为直线上一定点的向径,t 为参数.

代入坐标,其中 $P_0(x_0, y_0, z_0)$,$\vec{V} = (X, Y, Z)$,动点 $P(x, y, z)$,则直线方程可写成

$$\begin{cases} x = x_0 + tX, \\ y = y_0 + tY, \quad (-\infty < t < +\infty), \\ z = z_0 + tZ, \end{cases} \tag{2.2.3}$$

式(2.2.2)和式(2.2.3)分别称为直线 L 的**向量式参数方程**和**坐标式参数方程**.

特别地,在直线 L 的参数方程中,方向向量 $\vec{V}$ 是单位向量时参数 t 有几何意义,此时 $|t|$ 是定点 P_0 到动点 P 的距离,当 $t = 0$ 时式(2.2.3)表示点 P_0,参数 t 取不同符号时式(2.2.3)表示的动点 P 在定点 P_0 的不同侧.

式(2.2.3)中消去参数 t 可得

$$\frac{x - x_0}{X} = \frac{y - y_0}{Y} = \frac{z - z_0}{Z}, \tag{2.2.4}$$

式(2.2.4)称为直线的**标准方程**(或**对称式方程**、**点向式方程**). 因为方向向量 $\vec{V}$ 为非零向量,因此 X,Y,Z 不能同时为零. 若其中有一个或两个为零,我们仍把直线方程写成式(2.2.4)的形式,并约定分母为零时分子也为零.

例如,当 $X = 0$,$Y \neq 0$,$Z \neq 0$ 时,直线方程为

$$\frac{x - x_0}{0} = \frac{y - y_0}{Y} = \frac{z - z_0}{Z},$$

表示

$$x - x_0 = 0, \quad \frac{y - y_0}{Y} = \frac{z - z_0}{Z}.$$

当 $X = 0$,$Y = 0$,$Z \neq 0$ 时,直线方程为

$$\frac{x - x_0}{0} = \frac{y - y_0}{0} = \frac{z - z_0}{Z},$$

表示

$$x-x_0=0, \quad y-y_0=0.$$

特别地，已知两点也可确定一条直线. 设 $P_1(x_1,y_1,z_1)$，$P_2(x_2,y_2,z_2)$ 为已知点，此时的方向向量 $\vec{V}$ 可由 P_1，P_2 的坐标给出，因此 P_1，P_2 所在直线方程为

$$\frac{x-x_1}{x_2-x_1}=\frac{y-y_1}{y_2-y_1}=\frac{z-z_1}{z_2-z_1}, \tag{2.2.5}$$

称式(2.2.5)为**直线的两点式方程**.

> **例 2.2.1**　已知 $P(1,1,1)$，(1) 求过点 P 及原点的直线方程；(2) 求过点 P 且分别与坐标轴平行的各直线的方程.

　　解　(1) 所求直线的方向向量可取为 $\overrightarrow{OP}=(1,1,1)$，且过原点，故根据标准方程，所求直线方程为

$$\frac{x}{1}=\frac{y}{1}=\frac{z}{1},$$

即

$$x=y=z.$$

　　(2) 与 x 轴平行且过点 P 的直线的方向向量可取为 $\vec{V}=(1,0,0)$. 故根据标准方程，所求直线方程为

$$\frac{x-1}{1}=\frac{y-1}{0}=\frac{z-1}{0},$$

同理，与 y 轴平行且过点 P 的直线方程为

$$\frac{x-1}{0}=\frac{y-1}{1}=\frac{z-1}{0},$$

与 z 轴平行且过点 P 的直线方程为

$$\frac{x-1}{0}=\frac{y-1}{0}=\frac{z-1}{1}.$$

> **例 2.2.2**　求直线 $\dfrac{x}{1}=\dfrac{y}{2}=\dfrac{z}{3}$ 与平面 $x+2y+3z-1=0$ 的交点.

　　解　解此类问题一般用直线的参数式为宜. 将已知直线写成参数式

$$x=t, \quad y=2t, \quad z=3t.$$

代入平面方程得

$$(1\times1+2\times2+3\times3)t-1=0,$$

从而 $t=\dfrac{1}{14}$. 再由参数式得所求交点的坐标为 $\left(\dfrac{1}{14},\dfrac{2}{14},\dfrac{3}{14}\right)$.

例 2.2.3 设直线 L_1 经过点 $P_1(1,-2,4)$ 与点 $P_2(4,1,6)$，直线 L_2 经过点 $Q(1,-3,-1)$ 并平行于向量 $\overrightarrow{V}=\left(-1,-\dfrac{2}{3},1\right)$. 证明两条直线 L_1，L_2 相交并求交点.

证明 L_1，L_2 两条直线的参数方程分别为

$$\begin{cases} x=1+3t_1, \\ y=-2+3t_1, \quad (-\infty<t_1<+\infty); \\ z=4+2t_1, \end{cases} \qquad \begin{cases} x=1-t_2, \\ y=-3-\dfrac{2}{3}t_2, \quad (-\infty<t_2<+\infty). \\ z=-1+t_2, \end{cases}$$

直线 L_1，L_2 相交当且仅当存在 t_1，t_2 使上述两个直线方程同时成立. 设交点为 $P_0(x_0,y_0,z_0)$，两方程联立得

$$\begin{cases} 1+3t_1=1-t_2, \\ -2+3t_1=-3-\dfrac{2}{3}t_2, \\ 4+2t_1=-1+t_2, \end{cases}$$

解得存在唯一解 $t_1=-1$，$t_2=3$. 故 L_1，L_2 相交于点 $P_0(-2,-5,2)$.

2.2.3 空间直线方程形式的相互转换

直线的标准方程、参数方程及一般方程之间可以相互转换. 由直线的参数方程与标准方程的建立过程可知，直线的参数方程消参可得标准方程，而直线的标准方程再设参可给出其参数方程.

已知直线 L 的一般方程 $\begin{cases} A_1x+B_1y+C_1z+D_1=0, \\ A_2x+B_2y+C_2z+D_2=0, \end{cases}$ 由一般方程的

几何意义可知两个平面的法向量分别为 $\overrightarrow{N_1}=(A_1,B_1,C_1)$，$\overrightarrow{N_2}=(A_2,B_2,C_2)$，因直线 L 分别与两平面的法向量垂直，直线 L 的方向向量为 $\overrightarrow{V}=\overrightarrow{N_1}\times\overrightarrow{N_2}$，可算出

$$\overrightarrow{V}=\left(\begin{vmatrix} B_1 & C_1 \\ B_2 & C_2 \end{vmatrix}, \begin{vmatrix} C_1 & A_1 \\ C_2 & A_2 \end{vmatrix}, \begin{vmatrix} A_1 & B_1 \\ A_2 & B_2 \end{vmatrix}\right).$$

假设 $\begin{vmatrix} A_1 & B_1 \\ A_2 & B_2 \end{vmatrix}\neq 0$，我们取任意值 $z=z_0$，代入直线方程可得 $x=x_0$，$y=y_0$. 从而 (x_0,y_0,z_0) 为直线方程的一个特解. 因此可写出直线的标准方程为

$$\frac{x-x_0}{\begin{vmatrix} B_1 & C_1 \\ B_2 & C_2 \end{vmatrix}}=\frac{y-y_0}{\begin{vmatrix} C_1 & A_1 \\ C_2 & A_2 \end{vmatrix}}=\frac{z-z_0}{\begin{vmatrix} A_1 & B_1 \\ A_2 & B_2 \end{vmatrix}}.$$

已知直线 L 的标准方程为

$$\frac{x-x_0}{X}=\frac{y-y_0}{Y}=\frac{z-z_0}{Z},\qquad(2.2.6)$$

方程可改写成

$$\begin{cases}\dfrac{x-x_0}{X}=\dfrac{z-z_0}{Z},\\[2mm]\dfrac{y-y_0}{Y}=\dfrac{z-z_0}{Z},\end{cases}$$

此时，两个式子均为三元一次方程，表示经过直线 L 的两个平面，方程组为平面的一般方程.

在式(2.2.6)中，若设 $Z\neq0$，则式(2.2.6)可改写成

$$\begin{cases}x=\dfrac{X}{Z}z+\left(x_0-\dfrac{X}{Z}z_0\right),\\[2mm]y=\dfrac{Y}{Z}z+\left(y_0-\dfrac{Y}{Z}z_0\right),\end{cases}\qquad(2.2.7)$$

此方程组表示直线 L 可以看作用此式表示的两个平面相交所得，而这两个平面分别垂直于坐标面 xOz 与 yOz. 我们把式(2.2.7)称为**直线 L 的射影式方程**，通过直线 L 垂直于坐标面的平面称为**射影平面**.

例 2.2.4   将直线 L 的一般方程

$$\begin{cases}x+y+z+1=0,\\2x-y+3z+4=0\end{cases}$$

化为标准方程和参数方程.

解   令 $y=0$，得一点 $P_0(1,0,-2)\in L$，这两个平面的法向量分别为 $\overrightarrow{N_1}=(1,1,1)$ 和 $\overrightarrow{N_2}=(2,-1,3)$. 取直线的一个方向向量为 $\overrightarrow{V}=\overrightarrow{N_1}\times\overrightarrow{N_2}=(4,-1,-3)$，则该直线的标准方程为

$$\frac{x-1}{4}=\frac{y}{-1}=\frac{z+2}{-3}.$$

令 $\dfrac{x-1}{4}=\dfrac{y}{-1}=\dfrac{z+2}{-3}=t$，则得直线的参数方程为

$$\begin{cases}x=1+4t,\\y=-t,\qquad(t\in\mathbf{R}).\\z=-2-3t,\end{cases}$$

例 2.2.5   求点 $P(2,0,-1)$ 关于直线 $\begin{cases}x-y-4z+12=0,\\2x+y-2z+3=0\end{cases}$ 的对称点.

解   取该直线的方向向量

$$\overrightarrow{V}=(1,-1,-4)\times(2,1,-2)=(2,-2,1),$$

则过点 P 且垂直于已知直线的平面为

$$2(x-2)-2y+(z+1)=0,$$

即 $2x-2y+z-3=0$. 该平面与已知直线的交点为 $(1,1,3)$，设点 $P'(x,y,z)$ 为点 P 的对称点，则

$$1=\frac{2+x}{2},1=\frac{0+y}{2},3=\frac{-1+z}{2},$$

所以 $x=0$，$y=2$，$z=7$，即 $P'(0,2,7)$.

例 2.2.6　试求直线

$$L:\begin{cases}x+y-z-1=0,\\ x-y+z+1=0\end{cases}$$

在平面 π：$x+y+z=0$ 上的射影直线的方程.

解　直线 L 在平面 π 上的射影即为过 L 与 π 垂直的平面 π' 与 π 的交线.

由题意易求得 π' 的方程为

$$\begin{vmatrix} x-0 & y-1 & z-0 \\ 0 & 1 & 1 \\ 1 & 1 & 1 \end{vmatrix}=0.$$

整理得 $\pi':y-z-1=0$，所以直线 L 在平面 π 上的射影直线的方程为

$$\begin{cases}x+y+z=0,\\ y-z-1=0.\end{cases}$$

定义 2.2.1　**两直线的夹角**指其方向向量间的夹角（通常取锐角）.

设两直线 L_1，L_2 的标准方程为

$$L_1:\frac{x-x_1}{X_1}=\frac{y-y_1}{Y_1}=\frac{z-z_1}{Z_1},\quad L_2:\frac{x-x_2}{X_2}=\frac{y-y_2}{Y_2}=\frac{z-z_2}{Z_2},$$

它们的方向向量分别为 $\overrightarrow{V_1}=(X_1,Y_1,Z_1)$，$\overrightarrow{V_2}=(X_2,Y_2,Z_2)$，则两直线的夹角 θ 的计算公式如下：

$$\cos\theta=\frac{|\overrightarrow{V_1}\cdot\overrightarrow{V_2}|}{|\overrightarrow{V_1}||\overrightarrow{V_2}|}=\frac{|X_1X_2+Y_1Y_2+Z_1Z_2|}{\sqrt{X_1^2+Y_1^2+Z_1^2}\sqrt{X_2^2+Y_2^2+Z_2^2}}.$$

特别地，

$$L_1\perp L_2\Leftrightarrow\overrightarrow{V_1}\perp\overrightarrow{V_2}\Leftrightarrow\overrightarrow{V_1}\cdot\overrightarrow{V_2}=0\Leftrightarrow X_1X_2+Y_1Y_2+Z_1Z_2=0,$$

$$L_1/\!/L_2\Leftrightarrow\overrightarrow{V_1}/\!/\overrightarrow{V_2}\Leftrightarrow\overrightarrow{V_1}\times\overrightarrow{V_2}=0\Leftrightarrow\frac{X_1}{X_2}=\frac{Y_1}{Y_2}=\frac{Z_1}{Z_2}.$$

当两直线 L_1，L_2 平行时，若 L_1，L_2 有公共点，则两直线 L_1，L_2

重合，于是有

$$\text{两直线 } L_1, L_2 \text{ 重合} \Leftrightarrow \begin{cases} \dfrac{X_1}{X_2} = \dfrac{Y_1}{Y_2} = \dfrac{Z_1}{Z_2}, \\[2mm] \dfrac{x_1 - x_2}{X_2} = \dfrac{y_1 - y_2}{Y_2} = \dfrac{z_1 - z_2}{Z_2}. \end{cases}$$

例 2.2.7   求以下两直线的夹角：

$$L_1 : \frac{x-1}{1} = \frac{y-5}{-2} = \frac{z+8}{1}, \quad L_2 : \begin{cases} 2y + z = 3, \\ x - y = 6. \end{cases}$$

解   直线 L_1 的方向向量为 $\overrightarrow{V_1} = (1, -2, 1)$，直线 L_2 的方向向量为

$$\overrightarrow{V_2} = \begin{vmatrix} \vec{i} & \vec{j} & \vec{k} \\ 0 & 2 & 1 \\ 1 & -1 & 0 \end{vmatrix} = (1, 1, -2).$$

两直线夹角 θ 的余弦为

$$\cos \theta = \frac{|1 \times 1 + (-2) \times 1 + 1 \times (-2)|}{\sqrt{1^2 + (-2)^2 + 1^2} \sqrt{1^2 + 1^2 + (-2)^2}} = \frac{1}{2},$$

从而 $\theta = \dfrac{\pi}{3}$.

2.2.4 平面束

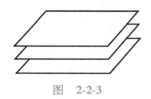

定义 2.2.2   空间中所有彼此平行的平面组成的全体(见图 2-2-3)称为**平行平面束**.

图   2-2-3

定义 2.2.3   空间中通过一固定直线的所有平面的集合(见图 2-2-4)称为**有轴平面束**，这条固定直线叫作**平面束的轴**.

接下来，我们讨论如何用方程来表示平面束.

定理 2.2.1   两个平面方程分别为

$$\pi_1 : A_1 x + B_1 y + C_1 z + D_1 = 0,$$
$$\pi_2 : A_2 x + B_2 y + C_2 z + D_2 = 0.$$

图   2-2-4

（1）若 $\dfrac{A_1}{A_2} = \dfrac{B_1}{B_2} = \dfrac{C_1}{C_2} \neq \dfrac{D_1}{D_2}$，则彼此平行的平行平面束方程为

$$A_1 x + B_1 y + C_1 z + \lambda = 0, \tag{2.2.8}$$

其中参数 λ 为任意实数.

当 λ 取定时，式 (2.2.8) 表示与平面 π_1 平行的一个平面的方程.

$P_0(x_0,y_0,z_0)$ 为空间任意一点，过点 P_0 与平面 π_1 平行的平面方程可由参数

$$\lambda_0 = -(A_1x_0+B_1y_0+C_1z_0)$$

所确定，即

$$A_1x+B_1y+C_1z-(A_1x_0+B_1y_0+C_1z_0) = 0.$$

定理 2.2.1 的
证明视频扫码

（2）若 A_1，B_1，C_1 与 A_2，B_2，C_2 不成比例时，两平面相交于直线 L，那么以直线 L 为轴的有轴平面束的方程是

$$\lambda(A_1x+B_1y+C_1z+D_1)+\mu(A_2x+B_2y+C_2z+D_2) = 0, \quad (2.2.9)$$

其中 λ，μ 是不全为零的任意实数.

证明　当 λ，μ 不全为零时，则式 (2.2.9) 表示一个平面. 式 (2.2.9) 可写成

$$(\lambda A_1+\mu A_2)x+(\lambda B_1+\mu B_2)y+(\lambda C_1+\mu C_2)z+(\lambda D_1+\mu D_2) = 0.$$

若 x，y，z 前面的系数全为零时可得

$$\frac{A_1}{A_2} = \frac{B_1}{B_2} = \frac{C_1}{C_2},$$

这与 π_1，π_2 是两个相交平面的假设矛盾，因式 (2.2.9) 的 x，y，z 前面的系数不能全为零. 所以式 (2.2.9) 表示一个平面.

因为平面 π_1，π_2 的交线 L 上的点的坐标同时满足平面方程，因此必满足式 (2.2.9)，所以式 (2.2.9) 总代表通过直线 L 的平面，即表示以直线 L 为轴的平面束.

反之，对于平面束中的任意一个平面 π_0，我们都能找到确定的 λ_0，μ_0 使平面可写成式 (2.2.9) 的形式. 在平面 π_0 上选取不属于直线 L 的任意一点 $P_0(x_0,y_0,z_0)$，那么平面过点 $P_0(x_0,y_0,z_0)$ 的条件为

$$\lambda_0(A_1x_0+B_1y_0+C_1z_0+D_1)+\mu_0(A_2x_0+B_2y_0+C_2z_0+D_2) = 0,$$

所以

$$\lambda_0 : \mu_0 = (A_2x_0+B_2y_0+C_2z_0+D_2) : [-(A_1x_0+B_1y_0+C_1z_0+D_1)].$$

而 $P_0(x_0,y_0,z_0)$ 不在直线 L 上，所以 $A_1x_0+B_1y_0+C_1z_0+D_1$ 和 $A_2x_0+B_2y_0+C_2z_0+D_2$ 不能全为零. 因此平面 π_0 的方程可写成式 (2.2.9) 的形式

$$(A_2x_0+B_2y_0+C_2z_0+D_2)(A_1x+B_1y+C_1z+D_1)+$$
$$[-(A_1x_0+B_1y_0+C_1z_0+D_1)](A_2x+B_2y+C_2z+D_2) = 0.$$

为了计算方便，有时也把上述平面束方程写成

$$A_1x+B_1y+C_1z+D_1+\lambda(A_2x+B_2y+C_2z+D_2) = 0, \quad (2.2.10)$$

它只含一个参数 λ. 但此方程无论参数 λ 如何取值都不能表示

平面
$$A_2x+B_2y+C_2z+D_2=0,$$
即式(2.2.10)决定的平面束的全体比式(2.2.9)决定的平面束少了一个平面 π_2.

例 2.2.8 求过直线
$$L:\begin{cases}2x-y-2z+1=0,\\x+y+4z-2=0,\end{cases}$$
并在 y 轴和 z 轴上有相同非零截距的平面方程.

解 设过直线 L 的平面束方程为
$$\lambda(2x-y-2z+1)+\mu(x+y+4z-2)=0,\quad (\lambda,\mu)\neq(0,0),$$
即
$$(2\lambda+\mu)x+(-\lambda+\mu)y+(-2\lambda+4\mu)z+(\lambda-2\mu)=0.$$
因所求平面在 y 轴、z 轴上有相同的非零截距. 令 $x=0$，$z=0$ 得
$$y=\frac{2\mu-\lambda}{\mu-\lambda}\quad(\lambda\neq\mu),$$
同理令 $x=0$，$y=0$ 得
$$z=\frac{2\mu-\lambda}{4\mu-2\lambda}\quad(\lambda\neq2\mu),$$
从而有
$$\frac{2\mu-\lambda}{\mu-\lambda}=\frac{2\mu-\lambda}{4\mu-2\lambda}\neq0,$$
解得 $\lambda=3\mu\neq0$. 不妨取 $\lambda=3$，$\mu=1$，则所求平面方程为
$$7x-2y-2z+1=0.$$

例 2.2.9 求直线 $L:\begin{cases}x=3-t,\\y=-1+2t,\\z=5+8t\end{cases}$ 在平面 $\pi:x-y+3z+8=0$ 上的射影直线方程.

解 消去参数 t，得 $L:\begin{cases}2x+y-5=0,\\4y-z+9=0.\end{cases}$ 设过直线 L 的平面束方程为
$$2x+y-5+\lambda(4y-z+9)=0,$$
即
$$2x+(1+4\lambda)y-\lambda z-5+9\lambda=0.$$
过所求射影直线的平面与已知平面 π 垂直，所以
$$2\cdot1+(1+4\lambda)\cdot(-1)+(-\lambda)\cdot3=0,$$
解得 $\lambda=\frac{1}{7}$，因此所求直线方程为

例 2.2.9 的
证明视频扫码

$$\begin{cases} x-y+3z+8=0, \\ 14x+11y-z-26=0. \end{cases}$$

例 2.2.10 试证两直线

$$L_1 : \begin{cases} \pi_1 : A_1 x+B_1 y+C_1 z+D_1 =0, \\ \pi_2 : A_2 x+B_2 y+C_2 z+D_2 =0 \end{cases}$$

与

$$L_2 : \begin{cases} \pi_3 : A_3 x+B_3 y+C_3 z+D_3 =0, \\ \pi_4 : A_4 x+B_4 y+C_4 z+D_4 =0 \end{cases}$$

在同一平面上的充要条件是

$$\begin{vmatrix} A_1 & B_1 & C_1 & D_1 \\ A_2 & B_2 & C_2 & D_2 \\ A_3 & B_3 & C_3 & D_3 \\ A_4 & B_4 & C_4 & D_4 \end{vmatrix} =0.$$

证明 通过 L_1 的平面束为

$$\lambda_1(A_1 x+B_1 y+C_1 z+D_1)+\lambda_2(A_2 x+B_2 y+C_2 z+D_2)=0,$$

其中 λ_1, λ_2 是不全为零的实数；同理通过 L_2 的平面束为

$$\lambda_3(A_3 x+B_3 y+C_3 z+D_3)+\lambda_4(A_4 x+B_4 y+C_4 z+D_4)=0,$$

其中 λ_3, λ_4 是不全为零的实数. 因此 L_1 与 L_2 在同一平面上的充要条件是存在不全为零的实数 λ_1, λ_2 与 λ_3, λ_4 使得上述两个平面表示同一平面, 即两式左端相差一个不为零的因子 m, 即

$$\lambda_1(A_1 x+B_1 y+C_1 z+D_1)+\lambda_2(A_2 x+B_2 y+C_2 z+D_2)$$
$$=m\left[\lambda_3(A_3 x+B_3 y+C_3 z+D_3)+\lambda_4(A_4 x+B_4 y+C_4 z+D_4)\right].$$

整理得

$$(\lambda_1 A_1+\lambda_2 A_2-m\lambda_3 A_3-m\lambda_4 A_4)x+(\lambda_1 B_1+\lambda_2 B_2-m\lambda_3 B_3-m\lambda_4 B_4)y+$$
$$(\lambda_1 C_1+\lambda_2 C_2-m\lambda_3 C_3-m\lambda_4 C_4)z+(\lambda_1 D_1+\lambda_2 D_2-m\lambda_3 D_3-m\lambda_4 D_4)=0,$$

所以有

$$\lambda_1 A_1+\lambda_2 A_2-m\lambda_3 A_3-m\lambda_4 A_4=0,$$
$$\lambda_1 B_1+\lambda_2 B_2-m\lambda_3 B_3-m\lambda_4 B_4=0,$$
$$\lambda_1 C_1+\lambda_2 C_2-m\lambda_3 C_3-m\lambda_4 C_4=0,$$
$$\lambda_1 D_1+\lambda_2 D_2-m\lambda_3 D_3-m\lambda_4 D_4=0,$$

因为 λ_1, λ_2 与 λ_3, λ_4 不全为零, 因此有

$$\begin{vmatrix} A_1 & A_2 & -mA_3 & -mA_4 \\ B_1 & B_2 & -mB_3 & -mB_4 \\ C_1 & C_2 & -mC_3 & -mC_4 \\ D_1 & D_2 & -mD_3 & -mD_4 \end{vmatrix} =0,$$

而 $m\neq 0$, 因此两直线共面的充要条件为

$$\begin{vmatrix} A_1 & B_1 & C_1 & D_1 \\ A_2 & B_2 & C_2 & D_2 \\ A_3 & B_3 & C_3 & D_3 \\ A_4 & B_4 & C_4 & D_4 \end{vmatrix} = 0.$$

习题 2.2

1. 试求通过直线 $L_1: \dfrac{x-1}{1} = \dfrac{y+3}{-5} = \dfrac{z+1}{-1}$ 并与直线

$L_2: \begin{cases} 2x-y+z-3=0, \\ x+2y-z-5=0 \end{cases}$ 平行的平面的方程.

2. 求下列各平面的方程.

（1）经过直线 $\dfrac{x-1}{2} = \dfrac{y}{1} = \dfrac{z}{-1}$ 且与直线 $\dfrac{x}{2} = \dfrac{y}{1} = \dfrac{z+1}{-2}$ 平行的平面;

（2）经过直线 $\dfrac{x-1}{2} = \dfrac{y+3}{-5} = \dfrac{z+1}{-1}$ 且与直线 $\begin{cases} 2x-y+z-3=0, \\ x+2y-z-5=0 \end{cases}$ 平行的平面.

3. 求下列直线间的夹角.

（1）$\dfrac{x-1}{3} = \dfrac{y+2}{6} = \dfrac{z-5}{2}$ 和 $\dfrac{x}{2} = \dfrac{y-3}{9} = \dfrac{z+1}{6}$;

（2）$\begin{cases} 3x-4y-2z=0, \\ 2x+y-2z=0 \end{cases}$ 和 $\begin{cases} 4x+y-6z-2=0, \\ y-3z+2=0. \end{cases}$

4. 将下列直线方程的一般方程化为标准方程.

（1）$\begin{cases} 2x+y+z-5=0, \\ 2x+y-3z-1=0; \end{cases}$

（2）$\begin{cases} 3x-y+2=0, \\ 4y+3z+1=0; \end{cases}$

（3）$\begin{cases} y-1=0, \\ z+2=0. \end{cases}$

5. 直线 $L: \begin{cases} A_1x+B_1y+C_1z+D_1=0, \\ A_2x+B_2y+C_2z+D_2=0 \end{cases}$ 分别满足什么条件才能

（1）与 x 轴平行？（2）与 y 轴相交？（3）与 z 轴重合？

6. 求直线 $L: \begin{cases} x+y-2z+1=0, \\ 2x-3y+z=0 \end{cases}$ 在平面 $2x+y+2z+3=0$ 上的射影（直线）方程.

7. 已知直线 L 的参数方程为 $\begin{cases} x=x_0+tX, \\ y=y_0+tY, \\ z=z_0+tZ, \end{cases}$ $(t \in \mathbf{R})$,

证明方向向量 $\vec{V}$ 是单位向量时，$|t|$ 是定点 P_0 到动点 P 的距离.

8. 求通过直线 $\begin{cases} 2x+y-3z+3=0, \\ 2x-4y+z-1=0, \end{cases}$ 向三个坐标面所引的三个射影平面.

9. 设直线 $L_1: \begin{cases} x+y+z=0, \\ x+2y+3z+1=0 \end{cases}$ 和 $L_2: \begin{cases} 2x+y+2z+2=0, \\ 2x+ay+3z+3=0, \end{cases}$ 求实数 a 的值，使得 L_1 与 L_2 相交.

10. 三个平面方程分别为

$\pi_1: A_1x+B_1y+C_1z+D_1=0$, $\quad \pi_2: A_2x+B_2y+C_2z+D_2=0$,

$\pi_3: \lambda(A_1x+B_1y+C_1z)+\mu(A_2x+B_2y+C_2z)+K=0$,

证明：当 $K \neq \lambda D_1+\mu D_2$ 时，所给出的三个平面没有公共点.

2.3 空间点、直线及平面的相关问题

2.3.1 空间点到直线、点到平面的距离

首先来讨论点到直线的距离.

设点 $P_1(x_1, y_1, z_1)$ 为直线 L 外一点，点 $P_0(x_0, y_0, z_0)$ 为直线 L

上一点，$\vec{V}=(X,Y,Z)$ 为直线 L 的方向向量. 由图 2-3-1 可知点 P_1 到直线 L 的距离 d 是以 $\overrightarrow{P_0P_1}$ 和 $\vec{V}$ 为邻边的平行四边形中以 $\vec{V}$ 为底边的高，因此有

$$d=\frac{|\overrightarrow{P_0P_1}\times\vec{V}|}{|\vec{V}|}=\frac{|(x_1-x_0,y_1-y_0,z_1-z_0)\times(X,Y,Z)|}{\sqrt{X^2+Y^2+Z^2}}.$$

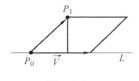

图　2-3-1

另外，点到线的距离问题也可转化为点到点的距离. 如图 2-3-2 所示，先求点 P_1 在直线 L 上的射影点 P_1'，再计算 $|P_1P_1'|$.

设过点 P_1 与直线 L 垂直的平面为 π，则其方程为

$$\pi:X(x-x_1)+Y(y-y_1)+Z(z-z_1)=0,$$

把直线 L 的参数方程 $\begin{cases}x=x_0+Xt,\\y=y_0+Yt,\\z=z_0+Zt,\end{cases}$ $(t\in\mathbf{R})$ 代入平面 π 的方程，可

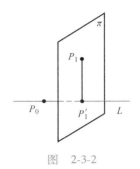

图　2-3-2

得满足 P_1' 坐标的参数 t_1. 因此点 P_1' 的坐标为 $(x_0+Xt_1,y_0+Yt_1,z_0+Zt_1)$，再由两点的距离公式可得

$$d=|P_1P_1'|=\sqrt{(x_0+Xt_1-x_1)^2+(y_0+Yt_1-y_1)^2+(z_0+Zt_1-z_1)^2}.$$

接下来讨论点到平面的距离.

定理 2.3.1　平面外一点 $P_0(x_0,y_0,z_0)$ 到平面 $\pi:Ax+By+Cz+D=0$ 的距离为

$$d=\frac{|Ax_0+By_0+Cz_0+D|}{\sqrt{A^2+B^2+C^2}},\tag{2.3.1}$$

称式 $(2.3.1)$ 为点 P_0 到平面 π 的距离公式.

定理 2.3.1 的证明视频扫码

证明　如图 2-3-3 所示，过点 P_0 作垂直于平面 π 的垂线，垂足为 P_0'. 取平面 π 上的点 $P_1(x_1,y_1,z_1)$，平面的法向量 $\vec{N}=(A,B,C)$，则点 P_0 到平面 π 的距离为

$$d=|\text{Prj}_{\vec{N}}\overrightarrow{P_1P_0}|=\frac{|\overrightarrow{P_1P_0}\cdot\vec{N}|}{|\vec{N}|}=\frac{|A(x_0-x_1)+B(y_0-y_1)+C(z_0-z_1)|}{\sqrt{A^2+B^2+C^2}},$$

点 $P_1(x_1,y_1,z_1)$ 满足平面 π 的方程，因此有 $Ax_1+By_1+Cz_1+D=0$，整理可得

$$d=|\text{Prj}_{\vec{N}}\overrightarrow{P_1P_0}|=\frac{|Ax_0+By_0+Cz_0+D|}{\sqrt{A^2+B^2+C^2}}.$$

图　2-3-3

点 P_0 到平面 π 的距离问题也可转化为两点 P_0 与 P_0' 之间的距离问题. 把 $\overrightarrow{P_0P_0'}$ 所在直线的参数方程代入平面 π，求出点 P_0' 的具

体坐标，再计算两点之间的距离.

例 2.3.1 设原点到平面 $\dfrac{x}{a}+\dfrac{y}{b}+\dfrac{z}{c}=1$ 的距离为 d，证明下列等式成立

$$\frac{1}{d^2}=\frac{1}{a^2}+\frac{1}{b^2}+\frac{1}{c^2}.$$

证明 由式(2.3.1)得

$$d^2=\frac{1}{\left(\dfrac{1}{a}\right)^2+\left(\dfrac{1}{b}\right)^2+\left(\dfrac{1}{c}\right)^2},$$

即 $\dfrac{1}{d^2}=\dfrac{1}{a^2}+\dfrac{1}{b^2}+\dfrac{1}{c^2}$，证毕.

例 2.3.2 求两相交直线

$$L_1:\frac{x}{0}=\frac{y}{1}=\frac{z}{1}, \qquad L_2:\frac{x}{1}=\frac{y}{0}=\frac{z}{1}$$

的交角的平分线方程.

解 两直线交角的平分线在空间可以看成是两个轨迹图形的交线，其一是 L_1 与 L_2 所在的平面，其二是到 L_1 与 L_2 等距离的点的轨迹，也就是两个互相垂直的平面. 因此，有如下的解法.

设直线 L_1 与 L_2 的方向向量分别为 $\overrightarrow{V_1}=(0,1,1)$，$\overrightarrow{V_2}=(1,0,1)$，$L_1$ 与 L_2 所在的平面方程为

$$\begin{vmatrix} x & y & z \\ 0 & 1 & 1 \\ 1 & 0 & 1 \end{vmatrix}=0,$$

即

$$x+y-z=0.$$

设 $P(x,y,z)$ 是与直线 L_1 和 L_2 等距离轨迹上的点，那么

$$\frac{|\overrightarrow{OP}\times\overrightarrow{V_1}|}{|\overrightarrow{V_1}|}=\frac{|\overrightarrow{OP}\times\overrightarrow{V_2}|}{|\overrightarrow{V_2}|},$$

所以得

$$(y-z)^2+2x^2=(z-x)^2+2y^2,$$

化简整理得

$$(x-y)(x+y+2z)=0,$$

或改写为

$$x-y=0 \text{ 与 } x+y+2z=0.$$

这是两个互相垂直的平面，所以 L_1 和 L_2 所成角的平分线方程是

$$\begin{cases} x+y-z=0, \\ x-y=0 \end{cases} \text{与} \begin{cases} x+y-z=0, \\ x+y+2z=0. \end{cases}$$

2.3.2　平面的法式方程

定义 2.3.1　在定理 2.3.1 的证明中，向量 $\overrightarrow{P_1P_0}$ 在平面 π 的法向量 $\overrightarrow{N}$ 上的射影叫作点 P_0 在平面 π 上的**离差**，记作

$$\delta = \mathrm{Prj}_{\overrightarrow{N}}\,\overrightarrow{P_1P_0}.$$

离差的绝对值就是该点与平面的距离. 当点 P_0 位于平面 π 的法向量 $\overrightarrow{N}$ 所指的一侧，$\overrightarrow{P_1P_0}$ 与法向量 $\overrightarrow{N}$ 同向，因此其离差为正；而当 P_0 位于平面的另一侧时，离差为负.

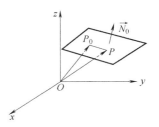

图　2-3-4

如图 2-3-4 所示，对于平面上的法向量取单位法向量 $\overrightarrow{N_0}$（与向量 $\overrightarrow{OP_0}$ 同向）时，则平面上的向量 $\overrightarrow{P_0P}$ 满足 $\overrightarrow{P_0P} \cdot \overrightarrow{N_0}=0$，则有

$$\overrightarrow{P_0P} \cdot \overrightarrow{N_0}=(\overrightarrow{OP}-\overrightarrow{OP_0}) \cdot \overrightarrow{N_0}=\overrightarrow{OP} \cdot \overrightarrow{N_0}-\overrightarrow{OP_0} \cdot \overrightarrow{N_0}=0,$$

设 $\overrightarrow{r}=\overrightarrow{OP}$，$p=\overrightarrow{OP_0} \cdot \overrightarrow{N_0}$，$p$ 为原点到平面的距离. 则上式可写成

$$\overrightarrow{r} \cdot \overrightarrow{N_0}-p=0, \tag{2.3.2}$$

式（2.3.2）称为平面的**向量式法式方程**.

在直角坐标系中，设 $\overrightarrow{r}=(x,y,z)$，$\overrightarrow{N_0}=(\cos\alpha,\cos\beta,\cos\gamma)$，这里 α，β，γ 为 $\overrightarrow{N_0}$ 的三个方向角，有

$$x\cos\alpha+y\cos\beta+z\cos\gamma-p=0. \tag{2.3.3}$$

式（2.3.3）称为平面的**坐标式法式方程**.

平面的法式方程有两个特征，一是一次项系数的平方和等于 1，二是常数项非正.

设平面的一般方程为 $Ax+By+Cz+D=0$，此时取

$$\lambda = \pm\frac{1}{\sqrt{A^2+B^2+C^2}},$$

则平面方程 $\lambda Ax+\lambda By+\lambda Cz+\lambda D=0$ 的一次项系数满足

$$(\lambda A)^2+(\lambda B)^2+(\lambda C)^2=1.$$

再取 λ 的符号使得 $\lambda D<0$，由此可得平面一般方程到法式方程的转换，这个过程称为**法式化**. 而确定符号的 λ 称为**法式化因子**. 即平面的一般方程乘上一个法式化因子后就得到一个平面的法式方程.

例 2.3.3　把平面 $3x-2y+6z+14=0$ 化为法式方程，求自原点指向平面的单位法向量及其方向余弦，并求原点到平面的距离.

解 由题意可知 $A=3$，$B=-2$，$C=6$，$D=14>0$，有

$$\sqrt{A^2+B^2+C^2}=7,$$

$$\frac{3}{7}x-\frac{2}{7}y+\frac{6}{7}z+2=0,$$

即

$$-\frac{3}{7}x+\frac{2}{7}y-\frac{6}{7}z-2=0,$$

所以原点指向平面的单位法向量为 $\overrightarrow{N_0}=\left(-\frac{3}{7},\frac{2}{7},-\frac{6}{7}\right)$，方向余弦为

$$\cos\alpha=-\frac{3}{7}, \quad \cos\beta=\frac{2}{7}, \quad \cos\gamma=-\frac{6}{7},$$

原点到平面的距离为 2.

2.3.3 空间直线与平面的位置关系

> **定义 2.3.2** 当直线与平面不垂直时，直线和它在平面上的射影直线所夹锐角 θ 称为**直线与平面间的夹角**，当直线与平面垂直时，规定其夹角为 $\frac{\pi}{2}$.

设直线 L 与平面 π 的方程分别为

$$L:\frac{x-x_0}{X}=\frac{y-y_0}{Y}=\frac{z-z_0}{Z}, \quad \pi:Ax+By+Cz+D=0,$$

则直线与平面的夹角可由直线 L 的方向向量 $\overrightarrow{V}=(X,Y,Z)$ 和平面 π 的法向量 $\overrightarrow{N}=(A,B,C)$ 来表示，即

$$\sin\theta=\left|\cos\angle(\overrightarrow{V},\overrightarrow{N})\right|=\frac{|\overrightarrow{V}\cdot\overrightarrow{N}|}{|\overrightarrow{V}||\overrightarrow{N}|}=\frac{|AX+BY+CZ|}{\sqrt{X^2+Y^2+Z^2}\sqrt{A^2+B^2+C^2}}.$$

特别地，

(1) $L\perp\pi\Leftrightarrow\overrightarrow{V}/\!/\overrightarrow{N}\Leftrightarrow\frac{X}{A}=\frac{Y}{B}=\frac{Z}{C}$；

(2) $L/\!/\pi\Leftrightarrow\overrightarrow{V}\perp\overrightarrow{N}\Leftrightarrow AX+BY+CZ=0$.

如图 2-3-5 所示，空间直线 L 与平面 π 的位置关系有直线与平面相交，直线与平面平行及直线在平面上三种情况. 下面的定理给出了判断直线与平面的位置关系的方法.

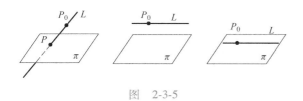

图　2-3-5

定理 2.3.2　直线 L 过点 $P_0(x_0, y_0, z_0)$，且方向向量为 $\vec{V} = (X, Y, Z)$，平面方程为 $\pi: Ax + By + Cz + D = 0$，则

（1）直线 L 与平面 π 平行的充分必要条件是 $\vec{V} /\!/ \pi$ 且 P_0 不在 π 上，即

$$AX + BY + CZ = 0 \text{ 且 } Ax_0 + By_0 + Cz_0 + D \neq 0;$$

（2）直线 L 在平面 π 上的充分必要条件为 P_0 在平面 π 上且 $\vec{V} /\!/ \pi$，即

$$AX + BY + CZ = 0 \text{ 且 } Ax_0 + By_0 + Cz_0 + D = 0;$$

（3）直线 L 与平面 π 相交于一点的充分必要条件为 $\vec{V}$ 不平行于 π，即

$$AX + BY + CZ \neq 0.$$

例 2.3.4　求过点 $P(1, 0, -2)$，与直线 $L_1: \dfrac{x-1}{4} = \dfrac{y-3}{-2} = \dfrac{z}{1}$ 相交，且与平面

$$\pi: 3x - y + 2z + 1 = 0$$

平行的直线 L 的标准方程.

解　由题意知直线 L_1 的方向向量为 $\vec{V_1} = (4, -2, 1)$，且直线 L_1 过 $P_0(1, 3, 0)$. 设直线 L 的方向向量为 $\vec{V} = (X, Y, Z)$，则其标准方程为

$$\frac{x-1}{X} = \frac{y}{Y} = \frac{z+2}{Z},$$

因直线 L 与已知平面 π 平行，则有

$$(X, Y, Z) \cdot (3, -1, 2) = 3X - Y + 2Z = 0,$$

又直线 L 与已知直线 L_1 相交，所以三个向量 $\overrightarrow{P_0P}$，$\vec{V_1}$，$\vec{V}$ 共面，即

$$(\overrightarrow{P_0P}, \vec{V_1}, \vec{V}) = \begin{vmatrix} 1-1 & 0-3 & -2-0 \\ 4 & -2 & 1 \\ X & Y & Z \end{vmatrix} = -7X - 8Y + 12Z = 0,$$

由以上两个方程可解得

$$X : Y : Z = -4 : 50 : 31,$$

因此所求直线 L 的方程为

$$\frac{x-1}{-4} = \frac{y}{50} = \frac{z+2}{31}.$$

例 2.3.5 求直线 $L: \dfrac{x-1}{2} = \dfrac{y}{-1} = \dfrac{z+1}{2}$ 与平面 $\pi: x - y + 2z = 3$ 的夹角.

解 由题意知平面 π 的法向量为 $\vec{N} = (1, -1, 2)$，直线 L 的方向向量为 $\vec{V} = (2, -1, 2)$，所以直线 L 与平面 π 的夹角 θ 满足

$$\sin\theta = \frac{|AX + BY + CZ|}{\sqrt{A^2 + B^2 + C^2}\sqrt{X^2 + Y^2 + Z^2}} = \frac{|1 \times 2 + (-1) \times (-1) + 2 \times 2|}{\sqrt{6} \cdot \sqrt{9}} = \frac{7}{3\sqrt{6}}.$$

所以直线 L 与平面 π 的夹角为 $\theta = \arcsin\dfrac{7}{3\sqrt{6}}$

习题 2.3

1. 试求下列平行平面或者直线的等距平面.

(1) $\pi_1: x + y - 2z - 1 = 0$, $\pi_2: x + y - 2z + 3 = 0$;

(2) $L_1: \dfrac{x-1}{1} = \dfrac{y+1}{-2} = \dfrac{z-2}{3}$, $L_2: \dfrac{x}{1} = \dfrac{y-1}{-2} = \dfrac{z+3}{3}$.

2. 当系数 B 和 D 取何值时，才能使直线

$$L: \begin{cases} x - 2y + z - 9 = 0, \\ 3x + By + z + D = 0 \end{cases}$$

落在 xOy 面上？

3. 试求下面点到平面的距离.

(1) 点 $A(0, 2, 1)$，平面 $\pi: 2x - 3y + 5z - 1 = 0$;

(2) 点 $A(-1, 2, 4)$，平面 $\pi: x - y + 1 = 0$.

4. 试在 z 轴上求一点，使得它到点 $P(1, -2, 0)$ 与平面 $\pi: 3x - 2y + 6z - 9 = 0$ 的距离相等.

5. 设平面 $\pi: Ax + By + Cz + D = 0$ 不过原点 O，求自原点 O 指向平面的单位法向量.

6. 求平面 $Ax + By + Cz + D = 0$ 与平面 $Ax + By + Cz + D^* = 0$ 之间的距离.

7. 在直角坐标系中，求与平面 $Ax + By + Cz + D = 0$ 平行且与它的距离为 d 的平面的方程.

8. 求下列点到直线的距离.

(1) 点 $(1, 1, 5)$ 到直线 $\dfrac{x-1}{2} = \dfrac{y-1}{3} = \dfrac{z+1}{-3}$ 的距离；

(2) 点 $(1, 2, 3)$ 到直线 $\begin{cases} x + y - z - 1 = 0, \\ 2x + z - 3 = 0 \end{cases}$ 的距离.

9. 判定下列各组中直线是否与平面相交或是直线在平面上，若相交求出交点.

(1) 直线 $\dfrac{x-12}{4} = \dfrac{y-9}{3} = \dfrac{z-1}{1}$ 和平面 $3x + 5y - z - 2 = 0$;

(2) 直线 $L: \begin{cases} x + 2y + 3z + 8 = 0, \\ 5x + 3y + z - 16 = 0 \end{cases}$ 和平面 $2x - y - 4z - 24 = 0$.

10. 求点 $P(2, -1, 3)$ 在直线 $L: \begin{cases} x = 3t, \\ y = 5t - 7, \\ z = 2t + 2 \end{cases}$ 上的射影点.

11. 证明：在直角坐标系中，满足条件 $|Ax + By + Cz + D| < d^2$ 的点分布在两个平行平面 $\pi_1: Ax + By + Cz + D + d^2 = 0$ 与 $\pi_2: Ax + By + Cz + D - d^2 = 0$ 之间.

2.4　空间直线的相关问题

2.4.1　空间两直线的位置关系

在同一平面上的两条直线叫作**共面直线**，不在同一平面上的两条直线叫作**异面直线**. 如图 2-4-1 所示，空间两条直线的位置分为异面和共面，而共面又可分为相交、平行及重合三种情况. 如何判断两条直线的位置关系呢？

图　2-4-1

设直线 L_1，L_2 分别过点 $P_1(x_1, y_1, z_1)$ 和 $P_2(x_2, y_2, z_2)$，其方向向量分别为 $\overrightarrow{V_1} = (X_1, Y_1, Z_1)$ 和 $\overrightarrow{V_2} = (X_2, Y_2, Z_2)$，则两条直线 L_1，L_2 的方程分别为

$$L_1: \frac{x-x_1}{X_1} = \frac{y-y_1}{Y_1} = \frac{z-z_1}{Z_1}, \quad L_2: \frac{x-x_2}{X_2} = \frac{y-y_2}{Y_2} = \frac{z-z_2}{Z_2},$$

直线 L_1，L_2 之间的位置关系完全可由向量 $\overrightarrow{P_1P_2}$，$\overrightarrow{V_1}$，$\overrightarrow{V_2}$ 的相互关系确定. 显然，三个向量 $\overrightarrow{P_1P_2}$，$\overrightarrow{V_1}$，$\overrightarrow{V_2}$ 是否共面就是两条直线是否在同一平面上的条件. 下面的定理给出了判定准则.

定理 2.4.1

（1）直线 L_1 和直线 L_2 异面的充分必要条件是 $\overrightarrow{P_1P_2}$，$\overrightarrow{V_1}$，$\overrightarrow{V_2}$ 不共面，即

$$(\overrightarrow{P_1P_2}, \overrightarrow{V_1}, \overrightarrow{V_2}) = \begin{vmatrix} x_2-x_1 & y_2-y_1 & z_2-z_1 \\ X_1 & Y_1 & Z_1 \\ X_2 & Y_2 & Z_2 \end{vmatrix} \neq 0.$$

（2）直线 L_1 和直线 L_2 共面的充分必要条件是 $\overrightarrow{P_1P_2}$，$\overrightarrow{V_1}$，$\overrightarrow{V_2}$ 共面，即

$$(\overrightarrow{P_1P_2}, \overrightarrow{V_1}, \overrightarrow{V_2}) = \begin{vmatrix} x_2-x_1 & y_2-y_1 & z_2-z_1 \\ X_1 & Y_1 & Z_1 \\ X_2 & Y_2 & Z_2 \end{vmatrix} = 0.$$

> 1）直线 L_1 和直线 L_2 相交的充分必要条件是 $\overrightarrow{P_1P_2}$，$\overrightarrow{V_1}$，$\overrightarrow{V_2}$ 共面，且 $X_1:Y_1:Z_1 \neq X_2:Y_2:Z_2$；
>
> 2）直线 L_1 和直线 L_2 平行的充分必要条件是 $\overrightarrow{V_1} /\!/ \overrightarrow{V_2}$ 且 $\overrightarrow{V_1}$ 不平行于 $\overrightarrow{P_1P_2}$，即
>
> $$X_1:Y_1:Z_1=X_2:Y_2:Z_2 \neq (x_1-x_2):(y_1-y_2):(z_1-z_2);$$
>
> 3）直线 L_1 和直线 L_2 重合的充分必要条件是 $\overrightarrow{V_1} /\!/ \overrightarrow{V_2} /\!/ \overrightarrow{P_1P_2}$，即
>
> $$X_1:Y_1:Z_1=X_2:Y_2:Z_2=(x_1-x_2):(y_1-y_2):(z_1-z_2).$$

例 2.4.1 证明直线

$$L_1:\frac{x}{1}=\frac{y}{2}=\frac{z}{3}$$

和

$$L_2:\frac{x-1}{9}=\frac{y-1}{2}=\frac{z-1}{-5}$$

共面，并求出它们所在平面的方程.

解 直线 L_1 通过点 $P_1(0,0,0)$，而方向向量为 $\overrightarrow{V_1}=(1,2,3)$，直线 L_2 通过点 $P_2(1,1,1)$，而方向向量为 $\overrightarrow{V_2}=(9,2,-5)$. 由题意知

$$(\overrightarrow{P_1P_2},\overrightarrow{V_1},\overrightarrow{V_2})=\begin{vmatrix} 1-0 & 1-0 & 1-0 \\ 1 & 2 & 3 \\ 9 & 2 & -5 \end{vmatrix}=0,$$

所以直线 L_1 和 L_2 共面. 由于 $\overrightarrow{V_1} \nparallel \overrightarrow{V_2}$，因此这两条直线相交. 它们所在平面的方程为

$$\begin{vmatrix} x & y & z \\ 1 & 2 & 3 \\ 9 & 2 & -5 \end{vmatrix}=0,$$

整理得平面方程为

$$x-2y+z=0.$$

例 2.4.2 求过点 $P(11,9,0)$ 与直线 $L_1:\frac{x-1}{2}=\frac{y+3}{4}=\frac{z-5}{3}$ 和 $L_2:\frac{x}{5}=\frac{y-2}{-1}=\frac{z+1}{2}$ 都相交的直线 L 的方程.

解 可设直线 L 的方程为

$$\frac{x-11}{X}=\frac{y-9}{Y}=\frac{z}{Z},$$

此直线与两直线相交，则分别与两直线共面，从而有

$$\begin{vmatrix} 11-1 & 9+3 & 0-5 \\ 2 & 4 & 3 \\ X & Y & Z \end{vmatrix} = 56X - 40Y + 16Z = 0,$$

及

$$\begin{vmatrix} 11-0 & 9-2 & 0+1 \\ 5 & -1 & 2 \\ X & Y & Z \end{vmatrix} = 15X - 17Y - 46Z = 0.$$

解得 $X:Y:Z = 6:8:-1$，因此直线 L 的方程为

$$\frac{x-11}{6} = \frac{y-9}{8} = \frac{z}{-1}.$$

2.4.2 两直线的距离及异面直线的公垂线

显然两条直线相交或重合时距离为零. 而两条平行直线的距离等于其中一条直线上的任意一点到另一直线的距离. 下面看一下两条异面直线的距离.

定义 2.4.1 如图 2-4-2 所示，与两条异面直线都垂直相交的直线，叫作两条直线的**公垂线**. 公垂线介于两条直线之间的线段的长度叫作两条**异面直线之间的距离**.

求两异面直线间的距离视频扫码

设两条异面直线 L_1，L_2 与它们的公垂线 L 的交点分别为 N_1，N_2；P_1，P_2 分别为直线 L_1，L_2 上的两点，$\vec{V_1}$，$\vec{V_2}$ 分别为两条直线的方向向量.

那么直线 L_1，L_2 之间的距离为 $|\overrightarrow{N_1 N_2}|$，可看成向量 $\overrightarrow{P_1 P_2}$ 在公垂线 L 的单位方向向量 $\vec{V_0}$ 上的射影的模长，其中 $\vec{V_0} = \dfrac{\vec{V_1} \times \vec{V_2}}{|\vec{V_1} \times \vec{V_2}|}$，即

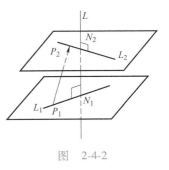

图 2-4-2

$$d = |\overrightarrow{N_1 N_2}| = |\mathrm{Prj}_{\vec{V_0}} \overrightarrow{P_1 P_2}| = |\overrightarrow{P_1 P_2} \cdot \vec{V_0}| = \frac{|\overrightarrow{P_1 P_2} \cdot (\vec{V_1} \times \vec{V_2})|}{|\vec{V_1} \times \vec{V_2}|}.$$

直线 L_1，L_2 之间的距离还可看成分别过点 P_1，P_2，且平行于向量 $\vec{V_1}$，$\vec{V_2}$ 的两个平面间的距离. 如图 2-4-3 所示，以 $\overrightarrow{P_1 P_2}$，$\vec{V_1}$，$\vec{V_2}$ 为棱作平行六面体，底面为以 $\vec{V_1}$，$\vec{V_2}$ 为邻边张成的平行四边形，则两平面间的距离 d 等于上述平行六面体体积除以底面积，即

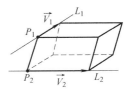

图 2-4-3

$$d = \frac{|(\overrightarrow{P_1 P_2}, \vec{V_1}, \vec{V_2})|}{|\vec{V_1} \times \vec{V_2}|}.$$

代入坐标可得两条异面直线的距离公式为

$$d=\frac{|(\overrightarrow{P_1P_2},\overrightarrow{V_1},\overrightarrow{V_2})|}{|\overrightarrow{V_1}\times\overrightarrow{V_2}|}\frac{\left\|\begin{matrix}x_2-x_1 & y_2-y_1 & z_2-z_1\\ X_1 & Y_1 & Z_1\\ X_2 & Y_2 & Z_2\end{matrix}\right\|}{\sqrt{\left|\begin{matrix}Y_1 & Z_1\\ Y_2 & Z_2\end{matrix}\right|^2+\left|\begin{matrix}Z_1 & X_1\\ Z_2 & X_2\end{matrix}\right|^2+\left|\begin{matrix}X_1 & Y_1\\ X_2 & Y_2\end{matrix}\right|^2}}.$$

接下来，求两条异面直线的公垂线方程.

由定义 2.4.1 知，公垂线 L 满足 $L\perp L_1$，$L\perp L_2$，方向向量 $\overrightarrow{V}=\overrightarrow{V_1}\times\overrightarrow{V_2}$，因直线 L_1，L_2 异面（见图 2-4-4），所以 $\overrightarrow{V}=\overrightarrow{V_1}\times\overrightarrow{V_2}\neq\overrightarrow{0}$. 设直线 L，L_1 相交所确定的平面为 π_1，因此平面 π_1 上点 P 满足 $(\overrightarrow{P_1P},\overrightarrow{V},\overrightarrow{V_1})=0$. 同理，直线 L，L_2 相交所确定的平面为 π_2，因此平面 π_2 上点 P 满足 $(\overrightarrow{P_2P},\overrightarrow{V},\overrightarrow{V_2})=0$. 公垂线 L 为 π_1 与 π_2 相交所得，即

求两异面直线公垂
线方程视频扫码

$$L:\begin{cases}(\overrightarrow{P_1P},\overrightarrow{V},\overrightarrow{V_1})=0,\\ (\overrightarrow{P_2P},\overrightarrow{V},\overrightarrow{V_2})=0,\end{cases}$$

写成坐标形式可得

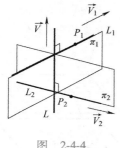

$$L:\begin{cases}\left|\begin{matrix}x-x_1 & y-y_1 & z-z_1\\ X & Y & Z\\ X_1 & Y_1 & Z_1\end{matrix}\right|=0,\\ \left|\begin{matrix}x-x_2 & y-y_2 & z-z_2\\ X & Y & Z\\ X_2 & Y_2 & Z_2\end{matrix}\right|=0,\end{cases}\tag{2.4.1}$$

图 2-4-4

其中 $(X,Y,Z)=(X_1,Y_1,Z_1)\times(X_2,Y_2,Z_2)$.

例 2.4.3 已知两直线 $L_1:\begin{cases}x=3+t,\\ y=1+t,\\ z=2+2t,\end{cases}(t\in\mathbf{R})$ 和 $L_2:\dfrac{x}{-1}=\dfrac{y-2}{3}=$

$\dfrac{z}{3}$，判断两直线是否异面，如异面求它们的距离及公垂线方程.

解 直线 L_1 过点 $P_1(3,1,2)$，方向向量为 $\overrightarrow{V_1}=(1,1,2)$. 直线 L_2 过点 $P_2(0,2,0)$，方向向量为 $\overrightarrow{V_2}=(-1,3,3)$. 由于

$$(\overrightarrow{P_2P_1},\overrightarrow{V_1},\overrightarrow{V_2})=\left|\begin{matrix}3 & -1 & 2\\ 1 & 1 & 2\\ -1 & 3 & 3\end{matrix}\right|=4\neq0,$$

所以两直线异面.

公垂线方向为 $\vec{V} = \vec{V_1} \times \vec{V_2} = (-3, -5, 4)$. 代入式 (2.4.1) 可得

$$\begin{cases} \begin{vmatrix} x-3 & y-1 & z-2 \\ -3 & -5 & 4 \\ 1 & 1 & 2 \end{vmatrix} = 0, \\ \begin{vmatrix} x & y-2 & z \\ -1 & 3 & 3 \\ -3 & -5 & 4 \end{vmatrix} = 0. \end{cases}$$

从而公垂线方程为

$$L: \begin{cases} 7x - 5y - z - 14 = 0, \\ 27x - 5y + 14z + 10 = 0. \end{cases}$$

则异面直线 L_1，L_2 之间的距离为

$$d = \frac{|\overrightarrow{P_1P_2} \cdot (\vec{V_1} \times \vec{V_2})|}{|\vec{V_1} \times \vec{V_2}|} = \frac{|(-3,1,-2) \cdot (-3,-5,4)|}{|(-3,-5,4)|} = \frac{2}{5}\sqrt{2}.$$

例 2.4.4　求经过点 $P(11, 9, 0)$，并与两条直线

$$L_1: \frac{x-1}{2} = \frac{y+3}{4} = \frac{z-5}{3}, \quad L_2: \frac{x}{5} = \frac{y-2}{-1} = \frac{z+1}{2}$$

均相交的直线 L 的方程.

解法 1　设所求直线 L 的方向向量 $\vec{V} = (X, Y, Z)$. 由题意知直线 L 与直线 L_1 共面，直线 L 与直线 L_2 共面，因此有

$$\begin{vmatrix} 11-1 & 9+3 & 0-5 \\ 2 & 4 & 3 \\ X & Y & Z \end{vmatrix} = 0,$$

$$\begin{vmatrix} 11-0 & 9-2 & 0+1 \\ 5 & -1 & 2 \\ X & Y & Z \end{vmatrix} = 0.$$

由以上两式可解得 $X : Y : Z = 6 : 8 : (-1)$，于是所求直线方程为

$$L: \frac{x-11}{6} = \frac{y-9}{8} = \frac{z}{-1}.$$

解法 2　由题意知，过点 P 及 L_1 的平面 π_1 的方程为

$$\begin{vmatrix} x-11 & y-9 & z-0 \\ 2 & 4 & 3 \\ 10 & 12 & -5 \end{vmatrix} = 0,$$

整理得 $7x - 5y + 2z - 32 = 0$.

同理可求出过点 P 及 L_2 的平面 π_2 的方程为

$$\begin{vmatrix} x-11 & y-9 & z-0 \\ 5 & -1 & 2 \\ 11 & 7 & 1 \end{vmatrix}=0,$$

整理得 $15x-17y-46z-12=0$. 于是所求直线 L 的方程为

$$\begin{cases} 7x-5y+2z-32=0, \\ 15x-17y-46z-12=0. \end{cases}$$

习题 2.4

1. 求点 $P(2,0,-1)$ 关于直线 $L:\begin{cases} x-y-4z+12=0, \\ 2x+y-2z+3=0 \end{cases}$ 的对称点.

2. 在右手直角坐标系中，求下列两条异面直线的距离.

$$L_1:\begin{cases} x-y+2z-1=0, \\ 4x+2y+z-3=0, \end{cases} \quad L_2:\begin{cases} 2x-y-1=0, \\ x-z+4=0. \end{cases}$$

3. 求两相交直线 $L_1:x=y=z$ 和 $L_2:\dfrac{x}{2}=\dfrac{y}{1}=\dfrac{z}{3}$ 的两条交角平分线的方程.

4. 求过点 $P(2,-1,3)$ 且与直线 $L:\dfrac{x-1}{-1}=\dfrac{y}{0}=\dfrac{z-2}{2}$ 垂直相交的直线方程.

5. 在直角坐标系中，给定点 $P_1(1,0,3)$，$P_2(0,2,5)$，直线 $L:\dfrac{x-1}{2}=\dfrac{y+1}{1}=\dfrac{z}{3}$. 设 P_1'，P_2' 分别为 P_1，P_2 在 L 上的垂足，求 $|P_1'P_2'|$ 以及 P_1'，P_2' 的坐标.

6. 求过点 $P(1,0,-2)$，与平面 $\pi:3x-y+2z+2=0$ 平行，且与直线 $L:\dfrac{x-1}{4}=\dfrac{y-3}{-2}=\dfrac{z}{1}$ 相交的直线方程.

7. 求平行于向量 $\vec{V}=(8,7,1)$，并与两条直线

$$L_1:\dfrac{x+13}{2}=\dfrac{y-5}{3}=\dfrac{z}{1}, \quad L_2:\dfrac{x-10}{5}=\dfrac{y+7}{4}=\dfrac{z}{1}$$

均相交的直线.

第 3 章
曲线与曲面方程

在第 2 章，我们讨论了平面与空间直线的方程，它们是空间曲面与曲线的最简单情形. 这一章，我们将进一步建立作为点的轨迹的平面曲线、空间曲线、空间曲面，以及作为线的轨迹的空间曲面与其方程之间的联系，把研究曲线与曲面的几何问题，转化为研究其方程的代数问题. 本章需要掌握的主要内容有柱面、锥面、旋转曲面以及二次曲面. 对于具有明显几何特征的柱面、锥面、旋转曲面，我们着重建立它们的方程，而对于二次曲面，我们将从它们的标准方程出发对方程进行讨论，通过截痕法来认识这些曲面的形状与一些几何性质.

3.1 平面曲线的方程

3.1.1 平面曲线的一般方程

狭义地讲，曲线的方程就是代数表达式. 例如，在平面上圆的方程可以表示为

$$(x-a)^2+(y-b)^2=R^2,$$

同样这个方程所表示的曲线称为方程的图形. 实际上，我们可以直接从圆的方程得到与曲线的一般关系.

（1）曲线上的点都满足该方程；

（2）具有这种性质的点都在曲线上.

继而我们可以把这种方程表达式看作具有某种性质的点的集合，从而对于方程的一般形式可以写成

$$F(x,y)=0 \text{ 或 } y=f(x).$$

这样，在坐标系中，曲线与方程就形成一一对应的关系. 从而，研究曲线的几何问题就可以转化为研究方程的代数问题.

例 3.1.1 有一长度为 $2a(a>0)$ 的线段，它的两端点分别在 x 轴正半轴与 y 轴正半轴上移动，试求此线段中点的轨迹.

解 由题意可设长度为 $2a$ 的线段 P_1P_2 的两端点的坐标分别

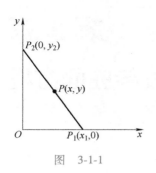

图 3-1-1

为 $P_1(x_1,0)$，$P_2(0,y_2)$，线段 P_1P_2 的中点 P 的坐标为 (x,y)，那么由图 3-1-1 知

$$OP_1^2+OP_2^2=P_1P_2^2,$$

而

$$OP_1^2=x_1^2, \quad OP_2^2=y_2^2, \quad P_1P_2^2=(2a)^2=4a^2,$$

因此有

$$x_1^2+y_2^2=4a^2, \tag{3.1.1}$$

因为点 P 为 P_1P_2 的中点，所以有

$$x_1=2x, \qquad y_2=2y,$$

将上式代入式(3.1.1)可得

$$x^2+y^2=a^2. \tag{3.1.2}$$

到这里我们还不能说式(3.1.2)就是本题的答案，根据题意点 P_1，P_2 分别在 x 轴和 y 轴的正半轴上，所以 $x_1 \geq 0$，$y_2 \geq 0$，从而 $x \geq 0$，$y \geq 0$，也就是说图形只是第一象限的部分，是一条四分之一圆的圆弧. 因此必须附加条件把多余的部分去掉. 故本题的答案应为

$$x^2+y^2=a^2 \quad (x \geq 0, y \geq 0).$$

3.1.2 平面曲线的参数方程

曲线又代表着具有某种特征的点的运动轨迹，而且这时往往不是直接反映动点 x 和 y 之间的制约关系，而是表现为动点的位置随时间变化的规律. 当动点按照某种规律运动时，与其对应的向量也随时间的变化而变化.

如果变量 $t(a \leq t \leq b)$ 的每一个值对应向量 $\vec{r}$ 的一个唯一确定的值 $\overrightarrow{r(t)}$，那么称 $\vec{r}$ 是变量 t 的向量函数，并记作 $\vec{r}=\overrightarrow{r(t)}$ $(a \leq t \leq b)$.

向量函数 $\overrightarrow{r(t)}$ 在平面直角坐标系中可写成

$$\overrightarrow{r(t)}=x(t)\vec{i}+y(t)\vec{j} \quad (a \leq t \leq b), \tag{3.1.3}$$

$x(t)$，$y(t)$ 是 $\overrightarrow{r(t)}$ 的分量，它们分别是变量 t 的函数. 把式(3.1.3)叫作**曲线的向量式参数方程**，其中 t 为参数.

向量函数的分量与坐标是一样的，所以上述参数方程也可以写为

$$\begin{cases} x=x(t), \\ y=y(t), \end{cases} (a \leq t \leq b), \tag{3.1.4}$$

这种形式称为**坐标式参数方程**.

如果从式(3.1.4)中消去参数 t(如果可能)，那么就可以得到曲线的一般方程

$$F(x,y)=0.$$

曲线的参数方程是几何联系实际的一个重要工具，有时运用参数方程表达曲线比一般方程更简单，甚至有些曲线只能用参数方程表达．在曲线参数方程与一般方程互相转换时，必须注意两种不同形式的方程应该等价．

下面我们分析一个具体的例子．

例 3.1.2 在平面中，已知直线 L 过定点 $P_0(x_0, y_0)$，并且它与非零向量 $\vec{V} = (X, Y)$ 共线，求直线 L 的方程．

解 设直线 L 上的任意一点 $P(x, y)$ 对应向量 $\vec{r}$，如图 3-1-2 所示，$\overrightarrow{P_0P} = t\vec{V} \Rightarrow \vec{r} - \vec{r_0} = t\vec{V}$ 为直线的向量式参数方程，其坐标式参数方程为

$$\begin{cases} x = x_0 + Xt, \\ y = y_0 + Yt, \end{cases} \quad (-\infty < t < +\infty).$$

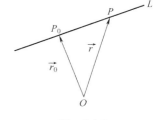

图 3-1-2

定义 3.1.1 从向量 $\vec{a}$ 到向量 $\vec{b}$ 的**有向角**，记作 $\measuredangle(\vec{a}, \vec{b})$．

规定，向量 $\vec{a}$ 扫过向量 $\vec{a}$，$\vec{b}$ 之间的夹角 $\angle(\vec{a}, \vec{b})$ 旋转到与向量 $\vec{b}$ 同方向的位置时，如果是逆时针旋转，则 $\measuredangle(\vec{a}, \vec{b}) = \angle(\vec{a}, \vec{b})$；如果是顺时针旋转，则 $\measuredangle(\vec{a}, \vec{b}) = -\angle(\vec{a}, \vec{b})$，此时有 $\measuredangle(\vec{a}, \vec{b}) = -\measuredangle(\vec{b}, \vec{a})$．

对任一向量 $\vec{c}$ 有 $\measuredangle(\vec{a}, \vec{b}) = \measuredangle(\vec{a}, \vec{c}) + \measuredangle(\vec{c}, \vec{b})$．

在空间中，我们可以用方向余弦来表示向量的方向．同样，在平面直角坐标系上，如图 3-1-3 所示，我们也可以用从 $\vec{i}$ 到 $\vec{a}$ 的有向角来表示向量 $\vec{a}$ 的方向．而且可以直接根据类似求方向余弦的方法求出平面上两个坐标轴上的单位向量到向量 $\vec{a}$ 所对应的有向角 α，β．

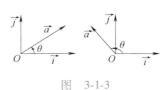

图 3-1-3

定义 $\measuredangle(\vec{i}, \vec{a}) = \theta$，且根据有向角的定义 3.1.1 知

$$\cos\theta = \cos\alpha,$$

$$\cos\beta = \cos\angle(\vec{j}, \vec{a}) = \cos(-\measuredangle(\vec{j}, \vec{a})) = \cos(\measuredangle(\vec{j}, \vec{i}) + \measuredangle(\vec{i}, \vec{a}))$$

$$= \cos\left(-\frac{\pi}{2} + \theta\right) = \sin\theta,$$

这样有

$$\frac{\vec{a}}{|\vec{a}|} = \cos\alpha\,\vec{i} + \cos\beta\,\vec{j} = \cos\theta\,\vec{i} + \sin\theta\,\vec{j}.$$

例 3.1.3 一个圆在一直线上无滑动地滚动，求圆上一点 P 的轨迹.

解 如图 3-1-4 所示建立直角坐标系，设圆的半径为 a，在 x 轴上滚动，开始时 P 点在原点 O，经过一段时间的滚动，圆与直线的切线移到 A 点，圆心移到 C 的位置，这时有

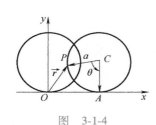

图 3-1-4

$$\vec{r} = \overrightarrow{OP} = \overrightarrow{OA} + \overrightarrow{AC} + \overrightarrow{CP}.$$

如果我们规定 $\measuredangle(\overrightarrow{CP}, \overrightarrow{CA}) = \theta$，则 $\overrightarrow{CP}$ 对 $\vec{i}$ 所成的夹角为

$$\measuredangle(\vec{i}, \overrightarrow{CP}) = -\left(\frac{\pi}{2} + \theta\right),$$

则

$$\overrightarrow{CP} = a\cos\left(-\frac{\pi}{2} - \theta\right)\vec{i} + a\sin\left(-\frac{\pi}{2} - \theta\right)\vec{j} = (-a\sin\theta)\vec{i} + (-a\cos\theta)\vec{j}.$$

又因为

$$|\overrightarrow{OA}| |\overparen{AP}| = a\theta,$$

所以 $\overrightarrow{OA} = a\theta\vec{i}$，$\overrightarrow{AC} = a\vec{j}$，从而有

$$\vec{r} = a(\theta - \sin\theta)\vec{i} + a(1 - \cos\theta)\vec{j} \quad (-\infty < \theta < +\infty).$$

上式为向量式参数方程. 可得其坐标式参数方程为

$$\begin{cases} x = a(\theta - \sin\theta), \\ y = a(1 - \cos\theta), \end{cases} \quad (-\infty < \theta < +\infty).$$

取 $0 \leqslant \theta \leqslant \pi$，消去参数 θ，得一般方程为

$$x = a\arccos\frac{a - y}{a} - \sqrt{2ay - y^2}.$$

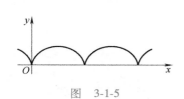

图 3-1-5

当圆在直线上转动一周后，点 P 的运动情况同前一个周期一致（如图 3-1-5 所示，此曲线称为旋轮线或摆线）.

例 3.1.4 当一圆沿着一个定圆的外部做无滑动的滚动时，动圆上一点的轨迹叫作外旋轮线. 如果我们用 a 与 b 分别表示定圆与动圆的半径，试导出其参数方程.

解 如图 3-1-6 所示建立直角坐标系. 定圆中心 O 为原点，OA 为 x 轴，过 O 点垂直于 OA 的直线为 y 轴. 设运动开始时动点 P 与点 A 重合，经过某一过程后，动圆与定圆的接触点为 B，设小圆中心为 C，那么 C，B，O 三点共线，且 $OC = OB + BC = a + b$.

显然有

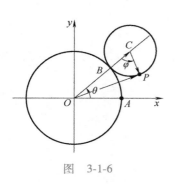

图 3-1-6

$$\vec{r} = \overrightarrow{OP} = \overrightarrow{OC} + \overrightarrow{CP}, \tag{3.1.5}$$

设 $\theta = \measuredangle(\vec{i}, \overrightarrow{OC})$，$\varphi = \measuredangle(\overrightarrow{CB}, \overrightarrow{CP})$，那么

$$\overrightarrow{OC} = (a + b)(\cos\theta\vec{i} + \sin\theta\vec{j}). \tag{3.1.6}$$

为了求 $\overrightarrow{CP}$ 对 $\vec{i}$, $\vec{j}$ 的分解式, 我们必须先求出 $\overrightarrow{CP}$ 对 x 轴所成的有向角, 为此先将 x 轴绕 O 点逆时针旋转 θ 角与 $\overrightarrow{OC}$ 的方向一致, 然后再绕 C 点顺时针旋转 $(\pi-\varphi)$ 角, 最终与 $\overrightarrow{CP}$ 的方向一致, 共旋转 $\theta-(\pi-\varphi)=(\theta+\varphi)-\pi$, 所以 $\overrightarrow{CP}$ 与 x 轴所成的有向角为

$$\measuredangle(\vec{i},\overrightarrow{CP})=(\theta+\varphi)-\pi,$$

从而有

$$\overrightarrow{CP}=[-b\cos(\theta+\varphi)]\vec{i}+[-b\sin(\theta+\varphi)]\vec{j}. \qquad (3.1.7)$$

因为动圆在滚动中, 显然有 $|\overset{\frown}{BP}|=|\overset{\frown}{AB}|$, 从而有 $b\varphi=a\theta$, 所以

$$\varphi=\frac{a}{b}\theta,$$

代入式 $(3.1.7)$ 得

$$\overrightarrow{CP}=\left(-b\cos\frac{a+b}{b}\theta\right)\vec{i}+\left(-b\sin\frac{a+b}{b}\theta\right)\vec{j}, \qquad (3.1.8)$$

将式 $(3.1.6)$ 和式 $(3.1.8)$ 代入式 $(3.1.5)$ 得外旋轮线向量式参数方程为

$$\vec{r}=\left[(a+b)\cos\theta-b\cos\frac{a+b}{b}\theta\right]\vec{i}+\left[(a+b)\sin\theta-b\sin\frac{a+b}{b}\theta\right]\vec{j}$$
$$(-\infty<\theta<+\infty).$$

它的坐标式参数方程为

$$\begin{cases} x=(a+b)\cos\theta-b\cos\dfrac{a+b}{b}\theta, \\ y=(a+b)\sin\theta-b\sin\dfrac{a+b}{b}\theta, \end{cases} \quad (-\infty<\theta<+\infty).$$

它的图形如图 3-1-7 所示.

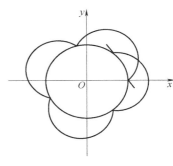

图　3-1-7

特别地, 当 $a=b$ 时方程变为

$$\vec{r}=(2a\cos\theta-a\cos2\theta)\vec{i}+(2a\sin\theta-a\sin2\theta)\vec{j} \quad (-\infty<\theta<+\infty)$$

或

$$\begin{cases} x=2a\cos\theta-a\cos2\theta, \\ y=2a\sin\theta-a\sin2\theta, \end{cases} \quad (-\infty<\theta<+\infty).$$

这时所对应的图形叫作心脏线, 如图 3-1-8 所示.

例 3.1.5　把线绕在一个固定圆周上, 将线头拉紧后向反方向旋转, 把线从圆周上拉出来, 使放出来的部分成为圆的切线, 求线头的轨迹方程.

解　如图 3-1-9 所示建立直角坐标系, 圆心为原点 O , OA 为 x

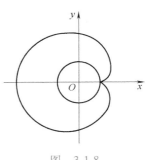

图　3-1-8

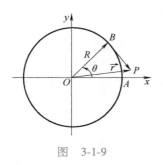

图　3-1-9

轴. 设圆的半径为 R，线头 P 的最初位置是圆周上的点 A，经过某一过程后，切点移至 B，BP 为切线，那么

$$\vec{r}=\overrightarrow{OP}=\overrightarrow{OB}+\overrightarrow{BP},$$

设 $\theta=\measuredangle(\vec{i},\overrightarrow{OB})$，那么

$$\overrightarrow{OB}=R(\cos\theta\vec{i}+\sin\theta\vec{j}),$$

向量 $\overrightarrow{BP}$ 与 x 轴所成的有向角为

$$\measuredangle(\vec{i},\overrightarrow{BP})=\theta-\frac{\pi}{2},$$

而 $|\overrightarrow{BP}|=|\overset{\frown}{AB}|=R\theta$，因此有

$$\overrightarrow{BP}=|\overrightarrow{BP}|\left[\cos\left(\theta-\frac{\pi}{2}\right)\vec{i}+\sin\left(\theta-\frac{\pi}{2}\right)\vec{j}\right]$$

$$=R\theta(\sin\theta\vec{i}-\cos\theta\vec{j}),$$

最后得 P 点的向量式参数方程为

$$\vec{r}=R(\cos\theta+\theta\sin\theta)\vec{i}+R(\sin\theta-\theta\cos\theta)\vec{j}\quad(-\infty<\theta<+\infty),$$

其坐标式参数方程为

$$\begin{cases}x=R(\cos\theta+\theta\sin\theta),\\y=R(\sin\theta-\theta\cos\theta),\end{cases}\quad(-\infty<\theta<+\infty).$$

3.1.3　平面曲线一般方程与参数方程的相互转换

消去曲线参数方程中的参数就得到曲线的一般方程，寻找参数 t，由一般方程 $F(x,y)=0$ 找出 x，y 与 t 的关系式就得到曲线的参数方程

$$\begin{cases}x=x(t),\\y=y(t),\end{cases}\quad(a\leqslant t\leqslant b).$$

注意　（1）曲线参数方程不一定都能化成一般方程，例如

$$\begin{cases}x=\mathrm{e}^t+t,\\y=t+\sin t,\end{cases}\quad(-\infty<t<+\infty).$$

（2）一般方程化为参数方程时，参数不唯一.

例 3.1.6　把椭圆的普通方程 $\dfrac{x^2}{a^2}+\dfrac{y^2}{b^2}=1$ 改写为参数方程.

解　中学时我们都学过椭圆的参数方程为

$$\begin{cases}x=a\cos\theta,\\y=b\sin\theta,\end{cases}\quad(-\pi\leqslant\theta<\pi),$$

其中 θ 为所设的参数. 下面我们给出另一种参数方程.

设 $y=tx+b$ 代入椭圆方程 $\dfrac{x^2}{a^2}+\dfrac{(tx+b)^2}{b^2}=1$，由此得 $x_1=0$，$x_2=$

$-\dfrac{2a^2bt}{b^2+a^2t^2}$. 取 $x_1=0$ 时 $y_1=b$, 取 $x_2=-\dfrac{2a^2bt}{b^2+a^2t^2}$ 时 $y_2=\dfrac{b(b^2-a^2t^2)}{b^2+a^2t^2}$, 从

而给出另一种参数方程

$$\begin{cases} x=-\dfrac{2a^2bt}{b^2+a^2t^2}, \\ y=\dfrac{b(b^2-a^2t^2)}{b^2+a^2t^2}, \end{cases} \quad (-\infty<t<+\infty).$$

在曲线的参数方程与一般方程相互转换时, 必须注意两种不同形式的方程应该等价, 因为它们代表同一条曲线. 但是在相互转换时, 往往由于变量的取值范围可能产生变化, 因而可能导致两者所表示的曲线不完全一样, 例如化方程 $y=2x^2+1$ 为参数方程时, 如果令 $x=\cos\theta$, 那么参数方程为

$$\begin{cases} x=\cos\theta, \\ y=2+\cos2\theta, \end{cases} \quad (0\le\theta<2\pi).$$

因为 $-1\le\cos\theta\le1$, $-1\le\cos2\theta\le1$, 所以有 $-1\le x\le1$, $1\le y\le3$. 因此, 这时参数方程所表示的曲线只是原曲线的一部分, 两方程不等价. 但是, 如果令 $x=t$, 代入原方程得

$$\begin{cases} x=t, \\ y=2t^2+1, \end{cases} \quad (-\infty<t<+\infty).$$

此参数方程所表示的曲线与原曲线一致, 所以它与原方程等价, 也就是说它是原曲线的参数方程.

习题 3.1

1. 在直角坐标系下, 已知两点 $A(-2,-2)$, $B(2,2)$, 求满足条件 $|\overrightarrow{PA}|-|\overrightarrow{PB}|=4$ 的动点 P 的轨迹方程.

2. $\triangle ABC$ 底边的两个端点坐标为 $B(-3,0)$, $C(3,0)$, 顶点 A 在直线 $7x-5y-35=0$ 上移动, 求 $\triangle ABC$ 的重心的轨迹.

3. 消去下面的平面曲线的参数方程中的参数 t, 化为一般方程.

(1) $\begin{cases} x=\sin t+5, \\ y=-2\cos t-1, \end{cases} (0\le t<2\pi);$

(2) $\begin{cases} x=r(3\cos t+\cos 3t), \\ y=r(3\sin t-\sin 3t), \end{cases} (0\le t<2\pi).$

4. 把下面平面曲线的一般方程化为参数方程.

(1) $y^2=x^3$;

(2) $x^{\frac{1}{2}}+y^{\frac{1}{2}}=a^{\frac{1}{2}}$ $(a>0)$;

(3) $x^3+y^3-3axy=0$ $(a>0)$.

5. 已知大圆半径为 a, 小圆半径为 b, 大圆不动而小圆在大圆内无滑动地滚动, 求动圆周上某一点 P 的轨迹方程.

习题 3.1 第 5 题
建立方程视频扫码

6. 习题 3.1 的第 5 题中, 若当 $a=4b$ 时, 试给出对应曲线的参数方程.

7. 设 $OA=a$ 为一圆的直径, 过 O 任意作一直线 OB, 与圆上 A 点的切线相交于 B 点, 设 OB 与圆交于另一点 P_1, 过 P_1 及 B 作相交于 P 点的直线, 使 $P_1P\perp OA$, $BP/\!/OA$, 求 P 点的轨迹(这轨迹叫作箕舌线).

3.2 点生成曲面及其方程

3.2.1 空间曲面的方程

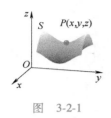

图 3-2-1

定义 3.2.1 空间的曲面可看成是满足某些条件的点的集合. 如图 3-2-1 所示, 在空间直角坐标系下, 一个三元方程 $F(x,y,z)=0$ 和一个曲面 S 之间有如下关系:

(1) 曲面 S 上任一点的坐标 $P(x,y,z)$ 都满足方程 $F(x,y,z)=0$;

(2) 坐标 (x,y,z) 满足方程 $F(x,y,z)=0$ 的每一点都在曲面 S 上,

那么称方程 $F(x,y,z)=0$ 是曲面 S 的方程, 也称曲面 S 是方程 $F(x,y,z)=0$ 表示的曲面, 通常称方程 $F(x,y,z)=0$ 是**曲面的一般方程**.

曲面的参数方程与平面曲线的参数方程非常类似, 设在两个变量 u, v 的变动区域内定义了双参数向量函数

$$\vec{r}=\vec{r}(u,v)$$

或

$$\vec{r}(u,v)=x(u,v)\vec{i}+y(u,v)\vec{j}+z(u,v)\vec{k}, \qquad (3.2.1)$$

这里 $x(u,v)$, $y(u,v)$, $z(u,v)$ 是变量 $\vec{r}(u,v)$ 的坐标, 它们都是变量 u, v 的函数. 当 u, v 取遍区域内的一切值时, 向径

$$\overrightarrow{OP}=\vec{r}(u,v)=x(u,v)\vec{i}+y(u,v)\vec{j}+z(u,v)\vec{k}$$

的终点 $P(x(u,v),y(u,v),z(u,v))$ 所画成的轨迹, 一般为一张曲面(见图 3-2-2).

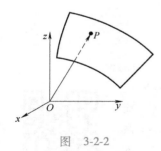

图 3-2-2

定义 3.2.2 如果取 u, $v(a\leqslant u\leqslant b,c\leqslant v\leqslant d)$ 的一切可能取的值, 由式(3.2.1)表示的向径 $\vec{r}(u,v)$ 的终点 P 总在一个曲面上; 反之, 在这个曲面上的任意点 P 总对应着以它为终点的向径, 而这向径可由 u, v 的值 $(a\leqslant u\leqslant b,c\leqslant v\leqslant d)$ 通过式(3.2.1)完全决定, 那么就把式(3.2.1)叫作**曲面的向量式参数方程**, 其中 u, v 为参数.

因为向径 $\vec{r}(u,v)$ 的坐标为 $(x(u,v),y(u,v),z(u,v))$, 所以曲面的参数方程也常写成

$$\begin{cases} x=x(u,v), \\ y=y(u,v), (a\leqslant u\leqslant b, c\leqslant v\leqslant d). \\ z=z(u,v), \end{cases} \quad (3.2.2)$$

式(3.2.2)叫作**曲面的坐标式参数方程**.

从曲面的参数方程消去参数可得曲面的一般方程.

曲面可以看成是由点运动形成的, 也可看成是由线运动形成的. 接下来我们学习由满足一定条件的点的集合形成的几个特殊曲面.

3.2.2　球面与球面坐标

定义 3.2.3　空间到一定点的距离是定数的空间动点的轨迹称为球面, 定点叫作球心(或中心), 定数叫作半径.

求以 $P_0(x_0, y_0, z_0)$ 为中心, R 为半径的球面方程(见图 3-2-3). 球面上的任一点可设为 $P(x,y,z)$, 则由球面的定义知

$$|\overrightarrow{P_0P}|=R,$$

即

$$(x-x_0)^2+(y-y_0)^2+(z-z_0)^2=R^2, \quad (3.2.3)$$

当中心在原点时球面方程为

$$x^2+y^2+z^2=R^2.$$

把空间球面的方程(3.2.3)展开, 得球面的一般方程

$$x^2+y^2+z^2+\alpha x+\beta y+\gamma z+\delta=0.$$

球面方程与球面
坐标讲解视频扫码

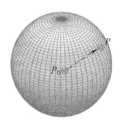

图　3-2-3

例 3.2.1　已知四点 $A(1,2,7)$, $B(4,3,3)$, $C(5,-1,6)$, $D(\sqrt{7}, \sqrt{7}, 0)$, 试求过这四点的球面方程.

解法 1　设所求球面的球心坐标为 $P_0(x_0, y_0, z_0)$, 则由四点 $A(1,2,7)$, $B(4,3,3)$, $C(5,-1,6)$, $D(\sqrt{7}, \sqrt{7}, 0)$ 到球心 $P_0(x_0, y_0, z_0)$ 的距离相等可得

$$(x_0-1)^2+(y_0-2)^2+(z_0-7)^2$$
$$=(x_0-4)^2+(y_0-3)^2+(z_0-3)^2$$
$$=(x_0-5)^2+(y_0+1)^2+(z_0-6)^2$$
$$=(x_0-\sqrt{7})^2+(y_0-\sqrt{7})^2+z_0^2.$$

即

$$\begin{cases} 3x_0+y_0-4z_0=-10, \\ 4x_0-3y_0-z_0=4, \\ (\sqrt{7}-1)x_0+(\sqrt{7}-2)y_0-7z_0=-20, \end{cases}$$

解得 $(x_0, y_0, z_0) = (1, -1, 3)$. 而 $(x_0-1)^2 + (y_0-2)^2 + (z_0-7)^2 = 25$.
于是所求球面方程为

$$(x-1)^2 + (y+1)^2 + (z-3)^2 = 25.$$

解法 2 设所求球面的一般方程为 $x^2+y^2+z^2+\alpha x+\beta y+\gamma z+\delta=0$,
四点 $A(1,2,7)$，$B(4,3,3)$，$C(5,-1,6)$，$D(\sqrt{7},\sqrt{7},0)$ 在球面上,
因此满足球面方程，可得

$$\begin{cases} 1+4+49+\alpha+2\beta+7\gamma+\delta=0, \\ 16+9+9+4\alpha+3\beta+3\gamma+\delta=0, \\ 25+1+36+5\alpha-\beta+6\gamma+\delta=0, \\ 7+7+\sqrt{7}\alpha+\sqrt{7}\beta+\delta=0, \end{cases}$$

于是所求球面方程为

$$x^2+y^2+z^2-2x+2y-6z-14=0.$$

例 3.2.2 建立以原点为球心、半径为 R 的球面的参数方程.

解 设球面上的任意一点为 P. P 在 xOy 坐标面上的射影
为 M，而 M 在 x 轴上的射影为 Q.

设 $\varphi = \angle(\vec{i}, \overrightarrow{OM})$，$\theta = \angle(\vec{k}, \overrightarrow{OP})$，那么

$$\vec{r} = \overrightarrow{OP} = \overrightarrow{OQ} + \overrightarrow{QM} + \overrightarrow{MP},$$

由图 3-2-4 知 $\overrightarrow{MP} = (R\cos\theta)\vec{k}$，且

$$\overrightarrow{QM} = (|\overrightarrow{OM}|\sin\varphi)\vec{j} = (R\sin\theta\sin\varphi)\vec{j},$$

$$\overrightarrow{OQ} = (|\overrightarrow{OM}|\cos\varphi)\vec{i} = (R\sin\theta\cos\varphi)\vec{i}.$$

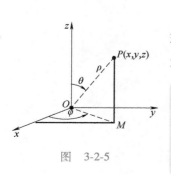

图 3-2-4

所以有

$$\vec{r} = (R\sin\theta\cos\varphi)\vec{i} + (R\sin\theta\sin\varphi)\vec{j} + (R\cos\theta)\vec{k} \quad (0\leqslant\varphi<2\pi, 0\leqslant\theta\leqslant\pi),$$

也可写成

$$\begin{cases} x = R\sin\theta\cos\varphi, \\ y = R\sin\theta\sin\varphi, \quad (0\leqslant\varphi<2\pi, 0\leqslant\theta\leqslant\pi). \\ z = R\cos\theta, \end{cases} \quad (3.2.4)$$

空间中与原点距离为 R 的任意一点总可以看成是在以原点为
球心、半径为 R 的球面上，它由 φ，θ 的值完全确定. 它在空间直
角坐标系中的坐标可由式 (3.2.4) 求出.

定义 3.2.4 空间中的任意一点 $P(x,y,z)$ 的位置可由有序数
组 (ρ,θ,φ) 给出，其意义如图 3-2-5 所示，称有序数组 (ρ,θ,φ)
为**球面坐标**(或空间极坐标)，记作 $P(\rho,\theta,\varphi)$ 且 $\rho\geqslant0$，$0\leqslant\theta\leqslant\pi$，
$0\leqslant\varphi<2\pi$.

该点在空间直角坐标系中的坐标 (x,y,z) 与有序数组 (ρ,θ,φ) 的关系为

$$\begin{cases} x=\rho\sin\theta\cos\varphi, \\ y=\rho\sin\theta\sin\varphi, \quad (\rho\geqslant 0,0\leqslant\theta\leqslant\pi,0\leqslant\varphi<2\pi). \\ z=\rho\cos\theta, \end{cases}$$

3.2.3　直圆柱面与柱面坐标

定义 3.2.5　与一条定直线 L 的距离是定数 R 的空间动点的轨迹称为**直圆柱面**，定直线 L 称为直圆柱面的**轴**，定数 R 称为直圆柱面的**半径**.

下面建立以定直线 L 为轴、R 为半径的直圆柱面方程.

如图 3-2-6 所示，设曲面上的动点为 $P(x,y,z)$，直线 L 上的一已知点为 $P_0(x_0,y_0,z_0)$，方向向量为 $\vec{V}=(X,Y,Z)$，则由点到直线的距离公式可得直圆柱面的向量式方程为

$$\frac{|\overrightarrow{P_0P}\times\vec{V}|}{|\vec{V}|}=R, \tag{3.2.5}$$

代入坐标可得直圆柱面的坐标式方程为

$$\begin{vmatrix} y-y_0 & z-z_0 \\ Y & Z \end{vmatrix}^2+\begin{vmatrix} z-z_0 & x-x_0 \\ Z & X \end{vmatrix}^2+\begin{vmatrix} x-x_0 & y-y_0 \\ X & Y \end{vmatrix}^2=(X^2+Y^2+Z^2)R^2.$$

柱面方程与
柱面坐标讲
解视频扫码

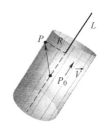

图　3-2-6

例 3.2.3　求经过三平行直线 $L_1:x=y=z$，$L_2:x-1=y=z+1$，$L_3:x=y+1=z-1$ 的直圆柱面的方程.

解　如图 3-2-7 所示，直线 L_1，L_2，L_3 平行于对称轴 L_0，$P_0(x_0,y_0,z_0)$ 为轴 $L_0(\vec{V}=(1,1,1))$ 上的点，$P_2(1,0,-1)$ 为直线 L_2 上的点，因此有

$$\frac{|\overrightarrow{P_0P_2}\times\vec{V}|}{|\vec{V}|}=R,$$

解得 $|(x_0-1,y_0,z_0+1)\times(1,1,1)|=\sqrt{3}R$.

同理，对于直线 L_1 上的点 $P_1(0,0,0)$ 和直线 L_3 上的点 $P_3(0,-1,1)$，由于 $P_0(x_0,y_0,z_0)$ 与直线 L_1，L_2，L_3 的距离相等，所以有

$$\begin{cases} |(x_0-1,y_0,z_0+1)\times(1,1,1)|=\sqrt{3}R, \\ |(x_0,y_0,z_0)\times(1,1,1)|=\sqrt{3}R, \\ |(x_0,y_0+1,z_0-1)\times(1,1,1)|=\sqrt{3}R. \end{cases}$$

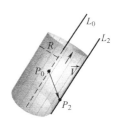

图　3-2-7

从而由上式可以解得对称轴 L_0 的方程为

$$x_0 - 1 = y_0 + 1 = z_0 \ \text{及} \ R = 6.$$

因此，对于直圆柱面上任意一点 $M(x,y,z)$，有

$$\frac{|\overrightarrow{MP_0} \times \vec{V}|}{|\vec{V}|} = \frac{|\overrightarrow{P_0P_2} \times \vec{V}|}{|\vec{V}|} = 6,$$

所以直圆柱面方程为

$$x^2 + y^2 + z^2 - xy - xz - yz - 3x + 3y = 0.$$

例 3.2.4　求以 z 轴为对称轴、半径为 R 的直圆柱面的参数方程.

　　解　如图 3-2-8 所示，设 P 是圆柱面上的任意一点，在 xOy 面上的射影为 M，M 在 x 轴上的射影为 Q，有向角 $\varphi = \measuredangle(\vec{i}, \overrightarrow{OM})$. 那么有

$$\vec{r} = \overrightarrow{OP} = \overrightarrow{OQ} + \overrightarrow{QM} + \overrightarrow{MP}.$$

　　因为 $\overrightarrow{OQ} = R\cos\varphi\,\vec{i}$，$\overrightarrow{QM} = R\sin\varphi\,\vec{j}$，$\overrightarrow{MP} = u\vec{k}$，所以直圆柱面的向量式参数方程为

$$\vec{r} = R\cos\varphi\,\vec{i} + R\sin\varphi\,\vec{j} + u\vec{k} \quad (0 \leqslant \varphi < 2\pi, -\infty < u < +\infty),$$

代入坐标可得直圆柱面的坐标式参数方程为

$$\begin{cases} x = R\cos\varphi, \\ y = R\sin\varphi, \quad (0 \leqslant \varphi < 2\pi, -\infty < u < +\infty). \\ z = u, \end{cases}$$

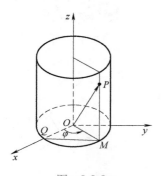

图　3-2-8

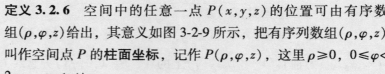

定义 3.2.6　空间中的任意一点 $P(x,y,z)$ 的位置可由有序数组 (ρ,φ,z) 给出，其意义如图 3-2-9 所示，把有序列数组 (ρ,φ,z) 叫作空间点 P 的**柱面坐标**，记作 $P(\rho,\varphi,z)$，这里 $\rho \geqslant 0$，$0 \leqslant \varphi < 2\pi$，$-\infty < z < +\infty$.

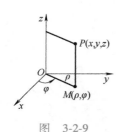

图　3-2-9

　　该点在空间直角坐标系中的坐标 (x,y,z) 与有序数组 (ρ,φ,z) 的关系为

$$\begin{cases} x = \rho\cos\varphi, \\ y = \rho\sin\varphi, \quad (\rho \geqslant 0, 0 \leqslant \varphi < 2\pi, -\infty < z < +\infty). \\ z = z, \end{cases}$$

3.2.4　直圆锥面

定义 3.2.7　若一动点 P 到一直线 L 上的定点 A 的连线与该直线的夹角（锐角）成定角，这样的动点的轨迹称为**直圆锥面**，定

直线 L 称为直圆锥面的**轴**，定点 A 称为直圆锥面的**顶点**，定角（锐角）α 称为它的**半顶角**（见图 3-2-10）.

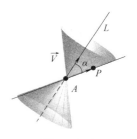

图　3-2-10

设直线 L 上的定点为 $A(x_0,y_0,z_0)$，方向向量为 $\vec{V}=(X,Y,Z)$，半顶角为 α，锥面上的动点为 $P(x,y,z)$，则由两直线的夹角公式可给出锥面的向量式方程为

$$|\cos\alpha|=\frac{|\overrightarrow{AP}\cdot\vec{V}|}{|\overrightarrow{AP}|\cdot|\vec{V}|},\qquad(3.2.6)$$

代入坐标后可给出锥面的坐标式方程

$$[X(x-x_0)+Y(y-y_0)+Z(z-z_0)]^2$$
$$=[(x-x_0)^2+(y-y_0)^2+(z-z_0)^2](X^2+Y^2+Z^2)\cos^2\alpha.$$

例 3.2.5　求以坐标原点为顶点且通过三条坐标轴正轴的直圆锥面方程.

解　由题意知（见图 3-2-11），此圆锥面的轴线的方程为

$$\frac{x}{1}=\frac{y}{1}=\frac{z}{1},$$

半顶角为 $\alpha=\arccos\dfrac{\sqrt{3}}{3}$，代入式(3.2.6)有

$$\cos\alpha=\frac{(x,y,z)\cdot(1,1,1)}{\sqrt{x^2+y^2+z^2}\sqrt{3}}=\frac{\sqrt{3}}{3},$$

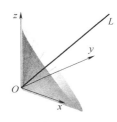

图　3-2-11

解得所求锥面方程为

$$xy+yz+zx=0.$$

习题 3.2

1. 求与定平面 $Ax+By+Cz+D=0$ 的距离是定数 d 的空间动点的轨迹方程.

2. 试将下列曲面的参数方程化为一般方程.

(1) $\begin{cases}x=u\cos v,\\ y=u\sin v,\qquad(-1\leqslant u\leqslant1,0\leqslant v<2\pi);\\ z=\pm\sqrt{1-u^2},\end{cases}$

(2) $\begin{cases}x=2u+v,\\ y=u+2v,\qquad(-\infty<u,v<+\infty).\\ z=v,\end{cases}$

3. 已知空间三点 $A(a,0,0)$，$B(0,b,0)$，$C(0,0,c)$. 求过 A，B，C 的空间圆的方程，使得该空间圆落在过 A，B，C 及原点的球面上.

4. 求经过点 $(3,1,-3)$，$(-2,4,1)$，$(-5,0,0)$，并且球心在 $2x+y-z+3=0$ 上的球面.

5. 试求顶点是 $A(1,2,3)$，对称轴与平面 $\pi:2x+y-z+1=0$ 垂直，母线和轴交成 $\dfrac{\pi}{6}$ 的圆锥面的方程.

6. 证明下列两曲面的参数方程

$\begin{cases}x=u\cos\theta,\\ y=u\sin\theta,\qquad(-\infty<u<+\infty,u\neq0,0\leqslant\theta<2\pi)\\ z=u^2,\end{cases}$

与

$$\begin{cases} x=\dfrac{u}{u^2+v^2}, \\ y=\dfrac{v}{u^2+v^2}, \quad (-\infty<u,v<+\infty,u^2+v^2\neq0) \\ z=\dfrac{1}{u^2+v^2}, \end{cases}$$

表示同一个曲面.

7. 在同一个直角标架所决定的直角坐标系、球面坐标系与柱面坐标系中,对于直角坐标为 $(1,1,1)$ 的点,求它的球面坐标与柱面坐标.

8. 一球面通过两点 $A(0,2,2),B(0,4,0)$,且球心在 y 轴上,求这球面的方程.

9. 在球面坐标中,下列方程各表示什么曲面?

(1) $\rho=a$(正常数);

(2) $\varphi=\alpha$(常数);

(3) $\theta=\beta$(常数).

10. 若一球面在一直圆柱面的内部,且球面的半径与直圆柱面的半径相等,则称该直圆柱面外切于球面. 求与两个球面

$$x^2+y^2+z^2=1 \text{ 和 } (x-1)^2+(y-1)^2+(z-1)^2=1$$

均外切的直圆柱面方程.

3.3 空间曲线的方程

3.3.1 空间曲线的一般方程

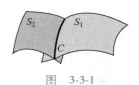

图 3-3-1

空间曲线可看成两个曲面相交所得(见图 3-3-1). 这样可定义空间曲线的一般方程如下:

定义 3.3.1 给定空间曲线 C,如果曲线 C 上每点的坐标 (x,y,z) 都满足方程组

$$C:\begin{cases} F(x,y,z)=0, \\ G(x,y,z)=0, \end{cases} \qquad (3.3.1)$$

且任何满足式(3.3.1)的有序数组 (x,y,z) 所对应的点都在曲线 C 上,则称式(3.3.1)为**空间曲线的一般方程**,其中 $F(x,y,z)=0$ 与 $G(x,y,z)=0$ 为过曲线 C 的两个曲面 S_1,S_2 的一般方程.

例 3.3.1 若两个曲面为空间不平行的两个平面,则方程组

$$\begin{cases} A_1x+B_1y+C_1z+D_1=0, \\ A_2x+B_2y+C_2z+D_2=0 \end{cases}$$

表示两个平面的交线.

例 3.3.2 方程组 $\begin{cases} x^2+y^2=1, \\ 2x+3z=6 \end{cases}$ 表示直圆柱面与平面的交线 C(见图 3-3-2).

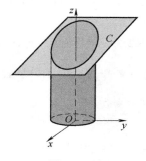

图 3-3-2

例 3.3.3 求在 xOy 坐标面上,半径为 R、圆心为原点的圆的方程.

解 圆可看成是球面与平面的交线,找一个以原点为中心、半径为 R 的球面,再给出一个平面为 xOy 的坐标平面,则所求的

圆的方程为

$$\begin{cases} x^2+y^2+z^2=R^2, \\ z=0. \end{cases}$$

再考虑以下两个方程组

$$\begin{cases} x^2+y^2=R^2, \\ z=0 \end{cases} \text{与} \begin{cases} x^2+y^2+z^2=R^2, \\ x^2+y^2=R^2, \end{cases}$$

可知以上三个方程组为同解方程组，因此都可以用来表示在 xOy 坐标面上，半径为 R、圆心为原点的圆的方程. 后两个方程分别表示圆柱面和平面的交线以及球面和圆柱面的交线. 通过此空间圆的曲线方程有很多，只要找到其中两个即可.

3.3.2　空间曲线的参数方程

定义 3.3.2　在空间建立了直角坐标系后，设向量函数

$$\vec{r}(t)=x(t)\vec{i}+y(t)\vec{j}+z(t)\vec{k}, \qquad (3.3.2)$$

当 t 在区间 $[a,b]$ 内变动时，$\vec{r}(t)$ 的终点 $P(x(t),y(t),z(t))$ 全部都在空间曲线 L 上；反之，空间曲线 L 上的任意点都可以由 t 的某个值通过式 (3.3.2) 表示，那么式 (3.3.2) 称为曲线 L 的**向量式参数方程**（见图 3-3-3）.

空间**曲线的坐标式参数方程**为

$$\begin{cases} x=x(t), \\ y=y(t), \quad (a \leqslant t \leqslant b). \\ z=z(t), \end{cases}$$

空间曲线的参数
方程视频扫码

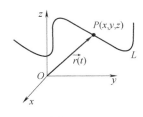

图　3-3-3

例 3.3.4　一个质点 P 从点 $A(a,0,0)$ 出发，一方面绕 z 轴做角速度为 ω 的匀角速圆周运动，另一方面做平行于 z 轴，且速度与角速度成正比 b 的直线运动，这个动点的轨迹叫作圆柱螺线. 求质点 P 运动的轨迹方程.

　　解　如图 3-3-4 所示，过 t s 后质点从点点 A 运动到点 P 的位置，点 P 在 xOy 面上的射影为 Q. 那么

$$\measuredangle(\vec{i}, \overrightarrow{OQ})=\omega t, \qquad \overrightarrow{QP}=b\omega t\vec{k},$$

因此有

$$\vec{r}=\overrightarrow{OP}=\overrightarrow{OQ}+\overrightarrow{QP},$$

质点 P 运动的向量式参数方程为

$$\vec{r}=a\cos\omega t\,\vec{i}+a\sin\omega t\,\vec{j}+b\omega t\vec{k} \quad (-\infty<t<+\infty),$$

其坐标式参数方程为

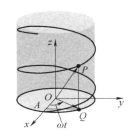

图　3-3-4

$$\begin{cases} x = a\cos \omega t, \\ y = a\sin \omega t, \quad (-\infty < t < +\infty), \\ z = b\omega t, \end{cases}$$

在上式中消去参数 t 可得圆柱螺旋线的一般方程为

$$\begin{cases} x^2 + y^2 = a^2, \\ y = a\sin \dfrac{z}{b}. \end{cases}$$

3.3.3 空间曲线一般方程与参数方程的相互转换

空间曲线的参数方程，可通过消除参数给出空间曲线的一般方程，但并不是所有空间曲线的参数方程都可消参表示成空间曲线的一般方程. 反之，也可由空间曲线的一般方程出发，引入参数给出空间曲线的参数方程.

例 3.3.5 求参数方程 $\vec{r} = (a\cos \theta, b\sin \theta, c)\ (0 \leqslant \theta < 2\pi)$ 所表示的曲线的一般方程.

解 将已知参数方程化为坐标形式

$$\begin{cases} x = a\cos \theta, \\ y = b\sin \theta, \quad (0 \leqslant \theta < 2\pi). \\ z = c, \end{cases}$$

消去参数 θ 得

$$\begin{cases} \dfrac{x^2}{a^2} + \dfrac{y^2}{b^2} = 1, \\ z = c. \end{cases}$$

它表示平面 $z = c$ 上的一个椭圆.

例 3.3.6 证明曲线

$$C: \begin{cases} x = \dfrac{t}{1+t^2+t^4}, \\ y = \dfrac{t^2}{1+t^2+t^4}, \quad (-\infty < t < +\infty) \\ z = \dfrac{t^3}{1+t^2+t^4}, \end{cases}$$

在一个球面上（称为球面曲线），且求其所在球面的方程.

证明 设曲线在球面 $S: (x-x_0)^2 + (y-y_0)^2 + (z-z_0)^2 = R^2$ 上，将曲线 C 的参数方程代入球面 S 的方程可得

$$\left(\frac{t}{1+t^2+t^4} - x_0 \right)^2 + \left(\frac{t^2}{1+t^2+t^4} - y_0 \right)^2 + \left(\frac{t^3}{1+t^2+t^4} - z_0 \right)^2 = R^2,$$

即对 $\forall t \in (-\infty, +\infty)$ 有

$$R^2 = x_0^2 - \frac{2t}{1+t^2+t^4}x_0 + \left(\frac{t}{1+t^2+t^4}\right)^2 + y_0^2 - \frac{2t^2}{1+t^2+t^4}y_0 + \left(\frac{t^2}{1+t^2+t^4}\right)^2 +$$

$$z_0^2 - \frac{2t^3}{1+t^2+t^4}z_0 + \left(\frac{t^3}{1+t^2+t^4}\right)^2$$

$$= x_0^2 + y_0^2 + z_0^2 - \frac{2t}{1+t^2+t^4}x_0 - \frac{t^2}{1+t^2+t^4}(2y_0-1) - \frac{2t^3}{1+t^2+t^4}z_0,$$

则 $x_0 = z_0 = 0$，$y_0 = \dfrac{1}{2}$，$R = \dfrac{1}{2}$.

于是曲线 C 所在的球面 S 的方程为 $x^2 + \left(y - \dfrac{1}{2}\right)^2 + z^2 = \left(\dfrac{1}{2}\right)^2$，即

$$x^2 + y^2 + z^2 - y = 0.$$

空间曲线 C 的一般方程为 $\begin{cases} F(x,y,z) = 0, \\ G(x,y,z) = 0, \end{cases}$ 消去 z，得射影柱面

$H(x,y) = 0$，C 在 xOy 面上的射影曲线 C_1（见图 3-3-5）为 $\begin{cases} H(x,y) = 0, \\ z = 0. \end{cases}$

消去 x，得 C 在 yOz 面上的射影曲线方程 $\begin{cases} R(y,z) = 0, \\ x = 0. \end{cases}$

消去 y，得 C 在 zOx 面上的射影曲线方程 $\begin{cases} T(x,z) = 0, \\ y = 0. \end{cases}$

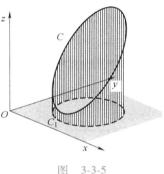

图　3-3-5

例 3.3.7　给出空间曲线 $C: \begin{cases} x^2 + y^2 + z^2 = 1, \\ x^2 + (y-1)^2 + (z-1)^2 = 1 \end{cases}$ 的参数方程.

解　如图 3-3-6 所示，曲线 C 在 xOy 面上的射影曲线 C_1 的方程为

$$\begin{cases} x^2 + 2y^2 - 2y = 0, \\ z = 0, \end{cases}$$

整理可得

$$\begin{cases} \dfrac{x^2}{\left(\dfrac{\sqrt{2}}{2}\right)^2} + \dfrac{\left(y - \dfrac{1}{2}\right)^2}{\left(\dfrac{1}{2}\right)^2} = 1, \\ z = 0, \end{cases}$$

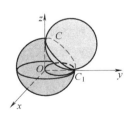

图　3-3-6

坐标面 xOy 上的射影曲线 C_1 为平面上的圆，因此其参数方程为

$$\begin{cases} x = \dfrac{\sqrt{2}}{2}\cos t, \\ y = \dfrac{1}{2} + \dfrac{1}{2}\sin t, \end{cases} \quad (0 \leqslant t < 2\pi),$$

曲线 C 上任意点与 xOy 面上的射影曲线 C_1 上的对应点 x，y 的坐标相等. 把曲线 C_1 上点的坐标 x，y 代入曲线 C 所在的一个球面 $x^2+y^2+z^2=1$，可得曲线的参数方程为

$$\begin{cases} x=\dfrac{\sqrt{2}}{2}\cos t, \\[2mm] y=\dfrac{1}{2}+\dfrac{1}{2}\sin t, \quad (0\leqslant t<2\pi). \\[2mm] z=\dfrac{1}{2}-\dfrac{1}{2}\sin t, \end{cases}$$

习题 3.3

1. 设空间圆的方程为 $\begin{cases} x^2+y^2+z^2=4, \\ x+y+z=3, \end{cases}$ 求此空间圆的圆心坐标及半径.

2. 化下列空间曲线的参数方程为一般方程.

(1) $\begin{cases} x=\dfrac{a(1-t^2)}{1+t^2}, \\[2mm] y=\dfrac{b(1-t^2)}{1+t^2}, \quad (-\infty<t<+\infty); \\[2mm] z=\dfrac{2ct}{1+t^2}, \end{cases}$

(2) $\begin{cases} x=3\sin t, \\ y=4\cos t, \quad (0\leqslant t<2\pi). \\ z=5\cos t, \end{cases}$

3. 把下列空间曲线的一般方程表示成参数方程(写出任意一种形式).

(1) $\begin{cases} x^2+y^2=1, \\ 2x+3z=6; \end{cases}$　　(2) $\begin{cases} x^2+y^2=1, \\ y^2+z^2=1; \end{cases}$

(3) $\begin{cases} x^2+y^2+z^2=9, \\ y=x. \end{cases}$

4. 证明空间曲线 $\begin{cases} x=a\cos^2 t, \\ y=a\sin^2 t, \quad (a>0,0\leqslant t<2\pi) \\ z=a\sin 2t, \end{cases}$

为平面曲线，且求所在平面的方程.

5. 求空间曲线 $\begin{cases} x=\cos \pi t, \\ y=\sin \pi t, \quad (t\in\mathbf{R}) \\ z=t, \end{cases}$ 与空间曲面 $x^2+y^2+z^2=10$ 的交点坐标.

6. 求空间曲线 $C:\begin{cases} x^2+(y-1)^2+(z+1)^2=14, \\ x-2y-2z-3=0 \end{cases}$ 在三个坐标平面上的射影曲线.

7. 有一质点，沿着已知圆锥面的一条直母线自圆锥的顶点起，做匀速直线运动. 另一方面，这一条母线在圆锥面上，过圆锥的顶点绕圆锥的轴(旋转轴)做匀速的转动，这时质点在圆锥面上的轨迹叫作圆锥螺线，试建立圆锥螺线的方程.

3.4　空间特殊曲面的方程

3.4.1　曲线族产生曲面的理论

曲面可以看成是满足某种条件的动点的轨迹，也可以看成是满足某种条件的动曲线的轨迹．之前我们学习了满足一定条件的点的集合形成的特殊曲面有球面、直圆柱面和直圆锥面，这些曲

面也可看成是线的运动轨迹(见图 3-4-1). 球面可以看成是绕着直径旋转的圆的轨迹, 直圆柱面可以看成是两条平行直线中的一条绕着另一条旋转所得的曲面, 直圆锥面则可以看成是两条相交直线中的一条绕着另一条旋转所得的曲面.

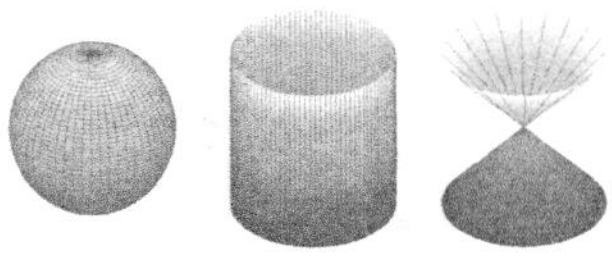

图　3-4-1

若空间曲线方程中含有一个参数 λ, 如

$$C:\begin{cases}F(x,y,z,\lambda)=0,\\G(x,y,z,\lambda)=0,\end{cases} \tag{3.4.1}$$

当参数 λ 取某一定值 λ_0 时, 式(3.4.1)表示两个定曲面的交线, 即一条定曲线. 当 λ 变动时, 曲面随之变动, 交线也就变动了. 因此我们用含单参数的方程组(3.4.1)来表示动曲线, 即曲线族. 当曲线族中的参数连续变动时, 族中的曲线也连续变动, 它们的全体就组成一个曲面, 我们称这个曲面是由该曲线族产生的. 消去曲线族表达式(3.4.1)中的 λ 所得的方程

$$H(x,y,z)=0$$

就是曲线族产生的曲面方程.

例 3.4.1　求直线族

$$L_\lambda:\begin{cases}x+y-\lambda z=0,\\x-y-\dfrac{z}{\lambda}=0\end{cases}$$

所产生的曲面的方程.

解　由原方程组得

$$L_\lambda:\begin{cases}x+y=\lambda z,\\x-y=\dfrac{z}{\lambda},\end{cases}$$

将两式相乘后整理得

$$x^2-y^2-z^2=0.$$

如果曲线族里含有 p 个参数 $\lambda_1,\lambda_2,\cdots,\lambda_p$ 时,

$$C:\begin{cases}F(x,y,z,\lambda_1,\lambda_2,\cdots,\lambda_p)=0,\\G(x,y,z,\lambda_1,\lambda_2,\cdots,\lambda_p)=0,\end{cases} \tag{3.4.2}$$

需要这 p 个参数满足的 $p-1$ 个关系式为

$$\begin{cases}H_1(\lambda_1,\lambda_2,\cdots,\lambda_p)=0,\\H_2(\lambda_1,\lambda_2,\cdots,\lambda_p)=0,\\\qquad\qquad\vdots\\H_{p-1}(\lambda_1,\lambda_2,\cdots,\lambda_p)=0,\end{cases} \tag{3.4.3}$$

则在式(3.4.2)与式(3.4.3)里给出的 $p+1$ 个关系式中, 消去 p 个参数 $\lambda_1,\lambda_2,\cdots,\lambda_p$, 可得曲线族所产生的曲面方程

$$H(x,y,z)=0.$$

例 3.4.2 求与直线 $L_1:\begin{cases}y=0,\\z=c,\end{cases}$ $(c\neq0)$ 和直线 $L_2:\begin{cases}x=0,\\z=-c,\end{cases}$

$(c\neq0)$ 均相交，且与双曲线 $C:\begin{cases}xy+c^2=0,\\z=0\end{cases}$ 也相交的动直线 L 的轨

迹方程.

解 如图 3-4-2 所示，设直线 L 与 L_1 和 L_2 相交的点分别

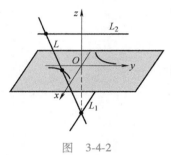

图 3-4-2

为 $(\lambda_1,0,c),(0,\lambda_2,-c)$，则所求直线族 L 的方程可设为

$$L:\frac{x-\lambda_1}{\lambda_1}=\frac{y}{-\lambda_2}=\frac{z-c}{2c},$$

改写成参数方程为

$$\begin{cases}x=\lambda_1+\lambda_1t,\\y=-\lambda_2t,\qquad(t\in\mathbf{R}).\\z=c+2ct,\end{cases}$$

因为直线 L 与双曲线 C 相交，把直线 L 的参数方程代入双曲线 C
的方程可得

$$\begin{cases}(\lambda_1+\lambda_1t)(-\lambda_2t)+c^2=0,\\c+2ct=0,\end{cases}$$

整理可得 $t=-\dfrac{1}{2}$，$\lambda_1\lambda_2=-4c^2$. $t=-\dfrac{1}{2}$ 说明直线 L 与双曲线 C 有一

个交点，消去参数 λ_1，λ_2 所求曲面方程为

$$z^2-xy=c^2.$$

3.4.2 柱面

定义 3.4.1 由平行于定方向且与一条定曲线相交的一族平行
直线所产生的曲面称为**柱面**，定方向叫作柱面的**方向**，定曲线
叫作柱面的**准线**，这族平行直线中的每一条叫作柱面的**母线**.

显然，柱面由它的准线和方向确定. 反之，对于一个柱面，
其准线不是唯一的，该柱面上任何一条与所有母线都相交的空间
曲线均可以作为该柱面的准线.

接下来，建立柱面方程. 如图 3-4-3 所示，设已知柱面准线方
程为

$$C:\begin{cases}F(x,y,z)=0,\\G(x,y,z)=0,\end{cases}$$

图 3-4-3

母线方向为 $\vec{V}=(X,Y,Z)$，柱面上任意一点为 $P(x,y,z)$，设过点

P 的直母线与准线的交点为 $P_1(x_1,y_1,z_1)$.

因此过点 P，P_1 的直母线方程为

$$\frac{x-x_1}{X}=\frac{y-y_1}{Y}=\frac{z-z_1}{Z},\qquad(3.4.4)$$

因为 $P_1(x_1,y_1,z_1)$ 也是准线上的点，因此满足

$$C:\begin{cases}F(x_1,y_1,z_1)=0,\\G(x_1,y_1,z_1)=0,\end{cases}\qquad(3.4.5)$$

由式(3.4.4)与式(3.4.5)的两个方程组的四个方程可消掉三个参数 x_1，y_1，z_1.

把直母线方程(3.4.4)改写成参数方程形式可得

$$\begin{cases}x_1=x-Xt,\\y_1=y-Yt,\quad(t\in\mathbf{R}),\\z_1=z-Zt,\end{cases}$$

将 x_1，y_1，z_1 代入准线方程可得

$$C:\begin{cases}F_1(x-Xt,y-Yt,z-Zt)=0,\\F_2(x-Xt,y-Yt,z-Zt)=0,\end{cases}$$

再消掉 t，最后得柱面方程为

$$H(x,y,z)=0.$$

例 3.4.3　设柱面的准线为 $C:\begin{cases}x=y^2+z^2,\\x=2z,\end{cases}$ 母线垂直于准线所在的平面，求这个柱面的方程.

解　由于柱面母线垂直于平面 $x=2z$，所以平面的法向量 $(1,0,-2)$ 就是柱面的母线的方向，设点 $P_1(x_1,y_1,z_1)$ 为准线上的任意一点，那么母线族的方程为

$$\frac{x-x_1}{1}=\frac{y-y_1}{0}=\frac{z-z_1}{-2},$$

其中 x_1，y_1，z_1 为参数.

因点 $P_1(x_1,y_1,z_1)$ 为准线 C 上的点，因此有

$$\begin{cases}x_1=y_1^2+z_1^2,\\x_1=2z_1,\end{cases}$$

这就是参数的约束方程，满足了这样条件的母线族，就能生成我们所需要的柱面.

设

$$\frac{x-x_1}{1}=\frac{y-y_1}{0}=\frac{z-z_1}{-2}=t,$$

那么有

$$x_1=x-t,\ y_1=y,\ z_1=z+2t,$$

代入约束方程得

$$\begin{cases}x-t=y^2+(z+2t)^2,\\ x-t=2(z+2t),\end{cases}$$

消去参数 t 并化简得所求的柱面方程为

$$4x^2+25y^2+z^2+4xz-20x-10z=0.$$

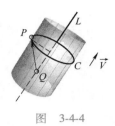

图　3-4-4

例 3.4.4　　求以直线 $L:\dfrac{x-1}{1}=\dfrac{y}{1}=\dfrac{z+1}{-1}$ 为轴，且过点 $P(2,0,1)$ 的圆柱面方程(见图 3-4-4).

解法 1　因为圆柱面的母线方向为 $\vec{V}=(1,1,-1)$，下面求此圆柱面的一条准线方程.

在轴上取一点 $Q(1,0,-1)$，则 $|PQ|=\sqrt{5}$. 圆柱面的准线可看成以 Q 为球心、半径为 $|PQ|=\sqrt{5}$ 的球面与过点 $P(2,0,1)$ 垂直于轴的平面的交线. 于是准线方程为

$$\begin{cases}(x-1)^2+y^2+(z+1)^2=5,\\ (x-2)+y-(z+1)=0,\end{cases}$$

过与准线的交点 $P_1(x_1,y_1,z_1)$ 的直母线方程为

$$\frac{x-x_1}{1}=\frac{y-y_1}{1}=\frac{z-z_1}{-1},$$

点 $P_1(x_1,y_1,z_1)$ 又满足准线方程，因此有

$$\begin{cases}(x_1-1)^2+y_1^2+(z_1+1)^2=5,\\ (x_1-2)+y_1-(z_1+1)=0,\end{cases}$$

消去参数 x_1,y_1,z_1，可得圆柱面方程为

$$x^2+y^2+z^2-xy+xz+yz-x+2y+z=6.$$

解法 2　由于圆柱面的半径为点 $P(2,0,1)$ 到轴 L 的距离

$$d=\frac{|\overrightarrow{PQ}\times\vec{V}|}{|\vec{V}|}=\frac{\sqrt{42}}{3},$$

圆柱面是到轴的距离等于此距离的点的轨迹，于是有

$$\frac{|\overrightarrow{QM}\times\vec{V}|}{|\vec{V}|}=\frac{\sqrt{42}}{3},$$

其中 $M(x,y,z)$ 为圆柱面上的一点，可得圆柱面方程为

$$x^2+y^2+z^2-xy+xz+yz-x+2y+z=6.$$

例 3.4.5　证明方程 $4x^2+25y^2+z^2+4xz-20x-10z=0$ 所表示的曲面是柱面.

证明　把原方程改写为

$$(2x+z)(2x+z-10)=-25y^2,$$

引入参数 λ 有

$$\begin{cases} 2x+z=5\lambda y, \\ \lambda(2x+z-10)=-5y, \end{cases}$$

这是一族直线，且这族直线的方向向量为

$$X:Y:Z=\begin{vmatrix} -5\lambda & 1 \\ 5 & \lambda \end{vmatrix}:\begin{vmatrix} 1 & 2 \\ \lambda & 2\lambda \end{vmatrix}:\begin{vmatrix} 2 & -5\lambda \\ 2\lambda & 5 \end{vmatrix}=1:0:-2.$$

所以原方程表示的曲面由一族平行直线生成，因此曲面是一个柱面. 原方程表示的曲面是一个以 $\begin{cases} z=0, \\ 4x^2+25y^2-20x=0 \end{cases}$ 为准线，母线方向为 $1:0:-2$ 的柱面.

特殊柱面及射影柱面方程讨论视频扫码

例 3. 4. 6 求以坐标平面 xOy 上的曲线 $C:\begin{cases} F(x,y)=0, \\ z=0 \end{cases}$ 为准线，以 z 轴的方向 $\vec{V}=(0,0,1)$ 为方向的柱面方程.

解 如图 3-4-5 所示，设曲面上任意一点为 $P(x,y,z)$，点 P 所在直母线与准线 C 的交点为 $P_1(x_1,y_1,z_1)$，由于柱面方向为 $\vec{V}=(0,0,1)$，所以直母线方程为

$$\frac{x-x_1}{0}=\frac{y-y_1}{0}=\frac{z-z_1}{1}.$$

因为点 $P_1(x_1,y_1,z_1)$ 满足准线 C，因此有

$$\begin{cases} F(x_1,y_1)=0, \\ z_1=0, \end{cases}$$

所以将 $x_1=x$，$y_1=y$ 代入上式可得所求的柱面方程为 $F(x,y)=0$.

由例 3. 4. 6 可知，类似地可以给出以 x 轴、y 轴为方向的柱面方程.

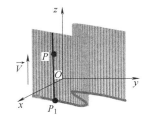

图 3-4-5

定理 3. 4. 1 在空间直角坐标系中，只含两个元(坐标)的三元方程所表示的曲面是一个柱面，它的母线平行于所缺元(坐标)的同名坐标轴.

此定理可用来判别平行于坐标轴的柱面方程.

例如 $\dfrac{x^2}{a^2}+\dfrac{y^2}{b^2}=1$，$\dfrac{x^2}{a^2}-\dfrac{y^2}{b^2}=1$，$x^2=2py$，$y=kx$ 分别表示母线平行于 z 轴的椭圆柱面(见图 3-4-6)、双曲柱面(见图 3-4-7)、抛物柱面(见图 3-4-8)和平面(见图 3-4-9).

图 3-4-6

图 3-4-7

定义 3.4.2 已知空间定曲线 C 及平面 π，从 C 的每一点向平面 π 作垂线（见图 3-4-10），由所有的垂足组成的曲线 C_1 叫作曲线 C 在平面 π 上的**射影曲线**（射影），由所有的垂线组成的柱面叫作曲线 C 在平面 π 上的**射影柱面**.

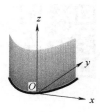

图　3-4-8

图　3-4-9

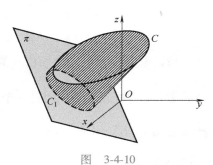

图　3-4-10

例 3.4.7 求空间曲线 $C:\begin{cases}F(x,y,z)=0,\\G(x,y,z)=0\end{cases}$ 在坐标平面 xOy 上的射影曲线及射影柱面方程.

解 如图 3-4-11 所示，设曲面上任意一点 $P(x,y,z)$，点 P 所在直母线与准线的交点为 $P_1(x_1,y_1,z_1)$，由于柱面方向为 $\vec{V}=(0,0,1)$，所以直母线方程为

$$\frac{x-x_1}{0}=\frac{y-y_1}{0}=\frac{z-z_1}{1}.$$

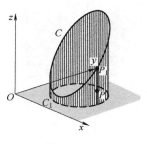

图　3-4-11

因 $P_1(x_1,y_1,z_1)$ 满足

$$C:\begin{cases}F(x_1,y_1,z_1)=0,\\G(x_1,y_1,z_1)=0,\end{cases}$$

消掉 x_1，y_1，z_1 可得 C 在坐标平面 xOy 上的射影柱面方程为

$$H(x,y)=0,$$

C 在坐标平面 xOy 上的射影曲线方程为

$$\begin{cases}H(x,y)=0,\\z=0.\end{cases}$$

我们知道空间曲线

$$C:\begin{cases}F(x,y,z)=0,\\G(x,y,z)=0\end{cases}$$

的一般方程并不唯一，三元方程中缺少一个变量时表示柱面方程，因此我们把此曲线方程转换为等价的方程组

$$C:\begin{cases}H_1(x,y)=0,\\H_2(x,z)=0,\end{cases}$$

这里第一个方程不含变量 z，第二个方程不含变量 y. 于是曲线 C 表示两个柱面 $H_1(x,y)=0$ 和 $H_2(x,z)=0$ 的交线. 这两个柱面都称为曲线 C 的射影柱面. 显然利用射影柱面来作曲线的图形更加清楚.

例 3.4.8　　求空间曲线

$$C:\begin{cases} x^2+(y-1)^2+(z-1)^2=1, \\ x^2+y^2+z^2=1 \end{cases}$$

在三个坐标面上的射影柱面.

解　曲线方程改写为

$$\begin{cases} x^2+y^2+z^2=1, \\ y+z-1=0, \end{cases}$$

所以曲线 C 在坐标面 xOy、坐标面 xOz 上的射影柱面分别为

$$x^2+2y^2-2y=0, \quad x^2+2z^2-2z=0,$$

在坐标面 yOz 上的射影柱面为 $y+z-1=0(0\le y\le 1)$.

例 3.4.9　　证明方程 $x^2+y^2+z^2+2xz-1=0$ 表示一个柱面.

证明　取曲面与坐标面 xOy 的交线 C 为准线

$$C:\begin{cases} x^2+y^2+z^2+2xz-1=0, \\ z=0, \end{cases}$$

以 $\vec{V}=(X,Y,Z)$ 为母线方向，在准线上取点 $P_1(x_1,y_1,0)$，那么过点 P_1 的母线为

$$\frac{x-x_1}{X}=\frac{y-y_1}{Y}=\frac{z}{Z}, \tag{3.4.6}$$

且有

$$x_1^2+y_1^2-1=0. \tag{3.4.7}$$

由式(3.4.6)得

$$x_1=x-\frac{X}{Z}z, \quad y_1=y-\frac{Y}{Z}z,$$

代入式(3.4.7)得柱面方程为

$$x^2+y^2+\left(\frac{X^2}{Z^2}+\frac{Y^2}{Z^2}\right)z^2-2\frac{X}{Z}xz-2\frac{Y}{Z}yz-1=0,$$

与原方程比较，并取 $\dfrac{X}{Z}=-1$，$\dfrac{Y}{Z}=0$，即取

$$X:Y:Z=1:0:-1,$$

所以原方程是以 $C:\begin{cases} x^2+y^2-1=0, \\ z=0 \end{cases}$ 为准线，母线方向为 $\vec{V}=(1,0,-1)$ 的柱面方程.

3.4.3 锥面

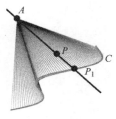

锥面及锥面方程
建立视频扫码

图 3-4-12

定义 3.4.3 由通过空间一定点且与一条定曲线相交的一族直线组成的曲面叫作**锥面**，定点叫作锥面的**顶点**，定曲线叫作**准线**，这族直线中的每一条直线都叫作它的**母线**.

锥面由它的顶点和准线完全确定，但锥面的准线并不唯一.

如图 3-4-12 所示，设锥面的准线方程为

$$C:\begin{cases} F(x,y,z)=0, \\ G(x,y,z)=0, \end{cases}$$

顶点为 $A(a,b,c)$，直母线上的任意一点 $P(x,y,z)$，过点 A，P 的直母线与准线 C 的交点设为 $P_1(x_1,y_1,z_1)$.

直母线方程可写成

$$\frac{x-a}{x_1-a}=\frac{y-b}{y_1-b}=\frac{z-c}{z_1-c},$$

把直母线方程改写成参数方程形式可得

$$\begin{cases} x_1=a+\dfrac{x-a}{t}, \\ y_1=b+\dfrac{y-b}{t}, \quad (t\in\mathbf{R}), \\ z_1=c+\dfrac{z-c}{t}, \end{cases}$$

将 x_1，y_1，z_1 代入准线方程可得

$$C:\begin{cases} F\left(a+\dfrac{x-a}{t},b+\dfrac{y-b}{t},c+\dfrac{z-c}{t}\right)=0, \\ G\left(a+\dfrac{x-a}{t},b+\dfrac{y-b}{t},c+\dfrac{z-c}{t}\right)=0, \end{cases}$$

再消掉 t，最后得锥面方程为

$$H(x,y,z)=0.$$

例 3.4.10 求以原点为顶点、准线为

$$C:\begin{cases} \dfrac{x^2}{a^2}+\dfrac{y^2}{b^2}=1, \\ z=c \end{cases}$$

的锥面方程.

解 设 $P_1(x_1,y_1,z_1)$ 为准线上一点，那么过点 $P_1(x_1,y_1,z_1)$ 的直母线为

$$\frac{x}{x_1}=\frac{y}{y_1}=\frac{z}{z_1},$$

因为 $P_1(x_1, y_1, z_1)$ 是准线上的点, 所以

$$\begin{cases} \dfrac{x_1^2}{a^2} + \dfrac{y_1^2}{b^2} = 1, \\ z_1 = c, \end{cases}$$

从而可得

$$x_1 = c\,\frac{x}{z}, \qquad y_1 = c\,\frac{y}{z},$$

消去参数可得所求的锥面方程为

$$\frac{x^2}{a^2} + \frac{y^2}{b^2} - \frac{z^2}{c^2} = 0.$$

这个锥面叫作二次锥面.

例 3.4.11　试求满足顶点在 $A(5,0,0)$, 并与球面 $x^2+y^2+z^2=1$ 外切于一圆的锥面方程.

　　解法 1　由题意知, 所求锥面为圆锥面 S, 其轴线方程为

$$L: \frac{x}{1} = \frac{y}{0} = \frac{z}{0},$$

母线方向为 $\vec{V} = (1,0,0)$, 半顶角 θ 满足 $\sin\theta = \dfrac{1}{5}$. 于是对 $\forall P(x, y, z) \in S$, 有

$$\frac{\overrightarrow{AP} \cdot \vec{V}}{|\overrightarrow{AP}| \cdot |\vec{V}|} = \pm\cos\theta = \pm\frac{2\sqrt{6}}{5},$$

亦即

$$\frac{x-5}{\sqrt{(x-5)^2 + y^2 + z^2}} = \pm\frac{2\sqrt{6}}{5}.$$

解得

$$S: x^2 - 24y^2 - 24z^2 - 10x + 25 = 0.$$

　　解法 2　由题意知, 外切圆为 $x=k$ 与球面的交线, 即

$$C: \begin{cases} x^2 + y^2 + z^2 = 1, \\ x = k, \end{cases}$$

于是 $\dfrac{1}{5} = \dfrac{k}{1}$, 所以 $k = \dfrac{1}{5}$. 从而

$$C: \begin{cases} x^2 + y^2 + z^2 = 1, \\ x = \dfrac{1}{5} \end{cases}$$

为所求锥面 S 的一条准线.

　　设 $P_1(x_1, y_1, z_1)$ 为准线 C 上任一点, P_1 的母线方程为

$$\frac{x-5}{x_1-5}=\frac{y-0}{y_1-0}=\frac{z-0}{z_1-0},$$

且 $P_1(x_1,y_1,z_1)$ 满足

$$\begin{cases} x_1^2+y_1^2+z_1^2=1, \\ x_1=\dfrac{1}{5}. \end{cases}$$

消去 x_1，y_1，z_1 得

$$S:x^2-24y^2-24z^2-10x+25=0.$$

定义 3.4.4　函数 $F(x,y,z)$ 满足 $F(tx,\,ty,\,tz)=t^nF(x,y,z)$，则称 $F(x,y,z)$ 是关于 x，y，z 的 n **次齐次函数**，$F(x,y,z)=0$ 称为关于 x，y，z 的 n **次齐次方程**.

定理 3.4.2　关于 x，y，z 的 n 次齐次方程表示以坐标原点为顶点的锥面.

证明　设 $F(x,y,z)=0$ 是关于 x，y，z 的 n 次齐次方程，则由齐次方程的定义 3.4.4 可知原点是此方程的一个解，即 $F(0,0,0)=0$. 曲面上任意一点用 $P(x_1,y_1,z_1)$ 来表示，则直线 OP 上的点可表示为 (tx_1,ty_1,tz_1)，由齐次方程的定义可知直线 OP 上所有点都在此曲面上，从而曲面由过原点的直线所构成，因此为锥面.

推论 3.4.1　关于 $x-x_0$，$y-y_0$，$z-z_0$ 的齐次方程表示顶点在 (x_0,y_0,z_0) 的锥面.

例如，方程

$$(x-z)^3+(y-z)^3=(x-y)(y-z)(z-x),\quad (x^2+y^2+z^2)z^2=x^2y^2$$

均表示以原点为顶点的锥面，它们的准线依次可取

$$C_1:\begin{cases} (x-1)^3+(y-1)^3=(x-y)(y-1)(1-x), \\ z=1, \end{cases}$$

$$C_2:\begin{cases} (1+y^2+z^2)z^2=y^2, \\ x=1. \end{cases}$$

反之，有下面的定理.

定理 3.4.3　以原点为顶点的锥面，它的方程一定是关于 x，y，z 的齐次方程.

证明　因为我们总可以取平面与锥面的交线为准线，并不妨设 z 轴垂直于准线所在的平面，那么这时的准线方程为

$$C:\begin{cases} f(x,y)=0, \\ z=h, \end{cases} (h\neq 0),$$

从而这个锥面的方程为

$$f\left(\frac{hx}{z},\frac{hy}{z}\right)=0.$$

而对于函数 $f\left(\dfrac{hx}{z},\dfrac{hy}{z}\right)$，显然有

$$f\left(\frac{htx}{tz},\frac{hty}{tz}\right)=t^0 f\left(\frac{hx}{z},\frac{hy}{z}\right),$$

因此 $f\left(\dfrac{hx}{z},\dfrac{hy}{z}\right)$ 是一个零次齐次函数.

若 $f\left(\dfrac{hx}{z},\dfrac{hy}{z}\right)=0$ 是一个关于 $\dfrac{hx}{z}$，$\dfrac{hy}{z}$ 的 n 次多项式，则可化为关于 x，y，z 的 n 次齐次方程. 也就是说顶点为原点的锥面方程是齐次的.

例 3.4.12　设 S 为椭圆抛物面 $z=3x^2+4y^2+1$，从原点作 S 的切锥面，求切锥面的方程.

解　如图 3-4-13 所示，设原点为 O，$P(x,y,z)$ 为切锥面上的点（非原点）. 从而落在过点 O，P 的直线上的点可表示为 $P_1(tx,ty,tz)$.

又在过点 O，P 的直线上存在唯一一点使得该点落在椭圆抛物面 S 上，即存在唯一的 t 使得 (tx,ty,tz) 满足椭圆抛物面 S 的方程，因此有

$$tz=(3x^2+4y^2)t^2+1,$$

此方程为关于 t 的二次方程且只有一个重根，于是有判别式

$$\Delta=z^2-4(3x^2+4y^2)=0,$$

这就是所求切锥面的方程.

例 3.4.12 的
求解视频扫码

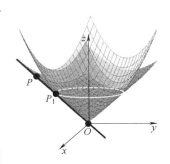

图　3-4-13

3.4.4　旋转曲面

定义 3.4.5　一条空间曲线 C 绕着一条定直线 L 旋转一周所产生的曲面叫作**旋转曲面**. 曲线 C 叫作它的**母曲线**，定直线 L 叫作它的**旋转轴**.

如图 3-4-14 所示，母曲线 C 上的任一点 P 在旋转时形成一个圆，此圆垂直于旋转轴 L 且与母曲线 C 相交，称为**纬圆**. 每一个以旋转轴 L 为边缘的半平面与旋转曲面的交线叫作**经线**. 经线在旋转中都能彼此重合.

旋转曲面及旋
转曲面方程建
立视频扫码

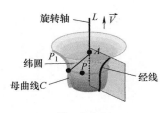

图　3-4-14

设给出的母曲线方程为 $C:\begin{cases} F(x,y,z)=0, \\ G(x,y,z)=0, \end{cases}$ 曲面上的任一点 $P(x,y,z)$ 绕直线 L 旋转形成的纬圆与母曲线 C 的交点设为 $P_1(x_1, y_1, z_1)$，旋转轴 L 过点 $A(a,b,c)$ 且方向向量为 $\vec{V}=(X,Y,Z)$，下面建立旋转曲面方程.

母曲线 C 上的点 $P_1(x_1,y_1,z_1)$ 所形成的纬圆可由以 $A(a,b,c)$ 为中心，以 $|AP_1|$ 为半径的球面和过 P_1 且与轴 L 垂直的平面相交得到. 因此纬圆方程如下：

$$C_1:\begin{cases} (x-a)^2+(y-b)^2+(z-c)^2=(x_1-a)^2+(y_1-b)^2+(z_1-c)^2, \\ X(x-x_1)+Y(y-y_1)+Z(z-z_1)=0, \end{cases}$$

点 P_1 又在母曲线 C 上，因此满足

$$C:\begin{cases} F(x_1,y_1,z_1)=0, \\ G(x_1,y_1,z_1)=0, \end{cases}$$

消去参数 x_1，y_1，z_1，可得旋转曲面方程为

$$H(x,y,z)=0.$$

例 3.4.13　求直线 $L_1:x-1=\dfrac{y}{-3}=\dfrac{z}{3}$ 绕轴 $L_2:\dfrac{x}{2}=\dfrac{y}{1}=\dfrac{z}{-2}$ 旋转所得的旋转曲面方程.

解　轴 $L_2:\dfrac{x}{2}=\dfrac{y}{1}=\dfrac{z}{-2}$ 过原点，设母线 L_1 上一点为 $P_1(x_1,y_1,z_1)$，从而过点 P_1 的纬圆方程为

$$\begin{cases} x^2+y^2+z^2=x_1^2+y_1^2+z_1^2, \\ 2(x-x_1)+(y-y_1)-2(z-z_1)=0, \end{cases}$$

而点 P_1 又是直母线 L_1 上的点，因此满足

$$x_1-1=\frac{y_1}{-3}=\frac{z_1}{3},$$

引入参数 t 可得

$$x_1=1+t,\ y_1=-3t,\ z_1=3t \qquad (t\in\mathbf{R}),$$

代入纬圆方程消去 t 可得旋转曲面方程为

$$x^2+y^2+z^2=\frac{1}{49}(2x+y-2z-9)^2+\frac{18}{49}(2x+y-2z-2)^2.$$

接下来看一下常见的特殊旋转曲面. 母线为某个坐标平面上的曲线，旋转轴为该坐标平面上的一个坐标轴.

例如，母曲线为 $C:\begin{cases} F(y,z)=0, \\ x=0 \end{cases}$ 旋转轴为 y 轴的旋转曲面方程.

特殊旋转曲面
方程及应用讲
解视频扫码

y 轴的方程为 $\dfrac{x}{0}=\dfrac{y}{1}=\dfrac{z}{0}$，在母曲线 C 上任取一点 $P_1(x_1,y_1,z_1)$，

则过点 $P_1(x_1,y_1,z_1)$ 的纬圆方程为 $\begin{cases} x^2+y^2+z^2=x_1^2+y_1^2+z_1^2, \\ y-y_1=0. \end{cases}$ 又因为

$P_1(x_1,y_1,z_1)$ 是母线上的点，所以有 $\begin{cases} F(y_1,z_1)=0, \\ x_1=0. \end{cases}$ 消去参数，解

得曲面方程为

$$F(y,\pm\sqrt{x^2+z^2})=0.$$

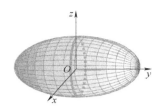

图　3-4-15

同样方法，可得 xOy 面上的曲线 $\begin{cases} F(x,y)=0, \\ z=0, \end{cases}$ 绕 x 轴旋转所得

曲面方程为

$$F(x,\pm\sqrt{y^2+z^2})=0;$$

绕 y 轴旋转所得曲面方程为

$$F(\pm\sqrt{x^2+z^2},y)=0.$$

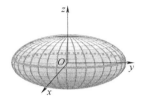

图　3-4-16

于是在求坐标平面上的一条曲线绕该坐标面上的一条坐标轴旋转所得的曲面方程中，保留与旋转轴同名的变量不动，而把另一个变量换成与旋转轴不同名的另两个变量的平方和的平方根.

（1）将椭圆 $\begin{cases} \dfrac{y^2}{a^2}+\dfrac{z^2}{b^2}=1, \\ x=0, \end{cases}$ $(a>b>0)$ 分别绕长轴 y 轴及短轴 z 轴

旋转所得的旋转曲面方程为 $\dfrac{y^2}{a^2}+\dfrac{x^2+z^2}{b^2}=1$（见图 3-4-15）和 $\dfrac{x^2+y^2}{a^2}+$

$\dfrac{z^2}{b^2}=1$（见图 3-4-16），称为**旋转椭球面**.

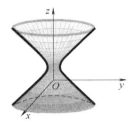

图　3-4-17

（2）将双曲线 $\begin{cases} \dfrac{y^2}{b^2}-\dfrac{z^2}{c^2}=1, \\ x=0, \end{cases}$ $(b>0,c>0)$ 绕 z 轴旋转所得的曲面

方程为 $\dfrac{x^2+y^2}{b^2}-\dfrac{z^2}{c^2}=1$（见图 3-4-17），称为**旋转单叶双曲面**；绕 y 轴

旋转所得的曲面为方程为 $\dfrac{y^2}{b^2}-\dfrac{x^2+z^2}{c^2}=1$（见图 3-4-18），称为**旋转双**

叶双曲面.

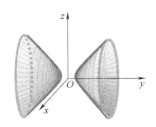

图　3-4-18

（3）将抛物线 $\begin{cases} y^2=2pz, \\ x=0, \end{cases}$ $(p>0)$ 绕 z 轴旋转所得的曲面方程为

$x^2+y^2=2pz$（见图 3-4-19），称为**旋转抛物面**.

（4）将直线 $\begin{cases} y=R, \\ x=0, \end{cases}$ $(R>0)$ 与直线 $\begin{cases} y=kz, \\ x=0, \end{cases}$ $(k>0)$ 绕 z 轴旋转所

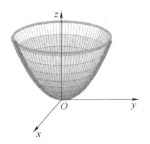

图　3-4-19

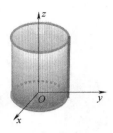

图　3-4-20

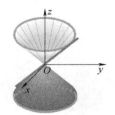

图　3-4-21

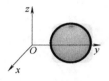

图　3-4-22

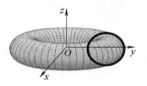

图　3-4-23

得的曲面方程为 $x^2+y^2=R^2$（见图 3-4-20）和 $x^2+y^2=k^2z^2$（见图 3-4-21），分别为直圆柱面和直圆锥面.

（5）将圆 $\begin{cases}(y-b)^2+z^2=a^2,\\ x=0,\end{cases}$ （$b>a>0$）绕 y 轴旋转所得的曲面为球面，其方程为 $(y-b)^2+x^2+z^2=a^2$（见图 3-4-22）；绕 z 轴旋转所得的曲面为环面，其方程为 $(x^2+y^2+z^2+b^2-a^2)^2=4b^2(x^2+y^2)$（见图 3-4-23）.

下面讨论由参数方程给出的空间曲线绕坐标轴旋转所得的曲面方程.

例 3.4.14　求空间曲线 $C:\begin{cases}x=\varphi(t),\\ y=\psi(t),\quad (a\leqslant t\leqslant b) 绕\ z\ 轴旋转所\\ z=\omega(t),\end{cases}$

得的曲面方程.

解　设点 $P(x,y,z)$ 为曲面上任一点，此点绕 z 轴旋转形成的纬圆与曲线 C 的交点设为 $P_1(\varphi(t),\psi(t),\omega(t))$，引入参数 θ 为点 $P(x,y,z)$ 旋转时与 x 轴正半轴形成的有向角. 点 $P(x,y,z)$ 和点 $P_1(\varphi(t),\psi(t),\omega(t))$ 与 z 轴距离相等，在 z 轴的高度一样. 代入坐标可得

$$\begin{cases}x=\sqrt{\varphi^2(t)+\psi^2(t)}\ \cos\theta,\\ y=\sqrt{\varphi^2(t)+\psi^2(t)}\ \sin\theta,\quad (a\leqslant t\leqslant b,0\leqslant\theta<2\pi),\\ z=\omega(t),\end{cases}$$

这就是所求旋转曲面的参数方程.

类似地，可以给出空间曲线 C 绕 x 轴旋转、绕 y 轴旋转所得曲面的参数方程.

特别地，当曲线取坐标面上的半圆

$$C:\begin{cases}x=R\cos t,\\ y=R\sin t,\quad (0\leqslant t\leqslant\pi),\\ z=0,\end{cases}$$

它绕 x 轴旋转时，可得球面的参数方程为

$$\begin{cases}x=R\cos t,\\ y=R\sin t\cos\theta,\quad (0\leqslant t\leqslant\pi,0\leqslant\theta<2\pi).\\ z=R\sin t\sin\theta,\end{cases}$$

例 3.4.15　求直线 $L:\dfrac{x}{1}=\dfrac{y-1}{0}=\dfrac{z}{1}$ 绕 z 轴旋转一周所得的曲面方程.

解　把直线 L 的方程改写成参数方程

$$\begin{cases} x=t, \\ y=1, \quad (t \in \mathbf{R}), \\ z=t, \end{cases}$$

再绕 z 轴旋转可得曲面的参数方程为

$$\begin{cases} x=\sqrt{t^2+1}\cos\theta, \\ y=\sqrt{t^2+1}\sin\theta, \quad (t \in \mathbf{R}, 0 \leqslant \theta < 2\pi), \\ z=t, \end{cases}$$

消参后可得曲面方程为 $x^2+y^2-z^2=1$，为旋转单叶双曲面.

习题 3.4

1. 下列方程表示何种曲面？若表示柱面，则指出母线的方向及一条准线的方程.

（1）$(x-2)^2+(y+3)^2=9$；　（2）$9x^2-4y^2=36$；

（3）$4x^2-y=0$；　　　　　　（4）$2x^2+3y^2=0$.

2. 设柱面的准线方程为 $C:\begin{cases} x^2+y^2+z^2=1, \\ 2x^2+2y^2+z^2=2, \end{cases}$ 而直母线的方向为 $\vec{V}=(-1,0,1)$，求此柱面的方程.

3. 求维维安尼曲线 $\begin{cases} x^2+y^2+z^2=4, \\ x^2+y^2-2x=0 \end{cases}$ 在各坐标面上的射影曲线.

4. 已知球面 $x^2+y^2+z^2=1$ 的外切柱面的直母线重直于平面 $x+y-5=0$，求这个柱面的方程.

5. 柱面准线是 $C:\begin{cases} x^2+y^2=1, \\ z=0, \end{cases}$ 直母线方向为 $\vec{V}=(X,Y,Z)$，$(Z \neq 0)$，求此柱面方程.

6. 求下列空间曲线对三个坐标面的射影柱面方程.

（1）$\begin{cases} x^2+z^2-3yz-2x+3z-3=0, \\ y-z+1=0; \end{cases}$

（2）$\begin{cases} x+2y+6z=5, \\ 3x-2y-10z=7. \end{cases}$

7. 求曲线 $C:\begin{cases} x^2+y^2+z^2=1, \\ 2x+y=0 \end{cases}$ 在坐标面 xOz，xOy 上的射影柱面及射影曲线.

8. 下列方程是否表示锥面？若是锥面，则指出它的顶点的坐标及一条准线的方程.

（1）$3x^2=2yz$；（2）$x^2-2y^2+3z^2-2x+8y-7=0$.

9. 求以 $A(3,-1,-2)$ 为顶点，准线为 $C:\begin{cases} x^2+y^2-z^2=1, \\ x-y+z=0 \end{cases}$ 的锥面方程.

10. 试求以空间曲线 $C:\begin{cases} x^2+y^2+(z-5)^2=9, \\ z=4 \end{cases}$ 为准线，顶点在坐标原点的锥面方程.

11. 已知平面 $\pi:\dfrac{x}{a}+\dfrac{y}{b}+\dfrac{z}{c}=1$ 顺次交三坐标轴于点 A，B，C，试求：以 A，B，C 三点确定的圆为准线，原点为顶点的锥面方程.

12. 说明下列方程表示何种曲面.

（1）$z=\dfrac{1}{x^2+y^2}$；　　　（2）$xy+yz+zx=0$.

13. 求直线 $L:\dfrac{x-1}{1}=\dfrac{y}{1}=\dfrac{z-1}{1}$ 在平面 $\pi:x-y+2z-1=0$ 上的投影直线 L_0 的方程，并求 L_0 绕 y 轴旋转一周所成曲面的方程.

14. 求证 $yz+zx+xy=a^2$ 是旋转曲面，并求旋转轴.

15. 给出圆 $C:\begin{cases} (x-a)^2+z^2=b^2, \\ y=0, \end{cases}$ $(a>b>0)$ 绕 z 轴旋转所得曲面的参数方程.

16. 求直线 $L_1:\dfrac{x}{2}=\dfrac{y}{1}=\dfrac{z-1}{0}$ 绕直线 $L_2:x=y=z$ 旋转一周所得的曲面方程.

17. 证明方程

$$5x^2+5y^2+2z^2-8xy-2xz-2yz+20x+20y-40z-16=0$$ 表示的曲面是一个柱面.

习题 3.4 第 17 题
讲解视频扫码

18. 求与两直线 $L_1:\dfrac{x-6}{3}=\dfrac{y}{2}=\dfrac{z-1}{1}$ 与 $L_2:\dfrac{x}{3}=\dfrac{y-8}{2}=\dfrac{z+4}{-2}$ 都相交, 且与平面 $\pi:2x+3y-5=0$ 平行的直线 L 的轨迹.

3.5 二次曲面

> 三元二次方程
>
> $$a_{11}x^2+a_{22}y^2+a_{33}z^2+2a_{12}xy+2a_{13}xz+2a_{23}yz+2b_1x+2b_2y+2b_3z+c=0$$
>
> 所表示的曲面, 叫作**二次曲面**.

椭球面与双曲面
讲解视频扫码

二次曲面的方程都可通过坐标变换化为不含交叉项 xy, yz, xz 的形式, 再经过坐标平移, 最终可化为 17 种标准形式之一. 具体的化简会在后面章节学习, 本节我们从二次曲面的标准方程出发, 介绍椭球面、两种双曲面、两种抛物面及椭圆锥面, 通过用一组平行平面截取曲面, 分析截口曲线形状, 进而分析其几何特征及图像.

3.5.1 椭球面

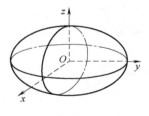

图 3-5-1

> **定义 3.5.1** 在空间直角坐标系下, 由方程
>
> $$\frac{x^2}{a^2}+\frac{y^2}{b^2}+\frac{z^2}{c^2}=1 \quad (a\geqslant b\geqslant c) \qquad (3.5.1)$$
>
> 所确定的曲面称为**椭球面**(见图 3-5-1). 特别地, 当 a, b, c 有两个相等时, 表示**旋转椭球面**, 当 $a=b=c$ 时表示**球面**.

(1) 由式(3.5.1)可知, $|x|\leqslant a$, $|y|\leqslant b$, $|z|\leqslant c$, 故曲面包含在六个平面 $x=\pm a$, $y=\pm b$, $z=\pm c$ 所围成的长方体中;

(2) x 用 $-x$, y 用 $-y$, z 用 $-z$ 来代替时, 式(3.5.1)不发生变化, 因此椭球面关于三个坐标轴、坐标平面及原点都是对称的;

(3) 曲面与三个坐标轴的交点分别为 $(\pm a,0,0)$, $(0,\pm b,0)$ 与 $(0,0,\pm c)$, 这六个点称为椭球面的顶点. a, b, c 分别为椭球面的长半轴、中半轴和短半轴.

(4) 用 $z=h$ 平面来截椭球面时(见图 3-5-2), 交线方程为

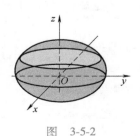

图 3-5-2

$$\begin{cases} \dfrac{x^2}{a^2}+\dfrac{y^2}{b^2}=1-\dfrac{z^2}{c^2}, \\ z=h. \end{cases} \qquad (3.5.2)$$

当 $h=0$ 时，式(3.5.2)表示坐标面 xOy 上的椭圆.

当 $h\neq0$，$h<c$ 时，式(3.5.2)表示平面 $z=h$ 上的一个椭圆，两个半轴长分别为 $a\sqrt{1-\dfrac{h^2}{c^2}}$，$b\sqrt{1-\dfrac{h^2}{c^2}}$，它们随 $|h|$ 的增大而减小.

当 $|h|=c$ 时，退化成 z 轴上的点 $(0,0,c)$，$(0,0,-c)$.

当 $|h|>c>0$ 时，$z=h$ 与曲面无交线.

同理可讨论用平面 $x=h$，$y=h$ 分别截椭球面所得交线的情况.

例 3.5.1　已知椭球面方程为 $\dfrac{x^2}{a^2}+\dfrac{y^2}{b^2}+\dfrac{z^2}{c^2}=1$　（$c<a<b$），求过 x 轴且与椭球面的交线是圆的平面.

解　设过 x 轴的平面为 $z=ky$，代入椭球面可得交线为

$$\begin{cases}\dfrac{x^2}{a^2}+\dfrac{c^2+b^2k^2}{b^2c^2}y^2=1\\z=ky\end{cases}.$$

若此交线为圆，则原点为圆心. 因交线关于 x 轴对称并且 $(\pm a,0,0)$ 在这条线上，故该圆可以看成以原点为球心，半径为 a 的球与平面 $z=ky$ 的交线，即

$$\begin{cases}\dfrac{x^2}{a^2}+\dfrac{1+k^2}{a^2}y^2=1,\\z=ky.\end{cases}$$

比较以上两式可得 $k^2=\dfrac{c^2(b^2-a^2)}{b^2(a^2-c^2)}$，故所求平面方程为

$$\frac{y}{b}\sqrt{b^2-a^2}\pm\frac{z}{c}\sqrt{a^2-c^2}=0.$$

3.5.2　双曲面

定义 3.5.2　在空间直角坐标系下，由方程

$$\frac{x^2}{a^2}+\frac{y^2}{b^2}-\frac{z^2}{c^2}=1\quad(a,b,c>0)\qquad(3.5.3)$$

所确定的曲面称为**单叶双曲面**（见图 3-5-3）. 特别地，当 $a=b$ 时，表示**旋转单叶双曲面**.

（1）曲面关于三个坐标面、三个坐标轴及原点均对称；

（2）曲面与 x 轴、y 轴分别交于点 $(\pm a,0,0)$ 及 $(0,\pm b,0)$，与 z 轴不相交；

（3）如图 3-5-4 所示，用平面 $z=h$ 去截曲面，所得方程为

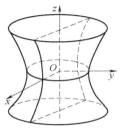

图　3-5-3

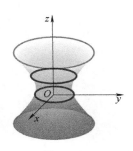

图 3-5-4

图 3-5-5

图 3-5-6

图 3-5-7

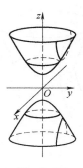

图 3-5-8

$$\begin{cases} \dfrac{x^2}{a^2}+\dfrac{y^2}{b^2}=1+\dfrac{h^2}{c^2}, \\ z=h. \end{cases} \qquad (3.5.4)$$

当 $h=0$ 时，式(3.5.4)表示坐标面 xOy 上的椭圆，称为单叶双曲面上的腰椭圆.

当 $h\neq 0$ 时，式(3.5.4)表示椭圆，它的两个半轴长分别为 $a\sqrt{1+\dfrac{h^2}{c^2}}$ 和 $b\sqrt{1+\dfrac{h^2}{c^2}}$，并随着 $|h|$ 的增大而增大.

当 $y=h$ 时，截面所得截线方程为

$$\begin{cases} \dfrac{x^2}{a^2}-\dfrac{z^2}{c^2}=1-\dfrac{h^2}{b^2}, \\ y=h. \end{cases} \qquad (3.5.5)$$

当 $h=|b|$ 时(见图 3-5-5)，式(3.5.5)表示两条相交直线，即

$$\begin{cases} \dfrac{x}{a}\pm\dfrac{z}{c}=0, \\ y=|b|. \end{cases}$$

当 $h<|b|$ 时(见图 3-5-6)，式(3.5.5)表示实轴平行于 x 轴，虚轴平行于 z 轴的双曲线，实半轴长为 $a\sqrt{1-\dfrac{h^2}{b^2}}$，虚半轴长为 $c\sqrt{1-\dfrac{h^2}{b^2}}$，其顶点 $\left(\pm a\sqrt{1-\dfrac{h^2}{b^2}},h,0\right)$ 在腰椭圆上.

当 $h>|b|$ 时(见图 3-5-7)，式(3.5.5)表示实轴平行于 z 轴，虚轴平行于 x 轴的双曲线，实半轴长为 $c\sqrt{\dfrac{h^2}{b^2}-1}$，虚半轴长为 $a\sqrt{\dfrac{h^2}{b^2}-1}$，其顶点 $\left(0,h,\pm c\sqrt{\dfrac{h^2}{b^2}-1}\right)$ 在坐标面 yOz 上的双曲线 $\dfrac{y^2}{b^2}-\dfrac{z^2}{c^2}=1$ 上.

类似地可讨论用平面 $x=h$ 截单叶双曲面的情况.

定义 3.5.3　在空间直角坐标系下，由方程
$$\frac{x^2}{a^2}+\frac{y^2}{b^2}-\frac{z^2}{c^2}=-1 \quad (a,b,c>0) \qquad (3.5.6)$$
所确定的曲面称为**双叶双曲面**(见图 3-5-8). 特别地，当 $a=b$ 时，表示**旋转双叶双曲面**.

（1）双叶双曲面关于三个坐标面、三个坐标轴及原点均对称；

（2）双叶双曲面与 z 轴相交于点 $(0,0,\pm c)$，与 x 轴和 y 轴无交点；

（3）用 $z=h$ 去截曲面所得曲线方程为

$$\begin{cases} \dfrac{x^2}{a^2}+\dfrac{y^2}{b^2}=\dfrac{h^2}{c^2}-1, \\ z=h. \end{cases} \quad (3.5.7)$$

当 $h<|c|$ 时，平面 $z=h$ 与曲面无交线．

当 $|h|=c$ 时，式（3.5.7）退化为点 $(0,0,c)$ 或 $(0,0,-c)$．

当 $|h|>c$ 时，式（3.5.7）表示椭圆，两个半轴长分别为

$a\sqrt{\dfrac{h^2}{c^2}-1}$ 和 $b\sqrt{\dfrac{h^2}{c^2}-1}$，并随着 $|h|$ 的增大而增大．

类似可讨论用 $x=h$ 和 $y=h$ 截双叶双曲面的情况，截痕均为双曲线．

3.5.3　椭圆锥面

定义 3.5.4　在空间直角坐标系下，由方程

$$\frac{x^2}{a^2}+\frac{y^2}{b^2}-\frac{z^2}{c^2}=0 \quad (a,b,c>0) \quad (3.5.8)$$

所确定的曲面称为**椭圆锥面**或**二次锥面**（见图 3-5-9）．特别地，当 $a=b$ 时为**直圆锥面**．

椭圆锥面与渐近锥面讲解视频扫码

（1）曲面关于三个坐标面、三个坐标轴及原点均对称；

（2）曲面与坐标轴交于原点．用平面 $z=h$ 去截曲面所得方程为

$$\begin{cases} \dfrac{x^2}{a^2}+\dfrac{y^2}{b^2}=\dfrac{h^2}{c^2}, \\ z=h. \end{cases} \quad (3.5.9)$$

当 $z\neq 0$ 时，截线为椭圆．

用每个过 z 轴的平面截曲面所得的截线为两条相交的直线．

平面上双曲线有渐近线，与之相仿，在空间中，双曲面有渐近锥面．

我们来考察二次锥面（3.5.8）与单叶双曲面（3.5.3）及双叶双曲面（3.5.6）之间的关系，这里三式中的 a，b，c 取值相同．

平面 $z=h$ 与这三个曲面的交线分别为式（3.5.9）、式（3.5.4）和式（3.5.7），当 $|h|>c$ 时，这三个交线都是椭圆，它们的两个半轴依次是

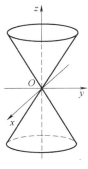

图　3-5-9

$$a_1 = \frac{a}{c}\,|h|\,, \quad b_1 = \frac{b}{c}\,|h|\,;$$

$$a_2 = \frac{a}{c}\sqrt{c^2+h^2}\,, \quad b_2 = \frac{b}{c}\sqrt{c^2+h^2}\,;$$

$$a_3 = \frac{a}{c}\sqrt{h^2-c^2}\,, \quad b_3 = \frac{b}{c}\sqrt{h^2-c^2}\,.$$

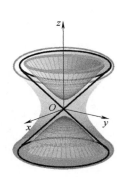

图 3-5-10

且对于一切的 $h(|h|>c)$，总有

$$a_3 < a_1 < a_2\,, \quad b_3 < b_1 < b_2\,,$$

即椭圆(3.5.9)总介于椭圆(3.5.7)和椭圆(3.5.4)之间(见图 3-5-10).

当 $h \to \infty$ 时，有

$$\lim_{h\to\infty}(a_2-a_3) = \lim_{h\to\infty}\frac{a}{c}(\sqrt{h^2+c^2}-\sqrt{h^2-c^2})$$

$$= \lim_{h\to\infty}\frac{2ac}{\sqrt{h^2+c^2}+\sqrt{h^2-c^2}} = 0.$$

同样有 $\lim\limits_{h\to\infty}(b_2-b_3) = 0$.

这说明，当 $|h|$ 无限增大时，单叶双曲面和双叶双曲面的截口椭圆无限接近，而锥面的截口椭圆总介于它们之间，所以这三个截口椭圆都无限接近. 换句话说，当无限地远离坐标面 xOy 时，单叶双曲面(3.5.3)和双叶双曲面(3.5.6)都与锥面(3.5.8)互相无限地逼近，我们称锥面(3.5.8)为单叶双曲面(3.5.3)和双叶双曲面(3.5.6)的**渐近锥面**，而双曲面(3.5.3)和双曲面(3.5.6)称为**一对共轭的双曲面**.

每个过 z 轴的平面交双曲面(3.5.3)和双曲面(3.5.6)于两条双曲线，而与锥面(3.5.8)相交所得的两条直线，恰好是上述两条双曲线的渐近线. 特别地，坐标面 xOz 交双曲面(3.5.3)和双曲面(3.5.6)得一对共轭双曲线

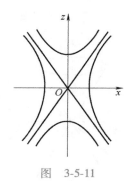

图 3-5-11

$$\begin{cases} \dfrac{x^2}{a^2} - \dfrac{z^2}{c^2} = \pm 1, \\[2mm] y = 0. \end{cases} \tag{3.5.10}$$

而与锥面(3.5.8)的交线为

$$\begin{cases} \dfrac{x^2}{a^2} - \dfrac{z^2}{c^2} = 0, \\[2mm] y = 0, \end{cases}$$

恰是共轭双曲线(3.5.10)的公共渐近线(见图 3-5-11).

3.5.4 抛物面

定义 3.5.5 在空间直角坐标系下，由方程

$$\frac{x^2}{a^2} + \frac{y^2}{b^2} = 2z \quad (a, b > 0)$$

所确定的曲面称为**椭圆抛物面**(见图 3-5-12). 特别地, 当 $a=b$ 时, 表示**旋转抛物面**.

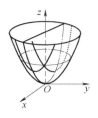

图　3-5-12

(1) 曲面在坐标面 xOy 的上方;

(2) 曲面关于坐标面 xOz、坐标面 yOz 以及 z 轴对称;

(3) 曲面与坐标轴交于原点;

(4) 用 $z=h$ 去截曲面所得的交线为

$$\begin{cases} \dfrac{x^2}{a^2}+\dfrac{y^2}{b^2}=2z, \\ z=h. \end{cases} \qquad (3.5.11)$$

它的顶点 $\left(h,0,\dfrac{h^2}{2a^2}\right)$ 在坐标面 xOz 的抛物线 $x^2=2a^2z$ 上, 因此椭圆抛物面可看成是抛物线(3.5.11)沿抛物线 $\begin{cases} x^2=2a^2z, \\ y=0 \end{cases}$ 平行移动所得的曲面.

类似地可以讨论曲面与平面 $y=h$ 相截的情况.

定义 3.5.6　由方程

$$\frac{x^2}{a^2}-\frac{y^2}{b^2}=2z \qquad (a,b>0)$$

所确定的曲面称为**双曲抛物面**, 也叫**马鞍面**.

(1) 曲面关于坐标面 yOz、坐标面 xOz 及 z 轴对称;

(2) 曲面与各坐标轴的交点为原点;

(3) 曲面与坐标面 xOz、yOz 的交线分别为 $\begin{cases} x^2=2a^2z, \\ y=0 \end{cases}$ 和 $\begin{cases} y^2=-2b^2z, \\ x=0, \end{cases}$ 均是抛物线(见图 3-5-13);

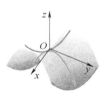

图　3-5-13

(4) 曲面与平面 $y=h$ 的交线也为抛物线, 其方程为 $\begin{cases} \dfrac{x^2}{a^2}-\dfrac{y^2}{b^2}=2z, \\ y=h. \end{cases}$ 它的顶点 $\left(0,h,-\dfrac{h^2}{2b^2}\right)$ 在坐标面 yOz 的抛物线 $y^2=-2b^2z$ 上. 当 h 变动时, 抛物线的形状没有发生变化, 因此整个双曲抛物面可看成抛物线 $\begin{cases} x^2=2a^2z, \\ y=0 \end{cases}$ 沿抛物线 $\begin{cases} y^2=-2b^2z, \\ x=0 \end{cases}$ 平行移动的轨迹(见图 3-5-14).

图　3-5-14

类似地, 可讨论曲面与平面 $x=h$ 相交的情况. 曲面可看成抛物

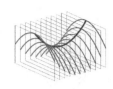

图 3-5-15

线 $\begin{cases} y^2 = -2b^2z, \\ x = 0 \end{cases}$ 沿抛物线 $\begin{cases} x^2 = 2a^2z, \\ y = 0 \end{cases}$ 平行移动的轨迹(见图 3-5-15).

(5) 曲面与平面 $z=h$ 的交线为

$$\begin{cases} \dfrac{x^2}{a^2} - \dfrac{y^2}{b^2} = 2z, \\ z = h. \end{cases} \tag{3.5.12}$$

当 $h>0$ 时(见图 3-5-16),式(3.5.12)表示实轴平行于 x 轴,虚轴平行于 y 轴的双曲线,顶点 $(\pm a\sqrt{2h},\ 0,\ h)$ 在坐标面 xOz 的抛物线 $x^2 = 2a^2z$ 上.

图 3-5-16

当 $h=0$ 时(见图 3-5-17),式(3.5.12)表示两条过原点的直线.

当 $h<0$ 时(见图 3-5-18),式(3.5.12)表示实轴平行于 y 轴,虚轴平行于 x 轴的双曲线,顶点 $(0,\pm b\sqrt{-2h},\ h)$ 在坐标面 yOz 的抛物线 $y^2 = -2b^2z$ 上.

当 h 由正到负,动态截痕如图 3-5-19 所示.

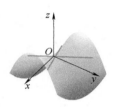

图 3-5-17

例 3.5.2 用一族平行于坐标面 xOz 的平面 $y=t$(t 为参数)截割双曲抛物面

$$\frac{x^2}{a^2} - \frac{y^2}{b^2} = 2z.$$

试证截线为一族全等的抛物线,并求出这族抛物线焦点的轨迹.

证明 一族平行平面截双曲抛物面的截线族方程为

$$\begin{cases} \dfrac{x^2}{a^2} - \dfrac{y^2}{b^2} = 2z, \\ y = t \end{cases} \Rightarrow \begin{cases} x^2 = 2a^2\left(z + \dfrac{y^2}{2b^2}\right), \\ y = t. \end{cases}$$

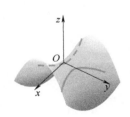

图 3-5-18

这是一族抛物线,而且所得的抛物线的焦参数 p 都相同,即 $p = a^2$,所以所有抛物线都是彼此全等的,因而它们是一族全等的抛物线,抛物线族的焦点坐标为

$$\begin{cases} x = 0, \\ y = t, \\ z = -\dfrac{t^2}{2b^2} + \dfrac{a^2}{2}, \end{cases}$$

消去参数 t,得焦点的轨迹方程为

$$\begin{cases} x = 0, \\ y^2 = -2b^2\left(z - \dfrac{a^2}{2}\right). \end{cases}$$

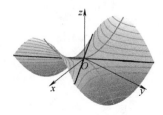

图 3-5-19

这是一条在坐标面 yOz 上的抛物线,顶点为 $\left(0,0,\dfrac{a^2}{2}\right)$,它恰是抛

物线

$$\begin{cases} y = 0, \\ x^2 = 2a^2 z \end{cases}$$

的焦点.

3.5.5　二次曲面标准方程小结

二次曲面的所有情形共有 17 种，它们的标准方程如下.

二次曲面标准方程
小结视频扫码

（1）椭球面　　　　$\dfrac{x^2}{a^2} + \dfrac{y^2}{b^2} + \dfrac{z^2}{c^2} = 1$；

（2）虚椭球面　　　$\dfrac{x^2}{a^2} + \dfrac{y^2}{b^2} + \dfrac{z^2}{c^2} = -1$；

（3）点　　　　　　$\dfrac{x^2}{a^2} + \dfrac{y^2}{b^2} + \dfrac{z^2}{c^2} = 0$；

（4）单叶双曲面　　$\dfrac{x^2}{a^2} + \dfrac{y^2}{b^2} - \dfrac{z^2}{c^2} = 1$；

（5）双叶双曲面　　$\dfrac{x^2}{a^2} + \dfrac{y^2}{b^2} - \dfrac{z^2}{c^2} = -1$；

（6）二次锥面　　　$\dfrac{x^2}{a^2} + \dfrac{y^2}{b^2} - \dfrac{z^2}{c^2} = 0$；

（7）椭圆抛物面　　$\dfrac{x^2}{a^2} + \dfrac{y^2}{b^2} = 2z$；

（8）双曲抛物面　　$\dfrac{x^2}{a^2} - \dfrac{y^2}{b^2} = 2z$；

（9）椭圆柱面　　　$\dfrac{x^2}{a^2} + \dfrac{y^2}{b^2} = 1$；

（10）虚椭圆柱面　　$\dfrac{x^2}{a^2} + \dfrac{y^2}{b^2} = -1$；

（11）直线　　　　　$\dfrac{x^2}{a^2} + \dfrac{y^2}{b^2} = 0$；

（12）双曲柱面　　　$\dfrac{x^2}{a^2} - \dfrac{y^2}{b^2} = 1$；

（13）相交平面　　　$\dfrac{x^2}{a^2} - \dfrac{y^2}{b^2} = 0$；

（14）抛物柱面　　　$y^2 = 2px$；

（15）一对平行平面　$x^2 = a^2$；

（16）一对虚平行平面　$x^2 = -a^2$；

（17）一对重合平面　$x^2 = 0$.

习题 3.5

1. 椭球面的主平面为三坐标平面，且通过椭圆
$$\begin{cases} \dfrac{x^2}{9}+\dfrac{z^2}{36}=1, \\ y=0 \end{cases}$$
和点 $(2,4,2)$，求此椭球面的方程.

2. 根据所给曲面方程，指出对应曲面的名称.

(1) $x^2+y^2-5z^2=0$;　　(2) $2x^2-y^2-z^2=-1$;

(3) $x^2+\dfrac{y^2}{4}=2z$;　　(4) $x^2-\dfrac{y^2}{4}=-2z$;

(5) $y^2=4$;　　(6) $xy=3$;

(7) $x^2+y^2=1$;　　(8) $\dfrac{x^2}{4}-\dfrac{y^2}{4}-z^2=1$.

3. 在直角坐标系中，求关于坐标面 xOy 与坐标面 yOz 对称，且经过抛物线 $\begin{cases} x^2-6y=0, \\ z=0 \end{cases}$ 与 $\begin{cases} z^2+4y=0, \\ x=0 \end{cases}$ 的二次曲面方程.

4. 就 λ 的值讨论下列方程表示哪种曲面.

(1) $3x^2-4y^2=5z^2+\lambda$;

(2) $z^2=\lambda(x^2+y^2)$;

(3) $\lambda x^2+2x+1+y^2=0$.

5. 求通过原点且与单叶双曲面 $\dfrac{x^2}{a^2}+\dfrac{y^2}{b^2}-\dfrac{z^2}{c^2}=1$ $(a>b>0,c>0)$ 的交线是圆的平面.

6. 将抛物线 $C:\begin{cases} x^2=4y, \\ z=0 \end{cases}$ 做平行移动，使得移动时顶点在抛物线 $\begin{cases} z^2=2y, \\ x=0 \end{cases}$ 上，求所得轨迹.

7. 用一族平行平面 $z=h$（h 为任意实数）截割单叶双曲面

$$\frac{x^2}{a^2}+\frac{y^2}{b^2}-\frac{z^2}{c^2}=1 \quad (a>b)$$

得一族椭圆，求椭圆族的焦点的轨迹.

8. 验证单叶双曲面与双曲抛物面的参数方程可分别写为

$$\begin{cases} x=a\sec u\cos v, \\ y=b\sec u\sin v, \\ z=c\tan u, \end{cases} \left(-\frac{\pi}{2}<u<\frac{\pi}{2}, 0\leqslant v<2\pi\right) \text{与}$$

$$\begin{cases} x=a(u+v), \\ y=\pm b(u-v), \\ z=2uv, \end{cases} (u,v\in\mathbf{R}).$$

9. 已知空间曲线方程为

$$C:\begin{cases} x=\sin 2\theta, \\ y=1-\cos 2\theta, \\ z=2\cos\theta, \end{cases} (0\leqslant\theta\leqslant 2\pi),$$

(1) 试证曲线 C 位于一个球面上，并求这个球面的方程；

(2) 曲线 C 位于一个圆柱面上，并求这个圆柱面的方程；

(3) 曲线 C 位于一个抛物柱面上，并求这个抛物柱面的方程.

10. 设椭圆抛物面的顶点是坐标原点，对称平面是坐标面 xOz 和坐标面 yOz，并经过点 $(1,2,5)$ 和点 $\left(\dfrac{1}{3},1,1\right)$，试求这个椭圆抛物面的方程.

11. 就 λ 的值讨论方程 $x^2+2y^2+\lambda z^2+2z+1=0$ 表示哪种曲面.

3.6 直纹面

3.6.1 直纹面的概念

定义 3.6.1　由一族直线构成的曲面称为**直纹面**，构成曲面的每一条直线称为直纹面的**直母线**.

　　一个曲面是直纹面当且仅当下面两个条件同时成立：一是曲面上存在一族直线，二是对曲面上的每一点必有族中的一条直线通过它.

　　曲线族生成曲面理论中，母曲线为直线时，生成曲面为直纹面. 例如之前所学的柱面（见图 3-6-1）和锥面（见图 3-6-2）都是直纹面.

图　3-6-1

图　3-6-2

例 3.6.1　　有两条互相垂直相交的直线 L_1 与 L_2，其中 L_1 绕着 L_2 做螺旋运动，即 L_1 一方面绕 L_2 做匀速转动，另一方面又沿着 L_2 做匀速直线运动，在运动中 L_1 永远保持与 L_2 垂直相交，这样由 L_1 所画出的曲面叫作**螺旋面**. 试建立螺旋面的方程.

　　解　　如图 3-6-3 所示，建立直角坐标系. 取 L_2 为 z 轴，L_1 的初始位置与 x 轴重合，设转动的角速度为 ω，等速直线速度为 v，那么 t s 后，直线 L_1 的转动角度为 ωt，直线运动的距离为 vt. 在直线 L_1 上取点 P，作坐标折线 $OMNP$，那么 t s 后点 P 的位置向量为

$$\vec{r}=\overrightarrow{OP}=\overrightarrow{OM}+\overrightarrow{MN}+\overrightarrow{NP}.$$

而

$$\overrightarrow{OM}=(ON\cos \omega t)\vec{i}=(O'P\cos \omega t)\vec{i},$$

$$\overrightarrow{MN}=(ON\sin \omega t)\vec{j}=(O'P\sin \omega t)\vec{j},$$

$$\overrightarrow{NP}=vt\vec{k},$$

所以

$$\vec{r}=(O'P\cos \omega t)\vec{i}+(O'P\sin \omega t)\vec{j}+vt\vec{k}.$$

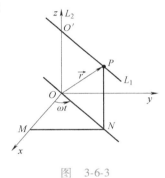

图　3-6-3

　　因为点 P 可以是 L_1 上的任意点，$O'P$ 也在变动，是一个参数，设 $O'P=u$，那么 L_1 的轨迹的向量式参数方程为

$$\vec{r}=(u\cos \omega t)\vec{i}+(u\sin \omega t)\vec{j}+vt\vec{k} \quad (-\infty <u,t<+\infty).$$

坐标式参数方程为

$$\begin{cases} x=u\cos \omega t, \\ y=u\sin \omega t, \quad (-\infty <u,t<+\infty). \\ z=vt, \end{cases}$$

　　如果再设 $\theta=\omega t$，$\dfrac{v}{\omega}=a$（常数），那么螺旋面的方程又可写为

$$\vec{r}=u\cos \theta\vec{i}+u\sin \theta\vec{j}+a\theta\vec{k} \quad (-\infty <\theta,u<+\infty),$$

或

$$\begin{cases} x=u\cos \theta, \\ y=u\sin \theta, \quad (-\infty <\theta,u<+\infty). \\ z=a\theta, \end{cases}$$

例 3.6.2 证明 $(x-z)^2+(y+z-a)^2=a^2$ 是柱面.

证明 方程改写为

$$(x-z)(x-z)=(y+z)(2a-y-z),$$

唯一一族直母线

$$\begin{cases} w(x-z)=u(y+z), \\ u(x-z)=w(2a-y-z), \end{cases}$$

其中 u，w 为不全为零的参数，因此可计算其方向向量为

$$\left(\begin{vmatrix} -u & -w-u \\ w & w-u \end{vmatrix}, \begin{vmatrix} -w-u & w \\ w-u & u \end{vmatrix}, \begin{vmatrix} w & -u \\ u & w \end{vmatrix} \right) = (w^2+u^2)(1,-1,1).$$

即方向为定方向，故它表示一个柱面.

二次曲面中，我们知道二次柱面与二次锥面可由直线生成，因此是直纹面. 除此之外是否还有其他二次曲面是直纹面呢? 事实上单叶双曲面与双曲抛物面可以看成由一族直线生成. 这个事实不是显而易见的，但是用解析的方法却容易证明.

3.6.2 单叶双曲面的直纹性

旋转单叶双曲面方程为

$$\frac{x^2}{a^2}+\frac{y^2}{a^2}-\frac{z^2}{c^2}=1,$$

与平面 $y=a$ 相截的交线是两条相交的直线

$$\begin{cases} \dfrac{x}{a}+\dfrac{z}{c}=0, \\ y=a \end{cases} \text{ 与} \begin{cases} \dfrac{x}{a}-\dfrac{z}{c}=0, \\ y=a, \end{cases}$$

由旋转曲面的内容可知，这两条直线中任一条绕 z 轴旋转都可得到此曲面. 这证明了过旋转单叶双曲面上每一点有两条直线，分别由上述两直线旋转到过这一点位置所得到. 因此旋转单叶双曲面上有两族直线，旋转单叶双曲面是直纹面.

下面从一般单叶双曲面的方程出发，证明它也是直纹面.

定理 3.6.1 单叶双曲面 $\dfrac{x^2}{a^2}+\dfrac{y^2}{b^2}-\dfrac{z^2}{c^2}=1$ 是直纹面(见图 3-6-4).

证明 单叶双曲面的方程可分解成

$$\left(\frac{x}{a}+\frac{z}{c} \right)\left(\frac{x}{a}-\frac{z}{c} \right) = \left(1+\frac{y}{b} \right)\left(1-\frac{y}{b} \right),$$

那么我们可以写成

单叶双曲面的
直母线族讲解
视频扫码

$$\begin{cases} u\left(\dfrac{x}{a}+\dfrac{z}{c}\right)=v\left(1+\dfrac{y}{b}\right), \\[2mm] v\left(\dfrac{x}{a}-\dfrac{z}{c}\right)=u\left(1-\dfrac{y}{b}\right), \end{cases} \tag{3.6.1}$$

图　3-6-4

其中 u，v 是参数，当 u，v 取所有可能的不同时为零的实数时，式(3.6.1)表示一直线族.

式(3.6.1)中 u，v 有一个为零时，如 $u=0$，则 $v\neq 0$，则 u，v 所决定的直线为

$$\begin{cases} 1+\dfrac{y}{b}=0, \\[2mm] \dfrac{x}{a}-\dfrac{z}{c}=0. \end{cases}$$

易知，此直线上的点的坐标都满足单叶双曲面的方程，说明直线在曲面上.

同理可讨论 $v=0$ 的情形.

式(3.6.1)中 u，v 全不为零时满足式(3.6.1)的点也满足单叶双曲面的方程. 因此式(3.6.1)表示的直线族在单叶双曲面上，即式(3.6.1)的每一条直线都在单叶双曲面上.

接下来证明曲面上的任意一点都有直线族上的一条直线通过.

设 $P_0(x_0,y_0,z_0)$ 是单叶双曲面上的一点，只要证明存在一组不全为零的实数 u_0，v_0，使得 P_0 在直线族表达式(3.6.1)中由 u_0，v_0 所决定的直线上，即

$$\begin{cases} u_0\left(\dfrac{x_0}{a}+\dfrac{z_0}{c}\right)=v_0\left(1+\dfrac{y_0}{b}\right), \\[2mm] v_0\left(\dfrac{x_0}{a}-\dfrac{z_0}{c}\right)=u_0\left(1-\dfrac{y_0}{b}\right), \end{cases}$$

即说明 u_0，v_0 满足

$$u_0:v_0=\left(1+\dfrac{y_0}{b}\right):\left(\dfrac{x_0}{a}+\dfrac{z_0}{c}\right)=\left(\dfrac{x_0}{a}-\dfrac{z_0}{c}\right):\left(1-\dfrac{y_0}{b}\right).$$

因为点 P_0 在单叶双曲面上，因此满足

$$\dfrac{x_0^2}{a^2}+\dfrac{y_0^2}{b^2}-\dfrac{z_0^2}{c^2}=1,$$

所以有

$$\left(1+\dfrac{y_0}{b}\right):\left(\dfrac{x_0}{a}+\dfrac{z_0}{c}\right)=\left(\dfrac{x_0}{a}-\dfrac{z_0}{c}\right):\left(1-\dfrac{y_0}{b}\right).$$

这说明我们可以取到一组 u_0，v_0 满足

$$u_0:v_0=\left(1+\dfrac{y_0}{b}\right):\left(\dfrac{x_0}{a}+\dfrac{z_0}{c}\right)=\left(\dfrac{x_0}{a}-\dfrac{z_0}{c}\right):\left(1-\dfrac{y_0}{b}\right).$$

当取定上述一组 u_0，v_0 时，式 (3.6.1) 所确定的直线就通过点 $P_0(x_0,y_0,z_0)$。

这样就证明了式 (3.6.1) 是单叶双曲面的一个直母线族，即单叶双曲面是直纹面。

由单叶双曲面方程出发，同样也可以写成另一种直线族的形式

$$\begin{cases} u'\left(\dfrac{x}{a}+\dfrac{z}{c}\right)=v'\left(1-\dfrac{y}{b}\right), \\ v'\left(\dfrac{x}{a}-\dfrac{z}{c}\right)=u'\left(1+\dfrac{y}{b}\right), \end{cases} \tag{3.6.2}$$

其中 u'，v' 是参数，取不同时为零的实数。同理也可证明式 (3.6.2) 也是单叶双曲面的一个直母线族。

从单叶双曲面的标准方程出发，还可以进行如下的因式分解：

$$\left(\dfrac{y}{b}+\dfrac{z}{c}\right)\left(\dfrac{y}{b}-\dfrac{z}{c}\right)=\left(1+\dfrac{x}{a}\right)\left(1-\dfrac{x}{a}\right),$$

再引入不全为零的两组参数 w，t 和 w'，t'，类似可给出另外两族直母线族

$$\begin{cases} w\left(\dfrac{y}{b}+\dfrac{z}{c}\right)=t\left(1+\dfrac{x}{a}\right), \\ t\left(\dfrac{y}{b}-\dfrac{z}{c}\right)=w\left(1-\dfrac{x}{a}\right) \end{cases} \text{和} \begin{cases} w'\left(\dfrac{y}{b}+\dfrac{z}{c}\right)=t'\left(1-\dfrac{x}{a}\right), \\ t'\left(\dfrac{y}{b}-\dfrac{z}{c}\right)=w'\left(1+\dfrac{x}{a}\right). \end{cases}$$

这是否说明，单叶双曲面上有四族直母线族呢？即单叶双曲面上任一点，都可在曲面上找到四条直线通过？接下来，通过下面定理来回答这一问题。

定理 3.6.2　单叶双曲面上任一点有且仅有两条不同直母线通过它 (见图 3-6-5)。

证明　设过曲面上的一点 $P_0(x_0,y_0,z_0)$ 的直线 L 的参数方程为

$$\begin{cases} x=x_0+Xt, \\ y=y_0+Yt, \quad (t\in\mathbf{R}), \\ z=z_0+Zt, \end{cases}$$

其中 (X,Y,Z) 为直线 L 的方向向量，X，Y，Z 不全为零。

把直线 L 的参数方程代入单叶双曲面方程可得

$$\dfrac{(x_0+Xt)^2}{a^2}+\dfrac{(y_0+Yt)^2}{b^2}-\dfrac{(z_0+Zt)^2}{c^2}=1,$$

整理得

图　3-6-5

$$\left(\frac{X^2}{a^2}+\frac{Y^2}{b^2}-\frac{Z^2}{c^2}\right)t^2+2\left(\frac{Xx_0}{a^2}+\frac{Yy_0}{b^2}-\frac{Zz_0}{c^2}\right)t=0.$$

直线 L 在单叶双曲面上当且仅当

$$\begin{cases}\dfrac{X^2}{a^2}+\dfrac{Y^2}{b^2}-\dfrac{Z^2}{c^2}=0,\\[2mm]\dfrac{Xx_0}{a^2}+\dfrac{Yy_0}{b^2}-\dfrac{Zz_0}{c^2}=0,\end{cases}\tag{3.6.3}$$

即式(3.6.3)为过点 P_0 的直线 L 在单叶双曲面上的充要条件.

因 X，Y，Z 不全为零，不妨设 $Z\neq0$，取 $Z=c$ 时可得

$$\begin{cases}\dfrac{X^2}{a^2}+\dfrac{Y^2}{b^2}=1,\\[2mm]\dfrac{Xx_0}{a^2}+\dfrac{Yy_0}{b^2}=\dfrac{z_0}{c},\end{cases}$$

可验证式(3.6.3)有两组解，即有两条直线经过点 P_0.

在定理 3.6.1 的证明过程中已给出单叶双曲面的两族直线族，且两族直线族不重合，从而完善了定理 3.6.2 的证明.

定理 3.6.3　单叶双曲面

$$\frac{x^2}{a^2}+\frac{y^2}{b^2}-\frac{z^2}{c^2}=1$$

上有两族直母线(见图 3-6-6)，其方程分别是

$$\begin{cases}u\left(\dfrac{x}{a}+\dfrac{z}{c}\right)=v\left(1+\dfrac{y}{b}\right),\\[2mm]v\left(\dfrac{x}{a}-\dfrac{z}{c}\right)=u\left(1-\dfrac{y}{b}\right)\end{cases}\tag{3.6.4}$$

和

$$\begin{cases}u'\left(\dfrac{x}{a}+\dfrac{z}{c}\right)=v'\left(1-\dfrac{y}{b}\right),\\[2mm]v'\left(\dfrac{x}{a}-\dfrac{z}{c}\right)=u'\left(1+\dfrac{y}{b}\right),\end{cases}\tag{3.6.5}$$

其中 u，v 与 u'，v' 分别是不全为零的常数.

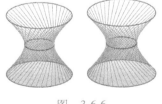

图　3-6-6

注意到式(3.6.4)和式(3.6.5)中的直线只依赖于两个参数的比值 $u:v$ 与 $u':v'$，因此，为了方便计算，有时也可只用一个参数表示，把式(3.6.4)写成

$$\begin{cases}\dfrac{x}{a}+\dfrac{z}{c}=\lambda\left(1+\dfrac{y}{b}\right),\\[2mm]\dfrac{x}{a}-\dfrac{z}{c}=\dfrac{1}{\lambda}\left(1-\dfrac{y}{b}\right),\end{cases}\tag{3.6.6}$$

但必须加上两条直线(分别相当于当参数 $\lambda\to0$ 和 $\lambda\to\infty$ 时的极限

情形）

$$\begin{cases} \dfrac{x}{a}+\dfrac{z}{c}=0, \\ 1-\dfrac{y}{b}=0 \end{cases} \text{与} \begin{cases} \dfrac{x}{a}-\dfrac{z}{c}=0, \\ 1+\dfrac{y}{b}=0, \end{cases} \tag{3.6.7}$$

式(3.6.6)所表示的直线族与式(3.6.7)表示的两条直线合起来，我们把它叫作 λ 族直母线，等价于式(3.6.4)．同样，

$$\begin{cases} \dfrac{x}{a}+\dfrac{z}{c}=\mu\left(1-\dfrac{y}{b}\right), \\ \dfrac{x}{a}-\dfrac{z}{c}=\dfrac{1}{\mu}\left(1+\dfrac{y}{b}\right) \end{cases}$$

和

$$\begin{cases} \dfrac{x}{a}+\dfrac{z}{c}=0, \\ 1+\dfrac{y}{b}=0 \end{cases} \text{与} \begin{cases} \dfrac{x}{a}-\dfrac{z}{c}=0, \\ 1-\dfrac{y}{b}=0 \end{cases}$$

合起来，叫作 μ 族直母线，等价于式(3.6.5)．

下面讨论单叶双曲面的性质．

性质 3.6.1   单叶双曲面的任意两条同族直母线必异面(见图 3-6-7)．

单叶双曲面直
母线性质证明
视频扫码

图　3-6-7

证明　设两条同族直母线为

$$L_1: \begin{cases} u_1\left(\dfrac{x}{a}+\dfrac{z}{c}\right)=v_1\left(1-\dfrac{y}{b}\right), \\ v_1\left(\dfrac{x}{a}-\dfrac{z}{c}\right)=u_1\left(1+\dfrac{y}{b}\right), \end{cases} \text{与} L_2: \begin{cases} u_2\left(\dfrac{x}{a}+\dfrac{z}{c}\right)=v_2\left(1-\dfrac{y}{b}\right), \\ v_2\left(\dfrac{x}{a}-\dfrac{z}{c}\right)=u_2\left(1+\dfrac{y}{b}\right), \end{cases}$$

其中 $u_1:v_1 \neq u_2:v_2$．直线 L_1，L_2 可写成

$$L_1: \begin{cases} \dfrac{u_1}{a}x+\dfrac{v_1}{b}y+\dfrac{u_1}{c}z-v_1=0, \\ \dfrac{v_1}{a}x-\dfrac{u_1}{b}y-\dfrac{v_1}{c}z-u_1=0, \end{cases} \text{与} L_2: \begin{cases} \dfrac{u_2}{a}x+\dfrac{v_2}{b}y+\dfrac{u_2}{c}z-v_2=0, \\ \dfrac{v_2}{a}x-\dfrac{u_2}{b}y-\dfrac{v_2}{c}z-u_2=0, \end{cases}$$

直线 L_1，L_2 是否共面可由 L_1，L_2 所在平面方程的系数构成的四阶行列式 D 来判断．

$$D=\begin{vmatrix} \dfrac{u_1}{a} & \dfrac{v_1}{b} & \dfrac{u_1}{c} & -v_1 \\ \dfrac{v_1}{a} & -\dfrac{u_1}{b} & -\dfrac{v_1}{c} & -u_1 \\ \dfrac{u_2}{a} & \dfrac{v_2}{b} & \dfrac{u_2}{c} & -v_2 \\ \dfrac{v_2}{a} & -\dfrac{u_2}{b} & -\dfrac{v_2}{c} & -u_2 \end{vmatrix}=\dfrac{1}{abc}\begin{vmatrix} u_1 & v_1 & u_1 & -v_1 \\ v_1 & -u_1 & -v_1 & -u_1 \\ u_2 & v_2 & u_2 & -v_2 \\ v_2 & -u_2 & -v_2 & -u_2 \end{vmatrix}=\dfrac{1}{abc}(u_1v_2-v_1u_2)^2,$$

由条件 $u_1 : v_1 \neq u_2 : v_2$ 可知，$D = \dfrac{1}{abc}(u_1 v_2 - v_1 u_2)^2 \neq 0$. 因此两同族直母线 L_1，L_2 异面.

性质 3.6.2　单叶双曲面的任意两条异族直母线必共面.

证明　留作习题.

例 3.6.3　求过单叶双曲面 $\dfrac{x^2}{9} + \dfrac{y^2}{4} - \dfrac{z^2}{16} = 1$ 上的点 $(6,2,8)$ 的直母线方程.

解　单叶双曲面 $\dfrac{x^2}{9} + \dfrac{y^2}{4} - \dfrac{z^2}{16} = 1$ 的两族直母线方程为

$$\begin{cases} u\left(\dfrac{x}{3} + \dfrac{z}{4}\right) = v\left(1 + \dfrac{y}{2}\right), \\ v\left(\dfrac{x}{3} - \dfrac{z}{4}\right) = u\left(1 - \dfrac{y}{2}\right) \end{cases} \quad \text{与} \quad \begin{cases} u'\left(\dfrac{x}{3} + \dfrac{z}{4}\right) = v'\left(1 - \dfrac{y}{2}\right), \\ v'\left(\dfrac{x}{3} - \dfrac{z}{4}\right) = u'\left(1 + \dfrac{y}{2}\right). \end{cases}$$

把点 $(6,2,8)$ 代入上述方程组可得 $u : v = 1 : 2$，$u' = 0$. 代入直母线方程可得两直母线分别为

$$\begin{cases} 4x - 12y + 3z - 24 = 0, \\ 4x + 3y - 3z - 6 = 0 \end{cases} \quad \text{与} \quad \begin{cases} y - 2 = 0, \\ 4x - 3z = 0. \end{cases}$$

例 3.6.4　试由单叶双曲面的直纹性，建立单叶双曲面 $\dfrac{x^2}{a^2} + \dfrac{y^2}{b^2} - \dfrac{z^2}{c^2} = 1$ 的参数方程.

解　单叶双曲面

$$\frac{x^2}{a^2} + \frac{y^2}{b^2} - \frac{z^2}{c^2} = 1$$

的腰椭圆上的点可表示为 $(a\cos\theta, b\sin\theta, 0)$. 过这一点的直母线的方向 $X : Y : Z$ 由下式决定：

$$\begin{cases} \dfrac{X^2}{a^2} + \dfrac{Y^2}{b^2} = 1, \\ \dfrac{X\cos\theta}{a} + \dfrac{Y\sin\theta}{b} = 0, \end{cases}$$

它的解是 $X_1 = a\sin\theta$，$Y_1 = -b\cos\theta$，$Z_1 = c$ 与 $X_2 = -a\sin\theta$，$Y_2 = b\cos\theta$，$Z_2 = c$. 由于单叶双曲面上每一点都在过腰椭圆的同一族中某一条直母线上. 因此，单叶双曲面的参数方程为

$$\begin{cases} x = a(\cos\theta + t\sin\theta), \\ y = b(\sin\theta - t\cos\theta), \quad (0 \leqslant \theta < 2\pi), \\ z = ct, \end{cases}$$

$t \in (-\infty, +\infty)$ 是参数. 如果这一参数方程中 $\theta = \theta_0$ 是常数, 它表示单叶双曲面上过 $(a\cos \theta_0, b\sin \theta_0, 0)$ 的直母线; 而 $t = t_0$ 表示单叶双曲面上的椭圆.

3.6.3 双曲抛物面的直纹性

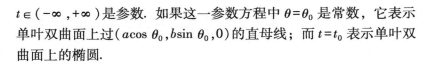

双曲抛物面的标准方程为

$$\frac{x^2}{a^2} - \frac{y^2}{b^2} = 2z,$$

仿照单叶双曲面的讨论, 我们可得两族直母线族(见图 3-6-8). 它们的方程分别为

$$L_\lambda : \begin{cases} \dfrac{x}{a} + \dfrac{y}{b} = 2\lambda, \\ \lambda\left(\dfrac{x}{a} - \dfrac{y}{b}\right) = z \end{cases} \quad 与 \quad L_\mu : \begin{cases} \dfrac{x}{a} - \dfrac{y}{b} = 2\mu, \\ \mu\left(\dfrac{x}{a} + \dfrac{y}{b}\right) = z, \end{cases}$$

双曲抛物面的
直纹性证明
视频扫码

并可给出下面的定理.

> **定理 3.6.4** 双曲抛物面上有两族直母线, 对于曲面上的任意一点, 两族直母线中各有一条直母线通过该点(见图 3-6-9).

与单叶双曲面的讨论类似, 双曲抛物面的直母线有以下性质.

> **性质 3.6.3** 双曲抛物面的异族直母线必相交.

证明 设双曲抛物面的两条异族直母线方程分别为

$$L_\lambda : \begin{cases} \dfrac{x}{a} + \dfrac{y}{b} = 2\lambda, \\ \lambda\left(\dfrac{x}{a} - \dfrac{y}{b}\right) = z \end{cases} \quad 与 \quad L_\mu : \begin{cases} \dfrac{x}{a} - \dfrac{y}{b} = 2\mu, \\ \mu\left(\dfrac{x}{a} + \dfrac{y}{b}\right) = z, \end{cases}$$

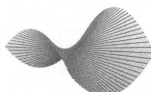

图 3-6-8

从 L_λ, L_μ 方程组的前三个方程解得

$$\begin{cases} x = a(\lambda + \mu), \\ y = b(\lambda - \mu), \\ z = 2\lambda\mu, \end{cases}$$

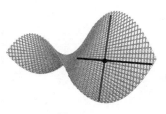

图 3-6-9

代入第四式也成立. 这一过程也给出了双曲抛物面的一个参数方程, 证明了双曲抛物面的异族直母线相交.

> **性质 3.6.4** 双曲抛物面的同族直母线必异面.

证明 设双曲抛物面的两条同族直母线方程如下:

$$L_{\lambda_1} : \begin{cases} \dfrac{x}{a} + \dfrac{y}{b} = 2\lambda_1, \\ \lambda_1\left(\dfrac{x}{a} - \dfrac{y}{b}\right) = z \end{cases} \quad 与 \quad L_{\lambda_2} : \begin{cases} \dfrac{x}{a} + \dfrac{y}{b} = 2\lambda_2, \\ \lambda_2\left(\dfrac{x}{a} - \dfrac{y}{b}\right) = z, \end{cases}$$

因为 $\lambda_1 \neq \lambda_2$，所以 L_{λ_1} 与 L_{λ_2} 不平行，因此 L_{λ_1} 与 L_{λ_2} 是异面直线.

> **性质 3.6.5**　双曲抛物面同族的所有直母线必平行于同一个平面（见图 3-6-10）.

证明略.

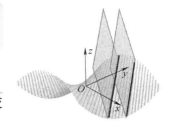

图　3-6-10

例 3.6.5　在双曲抛物面 $x^2 - y^2 = 2z$ 上，求互相垂直的直母线交点的轨迹.

解　设双曲抛物面 $x^2 - y^2 = 2z$ 的两条直母线方程分别为

$$L_1 : \begin{cases} x+y = 2\lambda, \\ \lambda(x-y) = z \end{cases} \text{及 } L_2 : \begin{cases} x-y = 2\mu, \\ \mu(x+y) = z. \end{cases}$$

可取 L_1 的方向向量为 $\overrightarrow{V_1} = (1,1,0) \times (\lambda,-\lambda,-1) = (-1,1,-2\lambda)$，$L_2$ 的方向向量为 $\overrightarrow{V_2} = (1,-1,0) \times (\mu,\mu,-1) = (1,1,2\mu)$. 因 L_1 与 L_2 垂直，从而有

$$\overrightarrow{V_1} \cdot \overrightarrow{V_2} = (-1,1,-2\lambda) \cdot (1,1,2\mu) = 0,$$

即 $\lambda\mu = 0$. 结合 L_1 与 L_2 的方程得所求轨迹方程为

$$\begin{cases} x^2 - y^2 = 2z, \\ z = 0. \end{cases}$$

习题 3.6

1. 求证曲面 $S : xy - xz - yz = 0$ 为直纹面，并写出曲面 S 的直母线族方程.

2. 求单叶双曲面 $\dfrac{x^2}{4} + y^2 - \dfrac{z^2}{9} = 1$ 上过点 $P(2,-1,3)$ 的直母线方程.

3. 求直线族 $L_\lambda : \dfrac{x-\lambda^2}{-1} = \dfrac{y}{1} = \dfrac{z-\lambda}{0}$（$\lambda$ 为参数）所构成的曲面方程.

4. 求过双曲抛物面 $\dfrac{x^2}{4} - \dfrac{y^2}{9} = 2z$ 上点 $P(2,3,0)$ 的直母线方程.

5. 试证曲面 $S : 2x^2 + y^2 - z^2 + 3xy + xz - 6z = 0$ 为直纹面，并求过点 $P(1,1,1)$ 的直母线的方程.

6. 求直线族 $L_\lambda : \dfrac{x-\lambda^2}{-1} = \dfrac{y}{1} = \dfrac{z-\lambda}{0}$（$\lambda$ 为参数）所构成的曲面方程.

7. 在双曲抛物面 $\dfrac{x^2}{4} - \dfrac{y^2}{9} = z$ 上，试求平行于平面 $\pi : 3x + 2y - 4z = 0$ 的直母线的方程.

8. 证明：单叶双曲面的任意两条异族直母线必共面.

9. 单叶双曲面 $\dfrac{x^2}{a^2} + \dfrac{y^2}{b^2} - \dfrac{z^2}{c^2} = 1$ 与坐标面 xOy 的交线称为腰椭圆. 试证单叶双曲面的每一条直母线都与腰椭圆相交.

10. 在空间直角坐标系中，设马鞍面 S 的方程为 $x^2 - y^2 = 2z$. 设 σ 为平面 $z = \alpha x + \beta y + \gamma$，其中 α，β，γ 为给定常数. 求马鞍面 S 上点 P 的坐标，使得过 P 且落在马鞍面 S 上的直线均平行于平面 σ.

习题 3.6 第 10 题
讲解视频扫码

3.7 用 Python 绘制曲线、曲面及动态图

    Python 拥有众多的第三方库，使我们可以方便地进行一些数据的可视化操作，目前很多库的可视化应用都是建立在 Matplotlib 的基础上的. 本节简单介绍 Matplotlib 库的使用方法，并且绘制图像.

    Matplotlib 库提供了一套快捷命令式的绘图接口函数，即 pyplot 子模块. pyplot 将绘图所需要的对象构建过程封装在函数中，对用户提供了更加友好的接口. pyplot 模块提供一批预定义的绘图函数，大多数函数可以从函数名辨别其功能.

    本书采用 Anaconda 平台作为开发工具，Anaconda 集成了 Python 以及数据分析、科学计算相关的几乎所有常用安装包，比如 Numpy，Matplotlib，Scipy 等，使用起来非常方便.

3.7.1 用 Matplotlib 绘制二维曲线

    绘图前，先导入所需的第三方库，包括矩阵运算库 numpy 和快速绘图模块 matplotlib.pyplot，导入方式如下.

```
import numpy as np
import matplotlib.pyplot as plt
```

    绘制二维曲线最基本的函数为 plot() 函数，其调用方式及参数说明如下.

```
plt.plot(x,y,ls,lw,color)
```

其中，参数 x，y 分别为 X 轴、Y 轴数据，一般为列表或数组；ls 为线条的风格；lw 为线条的宽度；color 为颜色.

例 3.7.1   画出 $y = \sin 2x$，$y = \cos(x^3/10)$ 的图像.

    解   绘制图形的程序如下.

```
import numpy as np
import matplotlib.pyplot as plt
# 用来正常显示中文标签
plt.rcParams['font.sans-serif'] = ['FangSong']# 指定默认字体
# 负号正常显示
plt.rcParams['axes.unicode_minus'] = False

fig=plt.figure(figsize = (10,6))    # 生成 figure 对象,指定
figure(画布)大小
ax = fig.add_subplot(111)   #生成坐标轴对象
#画两条曲线
x=np.linspace(0,2 * np.pi,200) #横坐标
```

```
y1=np.sin(2*x)#曲线 1 的纵坐标
ax.plot(x,y1,ls='--',lw=2,color='red')#画曲线 1
y2=np.cos(x**3/10)#曲线 2 的纵坐标
ax.plot(x,y2,ls='-',lw=2,color='blue')#画曲线 2
ax.set_xlabel('X 轴',fontsize=12) #设置 x 轴的标签
ax.set_ylabel('Y 轴',fontsize=12) #设置 y 轴的标签
ax.set_xlim((0,2*np.pi))  #设置 x 轴的取值范围
ax.set_ylim((-1.2,1.2))   #设置 y 轴的取值范围
#设置 x 轴刻度位置的标签和值
ax.set_xticks(np.linspace(0,2*np.pi,5),[0,r'$\pi/2$',
r'$\pi$',r'$3\pi/2$',r'$2\pi$'])
plt.show()#显示图像
```

运行结果如图 3-7-1 所示.

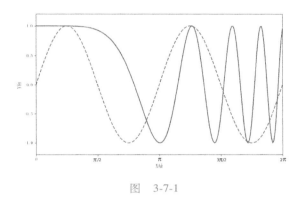

图　3-7-1

用 Matplotlib 绘制空间曲面

绘制三维图像需要用到扩展工具包 mpl_toolkits.mplot3d，引用方式为

```
from mpl_toolkits import mplot3d
```

其支持的图表类型包括散点图、曲面图、曲线图等.

绘图前，需要创建一个三维绘图区域. 可通过创建子图对象，然后设置参数 projection 为 '3d' 来实现.

```
fig=plt.figure()
ax = fig.add_subplot(projection='3d').
```

有了三维绘图区域，就可以绘制三维图像了. 绘制三维曲面使用 plot_surface() 函数，其调用方式及参数说明如下.

```
plot_surface(X,Y,Z,rstride,cstride,cmap,alpha)
```

其中，X，Y，Z 均为二维数组，根据数据绘制曲面；rstride，cstride 分别为横、竖方向上的采样步长；cmap 为曲面颜色；alpha 为曲面透明度.

例 3.7.2 画出单叶双曲面 $\dfrac{x^2}{3^2}+\dfrac{y^2}{2^2}-\dfrac{z^2}{4^2}=1$ 的图像.

解 （1）先讨论一般情况，求出单叶双曲面 $\dfrac{x^2}{a^2}+\dfrac{y^2}{b^2}-\dfrac{z^2}{c^2}=1$ 的参数方程.

根据单叶双曲面的直纹性，可知其参数方程为

$$\begin{cases} x=a(\cos\theta+t\sin\theta), \\ y=b(\sin\theta-t\cos\theta), \quad \theta\in[0,2\pi],\ t\in(-\infty,+\infty). \quad (3.7.1) \\ z=ct, \end{cases}$$

（2）令 $a=3$，$b=2$，$c=4$，根据参数方程计算三个坐标，再编程作图. 需要注意的是，三维曲面的 X，Y，Z 坐标均为二维数组，因此准备数据时，需用 np.meshgrid( ) 函数将坐标网格化，程序如下.

```python
import matplotlib.pyplot as plt
import numpy as np
fig=plt.figure(figsize=(8,8))  #创建画布并指定大小
ax = fig.add_subplot(projection='3d')  #创建三维绘图区域
ax.set_axis_off()  #不显示坐标轴
#画单叶双曲面
theta=np.linspace(0,2*np.pi,60)
t=np.linspace(-2,2,60)
theta,t=np.meshgrid(theta,t)  #数据网格化
a,b,c=3,2,4  #指定单叶双曲面中a,b,c的值
X=a*(np.cos(theta)+t*np.sin(theta))  #X坐标
Y=b*(np.sin(theta)-t*np.cos(theta))  #Y坐标
Z=c*t  #Z坐标
ax.plot_surface(X,Y,Z,cmap='rainbow',alpha=0.3)  #绘制单叶
双曲面
#显示图像
plt.show()
```

图 3-7-2

运行结果如图 3-7-2 所示。

3.7.3 用 Matplotlib 绘制空间曲线

绘制三维曲线用 plot( ) 函数 plt.plot(x,y,z,ls,lw,color).

例 3.7.3 分别画出单叶双曲面 $\dfrac{x^2}{3^2}+\dfrac{y^2}{2^2}-\dfrac{z^2}{4^2}=1$ 在平面 $z=\pm8$，$z=0$ 上的截痕.

解 （1）求出截痕的参数方程.

对于单叶双曲面的参数方程(3.7.1)，只需要改变 t 的取值，就可得到不同截痕的方程. 平面 $z=8$，$z=0$，$z=-8$ 上的截痕分别

对应着 $t=2$, $t=0$, $t=-2$.

（2）根据截痕方程编程作图，主要程序如下.

```
#平面 z=8 上的截痕（此时 t=2）
theta0=np.linspace(0,2*np.pi,60)
t1=2
x1=a*(np.cos(theta0)+t1*np.sin(theta0))
y1=b*(np.sin(theta0)-t1*np.cos(theta0))
z1=c*t1*np.ones_like(x1)
ax.plot(x1,y1,z1,color='darkmagenta',lw=2)
#平面 z=-8 上的截痕（此时 t=-2）
t2=-2
x2=a*(np.cos(theta0)+t2*np.sin(theta0))
y2=b*(np.sin(theta0)-t2*np.cos(theta0))
z2=c*t2*np.ones_like(x2)
ax.plot(x2,y2,z2,color='darkmagenta',lw=2)
#平面 z=0 上的截痕（此时 t=0）
x0=a*np.cos(theta0)
y0=b*np.sin(theta0)
z0=np.zeros_like(x0)
ax.plot(x0,y0,z0,color='darkmagenta',lw=2)
#显示图像
plt.show()
```

运行结果如图 3-7-3 所示。

3.7.4　用 Matplotlib 绘制动态图

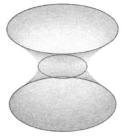

图　3-7-3

本小节介绍两种绘制动态图的方法.

第一种方法，用循环语句和 plt.pause( )函数来呈现动画效果.

例 3.7.4　讨论单叶双曲面 $\dfrac{x^2}{3^2}+\dfrac{y^2}{2^2}-\dfrac{z^2}{4^2}=1$ 在平面 $y=m$ 上的截痕情况.

解　（1）求出截痕的方程. 先讨论一般情况，对于单叶双曲面

$$\frac{x^2}{a^2}+\frac{y^2}{b^2}-\frac{z^2}{c^2}=1, \tag{3.7.2}$$

1）当 $m=\pm b$ 时，截痕为相交直线

$$\begin{cases} \dfrac{x}{a}\pm\dfrac{z}{c}=0, \\ y=m, \end{cases}$$

即

$$\begin{cases} z=\pm\dfrac{cx}{a}, \\ y=m. \end{cases}$$

2）当 $m>b$ 或 $m<-b$ 时，截痕为如下双曲线：

$$\begin{cases} \dfrac{x^2}{a^2} - \dfrac{z^2}{c^2} = 1 - \dfrac{m^2}{b^2}, \\ y = m, \end{cases}$$

此时 $1 - \dfrac{m^2}{b^2} < 0$，双曲线实轴平行于 z 轴，虚轴平行于 x 轴，即

$$\begin{cases} y = m, \\ z = \pm \sqrt{\left(\dfrac{x^2}{a^2} + \dfrac{m^2}{b^2} - 1 \right) c^2}. \end{cases}$$

3）当 $-b<m<b$ 时，$1 - \dfrac{m^2}{b^2} > 0$，交线为双曲线，其实轴平行于 x 轴，虚轴平行于 z 轴，即

$$\begin{cases} x = \pm \sqrt{\left(1 - \dfrac{m^2}{b^2} + \dfrac{z^2}{c^2} \right) a^2}, \\ y = m. \end{cases}$$

（2）令 $a=3$，$b=2$，$c=4$，画动态图. 动态图将展示随着 m 的值从小到大变化的过程中，截痕的变化情况，主要程序如下.

```python
#画动态截痕
#m的值从-4.5到4.5逐步变大,截痕的变化情况
for m in np.arange(-4.5,4.6,0.5):
    if m>b or m<-b:
        x_jh=np.arange(-8,8,0.1)
        y_jh=m*np.ones_like(x_jh)
        z_jh=np.sqrt((x_jh**2/a**2+y_jh**2/b**2-1)*c**2)
        #画截痕并只显示-8<z<8的部分
        ax.plot(x_jh[z_jh<8],y_jh[z_jh<8],z_jh[z_jh<8],color='magenta',lw=1.5)
        ax.plot(x_jh[z_jh<8],y_jh[z_jh<8],-z_jh[z_jh<8],color='magenta',lw=1.5)
    elif m==b or m==-b:
        x_jh=np.arange(-8,8,0.1)
        y_jh=m*np.ones_like(x_jh)
        z_jh=c*x_jh/a
        ax.plot(x_jh[(z_jh<8)&(z_jh>-8)],y_jh[(z_jh<8)&(z_jh>-8)],z_jh[(z_jh<8)&(z_jh>-8)],color='black',lw=1.5)
        ax.plot(x_jh[(z_jh<8)&(z_jh>-8)],y_jh[(z_jh<8)&z_jh>-8)],-z_jh[(z_jh<8)&(z_jh>-8)],color='black',lw=1.5)
    else:
        z_jh=np.linspace(-8,8,50)
        y_jh=m*np.ones_like(z_jh)
        x_jh=np.sqrt((1-y_jh**2/b**2+z_jh**2/c**2)*a**2)
```

```
        ax.plot(x_jh,y_jh,z_jh,color='magenta',lw=1.5)
        ax.plot(-x_jh,y_jh,z_jh,color='magenta',lw=1.5)
    plt.pause(0.5)  #每画一条截痕,暂停 0.5s,即为动态图
#显示图像
plt.show()
```

运行结果如图 3-7-4 所示(动画中截取 3 个图).

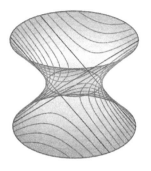

图　3-7-4

第二种方法,用 Matplotlib 库中的子库 animation 创建动画. 该子库提供了多种用于绘制动态效果图的类,例如 FuncAnimation, ArtistAnimation 等,引入方式如下.

```
from matplotlib.animation import FuncAnimation
from matplotlib.animation import ArtistAnimation.
```

FuncAnimation( )是通过重复调用一个函数生成动画,其使用方法及主要参数如下.

```
FuncAnimation(fig,func,frames,interval,repeat),
```

其中,fig 是用于显示动画的 figure 对象;func 为绘制每帧动画时调用的函数;frames 为每次调用 func 函数时传入的参数;interval 为每帧的间隔,单位是 ms;repeat 是布尔值,表示是否循环动画,默认为 True(显示动画).

ArtistAnimation( )是通过已有的帧 artists 创建动画,每一帧对应着一个 artist 的列表,这些 artist 只会在这一帧显示,而所有的这些列表组成一个大列表 artists. 其使用方法及主要参数如下.

```
ArtistAnimation(fig,artists,interval,repeat),
```

其中,fig 是用于显示动画的 figure 对象;artists 是大列表,其元素仍为列表,每个子列表代表每一帧所有的 artist 对象.

例 3.7.4 也可以使用 FuncAnimation( )绘制动态图,主要程序如下.

```
from matplotlib.animation import FuncAnimation
#......
```

```
# 画动态截痕
def update(m):
    if m>b or m<-b:
        x_jh=np.arange(-8,8,0.1)
        y_jh=m*np.ones_like(x_jh)
        z_jh=np.sqrt((x_jh**2/a**2+y_jh**2/b**2-1)
*c**2)
        #画截痕并只显示-8<z<8 的部分
        ax.plot(x_jh[z_jh<8],y_jh[z_jh<8],z_jh[z_jh<8],
color='magenta',lw=1.5)
        ax.plot(x_jh[z_jh<8],y_jh[z_jh<8],-z_jh[z_jh<
8],color='magenta',lw=1.5)
    elif m==b or m==-b:
        x_jh=np.arange(-8,8,0.1)
        y_jh=m*np.ones_like(x_jh)
        z_jh=c*x_jh/a
        ax.plot(x_jh[(z_jh<8)&(z_jh>-8)],y_jh[(z_jh<8)
&(z_jh>-8)],z_jh[(z_jh<8) & (z_jh>-8)],color='black',lw=
1.5)
        ax.plot(x_jh[(z_jh<8)&(z_jh>-8)],y_jh[(z_jh<8)&
z_jh>-8)],-z_jh[(z_jh<8) & (z_jh>-8)],color='black',lw=
1.5)
    else:
        z_jh=np.linspace(-8,8,50)
        y_jh=m*np.ones_like(z_jh)
        x_jh=np.sqrt((1-y_jh**2/b**2+z_jh**2/c**
2)*a**2)
        ax.plot(x_jh,y_jh,z_jh,color='magenta',lw=1.5)
        ax.plot(-x_jh,y_jh,z_jh,color='magenta',lw=1.5)
ani=FuncAnimation(fig,update,frames=np.arange(-4.5,
4.6,0.5),interval=500,repeat=False)
#迭代更新的数据m从 frames 中传入,frames 数值是用于动画每一帧的
数据.
plt.show() #显示图像
ani.save('例3.7.4_2 单叶双曲面动态截痕.gif',writer='pillow')
#保存动图
```

　　例3.7.4中,在画出交线的同时,如果还需要展示平面的动态刷新效果,可用 ArtistAnimation( )实现,主要程序如下.

```
from matplotlib.animation import ArtistAnimation
#(略)
# 画动态平面(刷新效果)和动态截痕(叠加效果)
xplane=np.linspace(np.min(X),np.max(X),30)
zplane=np.linspace(-8,8,30)
xplane,zplane=np.meshgrid(xplane,zplane) #平面的 x 坐标、z
坐标
```

```
m=np.arange(-4.5,4.6,0.5)  #平面方程为 y=m,m 的值从-4.5 逐渐
增大到 4.5
n=m.shape[0]
arts=[]#大列表
for i in range(n):
    sur = ax.plot _ surface (xplane, m [ i ] * np.ones _ like
(xplane),zplane,cmap='autumn',alpha=0.5)
    lines=[sur]
    for j in range(i+1):
        if m[j]>b or m[j]<-b:
            x_jh=np.arange(-8,8,0.1)
            y_jh=m[j]*np.ones_like(x_jh)
            z_jh=np.sqrt((x_jh**2/a**2+y_jh**2/b*
*2-1)*c**2)
            line1=ax.plot(x_jh[z_jh<8],y_jh[z_jh<8],z_
jh[z_jh<8],color='magenta',lw=1.5)
            line2=ax.plot(x_jh[z_jh<8],y_jh[z_jh<8],-z
_jh[z_jh<8],color='magenta',lw=1.5)
        elif m[j]==b or m[j]==-b:
            x_jh=np.arange(-8,8,0.1)
            y_jh=m[j]*np.ones_like(x_jh)
            z_jh=c*x_jh/a*np.ones_like(x_jh)
            line1=ax.plot(x_jh[(z_jh<8)&(z_jh>-8)],y_
jh[(z_jh<8)&(z_jh>-8)],z_jh[(z_jh<8)&(z_jh>-8)],color=
'black',lw=1.5)
            line2=ax.plot(x_jh[(z_jh<8)&(z_jh>-8)],y_
jh[(z_jh<8)&(z_jh>-8)],-z_jh[(z_jh<8)&(z_jh>-8)],
color='black',lw=1.5)
        else:
            z_jh=np.linspace(-8,8,50)
            y_jh=m[j]*np.ones_like(z_jh)
            x_jh=np.sqrt((1-y_jh**2/b**2+z_jh**2/c
**2)*a**2)
            line1 = ax.plot (x _ jh, y _ jh, z _ jh, color =
'magenta',lw=1.5)
            line2 = ax.plot (- x _ jh, y _ jh, z _ jh, color =
'magenta',lw=1.5)
        lines=lines+line1+line2   #lines 为子列表,每一帧的所
有 artist 对象
    arts.append(lines)   #把子列表添加到大列表中
ani = ArtistAnimation (fig, arts, interval = 500, repeat =
False) #绘制动画
plt.show() #显示图像
ani.save('例 3.7.4_3 单叶双曲面_平面_动态截痕.gif',writer=
'pillow') #保存动画
```

例 3.7.4 平面的
动态刷新效果
完整程序扫码

运行结果如图 3-7-5 所示(动画中截取 3 个图).

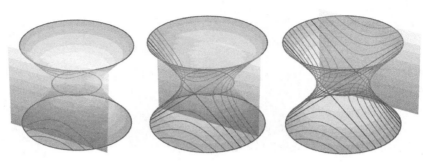

图　3-7-5

例 3.7.5 画单叶双曲面 $\dfrac{x^2}{3^2}+\dfrac{y^2}{2^2}-\dfrac{z^2}{4^2}=1$ 的两族直母线.

解 (1)求直母线的方程.

首先讨论一般情况,单叶双曲面(3.7.2)的腰椭圆上的点可表示为 $(a\cos\theta,b\sin\theta,0)$,过这一点的直母线的方向 (X,Y,Z) 由下式决定:

$$\begin{cases}\dfrac{X^2}{a^2}+\dfrac{Y^2}{b^2}=1,\\[2mm]\dfrac{X\cos\theta}{a}+\dfrac{Y\sin\theta}{b}=0,\end{cases}$$

它的解是 $X_1=a\sin\theta$, $Y_1=-b\cos\theta$, $Z_1=c$ 与 $X_2=-a\sin\theta$, $Y_2=b\cos\theta$, $Z_2=c$. 因此两族直母线的方程分别为

$$\begin{cases}x=a(\cos\theta+t\sin\theta),\\ y=b(\sin\theta-t\cos\theta),\quad\theta\in[0,2\pi]\text{和}\\ z=ct,\end{cases}$$

$$\begin{cases}x=a(\cos\theta-t\sin\theta),\\ y=b(\sin\theta+t\cos\theta),\quad\theta\in[0,2\pi],\\ z=ct,\end{cases}$$

其中 $t\in(-\infty,+\infty)$ 是参数.

(2)令 $a=3$, $b=2$, $c=4$, 用动态图展示当 θ 变动时, 两族直母线的变化情况, 主要程序如下.

```
import matplotlib.pyplot as plt
import numpy as np
fig=plt.figure(figsize=(8,8))   #创建画布并指定大小
ax = fig.add_subplot(projection='3d')   #创建三维坐标轴
ax.set_axis_off()   #不显示坐标轴
#设置坐标轴的范围,具体范围根据实际调整
ax.set_xlim(-8,8)
```

```
ax.set_ylim(-6,6)
a,b,c=3,2,4
theta=np.linspace(0,2*np.pi,40)
#第 1 族直母线------------------------------------------------------------
#单叶双曲面与 z=8 的交线,计算交线的三个坐标
t_up=2
x1_up=a*(np.cos(theta)+t_up*np.sin(theta))
y1_up=b*(np.sin(theta)-t_up*np.cos(theta))
z1_up=t_up*np.ones_like(theta)
#腰椭圆线的三个坐标
x1_center=a*np.cos(theta)
y1_center=b*np.sin(theta)
z1_center=np.zeros_like(theta)
#单叶双曲面与 z=-8 的交线,计算交线的三个坐标
t_down=-2
x1_down=a*(np.cos(theta)+t_down*np.sin(theta))
y1_down=b*(np.sin(theta)-t_down*np.cos(theta))
z1_down=t_down*np.ones_like(theta)
#动态图
n=np.shape(theta)[0]
for i in range(n):
    ax.plot(np.array([x1_down[i],x1_up[i]]),np.array([y1
_down[i],y1_up[i]]),np.array([z1_down[i],z1_up[i]]),
color='darkgreen',lw=1)
    if i>0:
        ax.plot(np.array([x1_up[i-1],x1_up[i]]),np.array([y1
_up[i-1],y1_up[i]]),np.array([z1_up[i-1],z1_up[i]]),
color='blue',lw=2)
        ax.plot(np.array([x1_down[i-1],x1_down[i]]),
np.array([y1_down[i-1],y1_down[i]]),np.array([z1_down
[i-1],z1_down[i]]),color='blue',lw=2)
ax.plot(np.array([x1_center[i-1],x1_center[i]]),
np.array([y1_center[i-1],y1_center[i]]),np.array([z1_
center[i-1],z1_center[i]]),color='blue',lw=2)
        plt.pause(0.3)
#类似地,画出第 2 族直母线
plt.show()   #显示图像
```

例 3.7.5 完整
程序扫码

例 3.7.5 运行
结果录屏扫码

运行结果如图 3-7-6 所示(动态图中截取 4 个图).

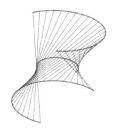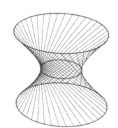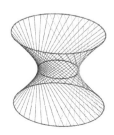

图　3-7-6

例 3.7.6 讨论双曲抛物面 $x^2-y^2=2z$ 与平面 $y=h$ 相交的情况.

解 讨论一般情况，对于双曲抛物面

$$\frac{x^2}{a^2}-\frac{y^2}{b^2}=2z, \tag{3.7.3}$$

其与平面 $y=h$ 的交线方程为 $\begin{cases}\dfrac{x^2}{a^2}-\dfrac{y^2}{b^2}=2z,\\ y=h,\end{cases}$ 双曲抛物面可看成抛物线

$\begin{cases}x^2=2a^2z,\\ y=0\end{cases}$ 沿抛物线 $\begin{cases}y^2=-2b^2z,\\ x=0\end{cases}$ 平行移动的轨迹.

令 $a=b=1$，编程序动态绘制当 h 变动时的平行移动轨迹.

例 3.7.6
完整程序扫码

例 3.7.6 运行
结果录屏扫码

```python
import matplotlib.pyplot as plt
import numpy as np
from matplotlib.animation import FuncAnimation
fig=plt.figure(figsize=(8,8))   #创建画布并指定大小
ax = fig.add_subplot(projection='3d')   #创建三维坐标轴
ax.set_axis_off()   #不显示坐标轴
x=np.arange(-10,10,0.25)
y=np.arange(-10,10,0.25)
a,b=1,1
X,Y=np.meshgrid(x,y)
Z=(X**2/a**2-Y**2/b**2)/2
ax.plot_surface(X,Y,Z,cmap='cool',alpha=0.3)
#抛物线2:在x=0上的截痕
y2=y
x2=0*np.ones_like(y2)
z2=-y2**2/b**2/2
ax.plot(x2,y2,z2,color='red',lw=1.5)
x1=x
def update(h):
    y1=h*np.ones_like(x1)
    z1=x1**2/a**2/2-y1**2/b**2/2
    ax.plot(x1,y1,z1,color='blue',lw=1.5)
ani = FuncAnimation(fig,update,frames=np.linspace(-10,
10,30),interval=300,repeat=False)
plt.show()
ani.save('例3.7.6:双曲抛物面与平面y=h的交线.gif',writer=
'pillow')
```

运行结果如图 3-7-7 所示(动态图中截取 3 个图).

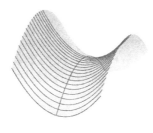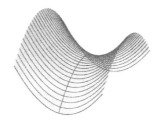

图　3-7-7

类似地，可讨论双曲抛物面与平面 $x=h$ 相交的情况.

例 3.7.7　讨论双曲抛物面 $x^2-y^2=2z$ 与平面 $z=h$ 相交的情况.

解　首先讨论一般情况，求出双曲抛物面(3.7.3)与平面的交线的方程，再用动态图显示当 h 从小到大逐步变化的过程中，交线的变化情况.

当 $h=0$ 时，交线为两条直线

$$\begin{cases} y=\pm\dfrac{b}{a}x, \\ z=0, \end{cases}$$

当 $h>0$ 时，交线为以 x 轴为实轴的双曲线

$$\begin{cases} x=\pm\sqrt{\left(\dfrac{y^2}{b^2}-2z\right)a^2}, \\ z=h, \end{cases}$$

当 $h<0$ 时，交线为以 y 轴为实轴的双曲线

$$\begin{cases} y=\pm\sqrt{\left(\dfrac{x^2}{a^2}-2z\right)b^2}, \\ z=h. \end{cases}$$

令 $a=b=1$，画出随着 h 的值从 -45 到 45 时逐步增大的过程中，交线的动态变化过程，主要程序如下.

```
x=np.arange(-10,10,0.25)
y=np.arange(-10,10,0.25)
#动态截痕
for h in np.arange(-45,46,5):#h 的取值范围根据 z 的范围调整
    if h==0:
        x0=x
        y0=b/a*x0
        z0=0*np.ones_like(x0)
        ax.plot(x0[(y0<10)&(y0>-10)],y0[(y0<10)&(y0>
-10)],z0[(y0<10)&(y0>-10)],color='black',lw=1.5)
        ax.plot(x0[(y0<10)&(y0>-10)],-y0[(y0<10)&(y0>
-10)],z0[(y0<10)&(y0>-10)],color='black',lw=1.5)
```

例 3.7.7
完整程序扫码

例 3.7.7 运行
结果录屏扫码

```
    elif h<0:
        x0=x
        z0=h * np.ones_like(x0)
        y0=np.sqrt((x0 * * 2/a * * 2-2 * z0) * b * * 2)
        ax.plot(x0[y0<10],y0[y0<10],z0[y0<10],color=
'darkorange',lw=1.5)
        ax.plot(x0[y0<10],-y0[y0<10],z0[y0<10],color=
'darkorange',lw=1.5)
    else:
        y0=y
        z0=h * np.ones_like(y0)
        x0=np.sqrt((y0 * * 2/b * * 2+2 * z0) * a * * 2)
        ax.plot(x0[x0<10],y0[x0<10],z0[x0<10],color=
'darkorange',lw=1.5)
        ax.plot(-x0[x0<10],y0[x0<10],z0[x0<10],color=
'darkorange',lw=1.5)
    plt.pause(0.5)
plt.show()
```

运行结果如图 3-7-8 所示(动态图中截取 3 个图).

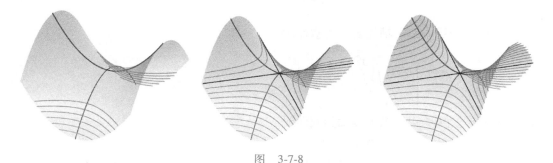

图 3-7-8

例 3.7.8 画出双曲抛物面 $x^2-y^2=2z$ 的两族直母线.

解 (1)写出直母线的方程.

首先讨论一般情况,双曲抛物面

$$\frac{x^2}{a^2}-\frac{y^2}{b^2}=2z$$

的两族直母线族的方程分别为

$$L_\lambda:\begin{cases} \dfrac{x}{a}+\dfrac{y}{b}=2\lambda, \\ \lambda\left(\dfrac{x}{a}-\dfrac{y}{b}\right)=z \end{cases} \quad \text{与} \quad L_\mu:\begin{cases} \dfrac{x}{a}-\dfrac{y}{b}=2\mu, \\ \mu\left(\dfrac{x}{a}+\dfrac{y}{b}\right)=z. \end{cases}$$

1)对于直母线族 L_λ,当 $\lambda=0$ 时,直母线方程为

$$\begin{cases} \dfrac{x}{a}+\dfrac{y}{b}=0, \\ z=0, \end{cases}$$

当 $\lambda \neq 0$ 时，直母线族方程可写为

$$\begin{cases} x = \dfrac{a}{2}\left(2\lambda + \dfrac{z}{\lambda}\right), \\[2mm] y = \dfrac{b}{2}\left(2\lambda - \dfrac{z}{\lambda}\right). \end{cases}$$

2）同理，对于直母线族 L_μ，当 $\mu = 0$ 时，直母线方程为

$$\begin{cases} \dfrac{x}{a} - \dfrac{y}{b} = 0, \\[2mm] z = 0, \end{cases}$$

当 $\mu \neq 0$ 时，直母线族方程可写为

$$\begin{cases} x = \dfrac{a}{2}\left(\dfrac{z}{\mu} + 2\mu\right), \\[2mm] y = \dfrac{b}{2}\left(\dfrac{z}{\mu} - 2\mu\right). \end{cases}$$

（2）令 $a = b = 1$，分别绘制当 λ、μ 从小到大逐步变化的过程中，两族直母线的动态变化过程，主要程序如下.

```
#lamda 族直母线
for lamda in np.arange(-10,10,0.5):
    if lamda==0:
        x1=np.arange(-10,10,0.25)
        y1=-b/a*x1
        z1=np.zeros_like(x1)
        #画出直母线,并只显示区域[-10,10]*[-10,10]内的图像
        ax.plot(x1[(y1<10) & (y1>-10)],y1[(y1<10) &
(y1>-10)],z1[(y1<10) & (y1>-10)],color='blue',lw=1.5)
    else:
        z1=np.linspace(-60,60,200)
        x1=(2*lamda+z1/lamda)*a/2
        y1=(2*lamda-z1/lamda)*b/2
        ax.plot(x1[(y1<10) & (y1>-10) & (x1<10) & (x1>-
10)],y1[(y1<10) & (y1>-10) & (x1<10) & (x1>-10)],z1[(y1<
10) & (y1>-10) & (x1<10) & (x1>-10)],color='blue',lw=1.5)
    plt.pause(0.3)


#mu 族直母线
for mu in np.arange(-10,10,0.5):
    if mu==0:
        x2=np.arange(-10,10,0.25)
        y2=b/a*x2
        z2=np.zeros_like(x2)
        ax.plot(x2[(y2<10) & (y2>-10)],y2[(y2<10) &
(y2>-10)],z2[(y2<10) & (y2>-10)],color='red',lw=1.5)
    else:
```

例 3.7.8
完整程序扫码

例 3.7.8 运行
结果录屏扫码

```
z2 = np. linspace (-60,60,300)
x2 = (2 * mu+z2/mu) * a/2
y2 = (z2/mu-2 * mu) * b/2
ax. plot (x2 [(y2<10) & (y2>-10) & (x2<10) & (x2>-
10)],y2 [(y2<10) & (y2>-10) & (x2<10) & (x2>-10)],z2 [(y2<
10) & (y2>-10) & (x2<10) & (x2>-10)],color='red',lw=1.5)
    plt. pause (0.3)
plt. show ()
```

运行结果如图 3-7-9 所示(动态图中截取 4 个图).

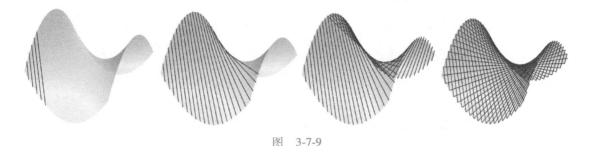

图　3-7-9

习题 3.7

1. 画出下列三维曲线(或直线)的图像.

(1) 曲线 $\begin{cases} x=t\sin 5t, \\ y=t\cos 5t, \quad -3 \le t \le 5, \\ z=t; \end{cases}$

(2) 直线 $\begin{cases} 4x-12y+3z-24=0, \\ 4x+3y-3z-6=0. \end{cases}$

2. 画出下列三维曲面的图像.

(1) 椭球面 $x^2+\dfrac{y^2}{4}+\dfrac{z^2}{9}=1$;

(2) 双叶双曲面 $\dfrac{x^2}{4}+\dfrac{y^2}{3}-\dfrac{z^2}{2}=-1$;

(3) 曲面 $z=\sin\sqrt{x^2+y^2}$.

3. 将双曲线 $\begin{cases} x^2-\dfrac{z^2}{4}=1, \\ y=0 \end{cases}$ 绕 z 轴旋转,可得到单

叶双曲面 $x^2+y^2-\dfrac{z^2}{4}=1$. 试画出动态旋转过程.

第 4 章
二次曲线与二次曲面的一般理论

在中学，我们学习的二次曲线有椭圆、抛物线及双曲线，了解了它们的方程，学习了其性质．本章将从二次曲线的一般方程出发，讨论一般二次曲线的中心、直径和共轭直径、主轴、切线和渐近线，并对二次曲线进行分类．

二次曲线的方程不仅与二次曲线本身有关，也与所选用的坐标系有关．几何中所关注的是二次曲线的几何性质，即与坐标系的选取无关，而与二次曲线本身有关．二次曲线的方程是从代数角度反映其几何结构的，通过二次曲线一般理论的学习，将代数理论与几何理论相结合的方法从低维空间拓广到高维空间．

一般二次曲线方程为

$$F(x,y) = a_{11}x^2 + 2a_{12}xy + a_{22}y^2 + 2b_1x + 2b_2y + c = 0, \quad (4.0.1)$$

引进下列记号

$$F_1(x,y) = a_{11}x + a_{12}y + b_1,$$
$$F_2(x,y) = a_{12}x + a_{22}y + b_2,$$
$$F_3(x,y) = b_1x + b_2y + c,$$
$$\Phi(x,y) = a_{11}x^2 + 2a_{12}xy + a_{22}y^2.$$

这样容易验证，下面等式成立

$$F(x,y) = xF_1(x,\ y) + yF_2(x,\ y) + F_3(x,\ y) = 0.$$

我们把 $F(x,y)$ 及 $\Phi(x,y)$ 的系数所构成的矩阵

$$A = \begin{pmatrix} a_{11} & a_{12} & b_1 \\ a_{12} & a_{22} & b_2 \\ b_1 & b_2 & c \end{pmatrix}, \qquad A_0 = \begin{pmatrix} a_{11} & a_{12} \\ a_{12} & a_{22} \end{pmatrix},$$

分别称为二次曲线的系数矩阵及它的二次项系数矩阵，或称为 $F(x,y)$ 与 $\Phi(x,y)$ 的矩阵，则

$$F(x,y) = (x,y,1)A\begin{pmatrix} x \\ y \\ 1 \end{pmatrix}, \quad \Phi(x,y) = (x,y)A_0\begin{pmatrix} x \\ y \end{pmatrix}.$$

记

$$I_1 = a_{11} + a_{22}, \quad I_2 = |\boldsymbol{A}_0| = \begin{vmatrix} a_{11} & a_{12} \\ a_{12} & a_{22} \end{vmatrix}, \quad I_3 = |\boldsymbol{A}| = \begin{vmatrix} a_{11} & a_{12} & b_1 \\ a_{12} & a_{22} & b_2 \\ b_1 & b_2 & c \end{vmatrix}.$$

4.1　二次曲线和直线的相关位置

二次曲线和直线
的相关位置讲解
视频扫码

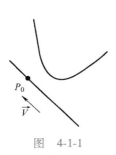

图　4-1-1

4.1.1　二次曲线与直线的交点问题

　　由于二次曲线的许多几何性质，如渐近线、切线、对称轴等都是直线，因此我们从讨论二次曲线与直线的交点入手，研究二次曲线与直线的位置关系.

　　如图 4-1-1 所示，设过点 $P_0(x_0, y_0)$，方向为 $\vec{V} = (X, Y)$ 的直线的参数方程为

$$\begin{cases} x = x_0 + Xt, \\ y = y_0 + Yt, \end{cases} \quad (-\infty < t < +\infty). \tag{4.1.1}$$

　　考虑式(4.1.1)所表示的直线与式(4.0.1)所表示的二次曲线的交点，把直线的参数方程代入二次曲线的方程整理可得关于 t 的二次方程

$$(a_{11}X^2 + 2a_{12}XY + a_{22}Y^2)t^2 + 2[(a_{11}x_0 + a_{12}y_0 + b_1)X + (a_{12}x_0 + a_{22}y_0 + b_1)Y]t +$$
$$(a_{11}x_0^2 + 2a_{12}x_0y_0 + a_{22}y_0^2 + 2b_1x_0 + 2b_2y_0 + c) = 0,$$

使用记号可简写为

$$\Phi(X, Y)t^2 + 2[F_1(x_0, y_0)X + F_2(x_0, y_0)Y]t + F(x_0, y_0) = 0. \tag{4.1.2}$$

　　情形 1　若 $\Phi(X, Y) \neq 0$，则式(4.1.2)为关于 t 的一元二次方程，其判别式为

$$\Delta = 4[F_1(x_0, y_0)X + F_2(x_0, y_0)Y]^2 - 4\Phi(X, Y)F(x_0, y_0),$$

　　(1) 若 $\Delta > 0$，则 t 有两个不同实根，即直线与二次曲线有两个不同交点，此时直线(4.1.1)表示二次曲线的割线.

　　(2) 若 $\Delta = 0$，则 t 有两个重根，即直线与二次曲线有两个重合的交点，此时直线为二次曲线的切线.

　　(3) 若 $\Delta < 0$，则 t 有两个共轭虚根，即直线与二次曲线无实交点而是交于两共轭虚点.

　　情形 2　若 $\Phi(X, Y) = 0$，则式(4.1.2)为关于 t 的一元一次方程

$$2[F_1(x_0, y_0)X + F_2(x_0, y_0)Y]t + F(x_0, y_0) = 0. \tag{4.1.3}$$

　　(1) 若 $F_1(x_0, y_0)X + F_2(x_0, y_0)Y \neq 0$，则式(4.1.3)有唯一解，即直线与二次曲线交于一点.

（2）若 $F_1(x_0,y_0)X+F_2(x_0,y_0)Y=0$ 而 $F(x_0,y_0)\neq0$，则式（4.1.3）无解，即直线与二次曲线无交点.

（3）当 $F_1(x_0,y_0)X+F_2(x_0,y_0)Y=0$ 且 $F(x_0,y_0)=0$，则式（4.1.3）的解为任意实数，即所有直线上的点都满足式（4.0.1），即式（4.1.3）所表示的直线在式（4.0.1）所表示的二次曲线上.

4.1.2　二次曲线的切线

定义 4.1.1　如果直线与二次曲线相交于相互重合的两个点，那么这条直线就叫作**二次曲线的切线**，这个重合的交点叫作**切点**，如果直线全部在二次曲线上，我们也称它为二次曲线的切线，直线上的每一个点都可以看作切点.

性质 4.1.1　设 $P_0(x_0,y_0)$ 为二次曲线上一点，如果 $F_1(x_0,y_0)$，$F_2(x_0,y_0)$ 不全为 0，则通过 $P_0(x_0,y_0)$ 有唯一的一条切线，方程是

$$(x-x_0)F_1(x_0,y_0)+(y-y_0)F_2(x_0,y_0)=0.$$

证明　设过 $P_0(x_0,y_0)$ 的直线方程为

$$\begin{cases}x=x_0+Xt,\\ y=y_0+Yt,\end{cases}\quad(-\infty<t<+\infty),\qquad(4.1.4)$$

那么此直线称为二次曲线的切线的情况有两种.

（1）当 $\Phi(X,Y)\neq0$ 时，有两个重合的交点，即关于 t 的一元二次方程（4.1.2）有两个重根. 应满足

$$\Delta=4[F_1(x_0,y_0)X+F_2(x_0,y_0)Y]^2-4\Phi(X,Y)F(x_0,y_0)=0.$$

因为 $P_0(x_0,y_0)$ 为二次曲线上一点，因此有 $F(x_0,y_0)=0$. 所以上式等价于

$$F_1(x_0,y_0)X+F_2(x_0,y_0)Y=0.$$

可取切线的方向向量为 $X:Y=F_2(x_0,y_0):(-F_1(x_0,y_0))$.

（2）当 $\Phi(X,Y)=0$ 时，直线在二次曲线上. 有

$$2[F_1(x_0,y_0)X+F_2(x_0,y_0)Y]t+F(x_0,y_0)=0,$$

由于 $P_0(x_0,y_0)$ 为二次曲线上一点，因此有 $F(x_0,y_0)=0$. 所以

$$F_1(x_0,y_0)X+F_2(x_0,y_0)Y=0.$$

此时切线的方向向量仍为 $X:Y=F_2(x_0,y_0):(-F_1(x_0,y_0))$.

综上，无论 $\Phi(X,Y)$ 的取值如何，过二次曲线上一点 $P_0(x_0,y_0)$ 的切线的方向向量都为 $X:Y=F_2(x_0,y_0):(-F_1(x_0,y_0))$. 因此过

点 $P_0(x_0, y_0)$ 的切线方程为

$$\frac{x-x_0}{F_2(x_0, y_0)} = \frac{y-y_0}{-F_1(x_0, y_0)},$$

或

$$(x-x_0)F_1(x_0, y_0) + (y-y_0)F_2(x_0, y_0) = 0.$$

当 $F_1(x_0, y_0) = F_2(x_0, y_0) = 0$ 时，切线方向无法确定. 此时通过 $P_0(x_0, y_0)$ 的任何直线都和二次曲线相交于相互重合的两点，我们把这样的直线也看成是二次曲线的切线.

性质 4.1.2　过不在二次曲线上的点 $P_0(x_0, y_0)$ 的切线方程为

$$[(x-x_0)F_1(x_0, y_0) + (y-y_0)F_2(x_0, y_0)]^2 -$$
$$\Phi(x-x_0, y-y_0)F(x_0, y_0) = 0,$$

如果它可以分解成 x, y 的两个一次方程的乘积，这两个一次方程表示的直线就是切线，否则无实切线.

证明　因 $P_0(x_0, y_0)$ 不在二次曲线上，所以过 $P_0(x_0, y_0)$ 的切线不可能是二次曲线的一部分，因此只需考虑 $\Phi(X, Y) \neq 0$ 且 $\Delta = 0$ 的情况.

设过 $P_0(x_0, y_0)$ 的直线方程为

$$\begin{cases} x = x_0 + Xt, \\ y = y_0 + Yt, \end{cases} \quad (-\infty < t < +\infty),$$

则满足切线的方向向量 $X : Y$ 满足

$$\Delta = [F_1(x_0, y_0)X + F_2(x_0, y_0)Y]^2 - 4\Phi(X, Y)F(x_0, y_0) = 0,$$

它是 X, Y 的二次齐次方程，以 $X : Y = (x-x_0) : (y-y_0)$ 代入得切线满足的方程. 如果它可以分解成 x, y 的两个一次方程的乘积，这两个一次方程表示的直线就是切线，否则无实切线.

定义 4.1.2　式 (4.0.1) 所表示的二次曲线上满足 $F_1(x_0, y_0) = F_2(x_0, y_0) = 0$ 的点 (x_0, y_0) 叫作二次曲线的**奇点**，二次曲线的非奇点叫作二次曲线的**正常点**.

例 4.1.1　求二次曲线

$$F(x, y) = x^2 - xy + y^2 + 2x - 4y - 3 = 0$$

在点 $(2, 1)$ 处的切线与法线.

解　因为 $F(2, 1) = 0$，所以点 $(2, 1)$ 在曲线上. 由所给曲线方程可知

$$F_1(x, y) = x - \frac{1}{2}y + 1, \quad F_2(x, y) = -\frac{1}{2}x + y - 2,$$

代入点 $(2,1)$ 计算可得

$$F_1(2,1) = \frac{5}{2}, \quad F_2(2,1) = -2.$$

因此点 $(2,1)$ 为二次曲线的正常点，从而切线方程为

$$\frac{5}{2}(x-2) - 2(y-1) = 0, \quad \text{即 } 5x - 4y - 6 = 0.$$

法线方程为

$$2(x-2) + \frac{5}{2}(y-1) = 0, \quad \text{即 } 4x + 5y - 13 = 0.$$

例 4.1.2 　求过点 $(0,2)$ 的二次曲线 $x^2 - xy + y^2 - 1 = 0$ 的切线方程.

解　 $F(0,2) = 3$，因此点 $(0,2)$ 不在二次曲线上. 过点 $(0,2)$ 的直线的参数方程可写成

$$\begin{cases} x = Xt, \\ y = 2 + Yt, \end{cases} \quad (-\infty < t < +\infty),$$

可计算 $F_1(0,2) = -1$，$F_2(0,2) = 2$，根据直线与二次曲线的相切条件知

$$(-1X + 2Y)^2 - 3(X^2 - XY + Y^2) = 0,$$

从而有

$$(2X - Y)(X + Y) = 0,$$

切线的方向向量为 $1:2$ 或 $1:(-1)$，所以两条切线方程为

$$2x - y + 2 = 0, \quad x + y - 2 = 0.$$

例 4.1.3 　试证斜率为 k 且与椭圆 $\dfrac{x^2}{a^2} + \dfrac{y^2}{b^2} = 1$ 相切的切线方程是

$$y = kx \pm \sqrt{a^2 k^2 + b^2}.$$

证明　设切线的切点为 (x_0, y_0)，那么切线的方程为

$$\frac{xx_0}{a^2} + \frac{yy_0}{b^2} = 1, \tag{4.1.5}$$

它的斜率为

$$k = -\frac{b^2 x_0}{a^2 y_0}. \tag{4.1.6}$$

又因为切点 (x_0, y_0) 在椭圆上，所以

$$\frac{x_0^2}{a^2} + \frac{y_0^2}{b^2} = 1, \tag{4.1.7}$$

联立式 $(4.1.6)$ 和式 $(4.1.7)$ 解得

$$x_0 = \pm \frac{a^2 k}{\sqrt{a^2 k^2 + b^2}}, \quad y_0 = \mp \frac{b^2}{\sqrt{a^2 k^2 + b^2}},$$

代入式(4.1.5)得

$$y = kx \pm \sqrt{a^2 k^2 + b^2}.$$

习题 4.1

1. 求曲线 $4x^2 - 4xy + y^2 - 2x + 1 = 0$ 在点 $(1,3)$ 处的切线及法线方程.

2. 讨论 k 的值，使直线 $x + ky - 1 = 0$ 与二次曲线 $y^2 - 2xy - (k-1)y - 1 = 0$ 交于两个互相重合的实点.

3. 求二次曲线 $xy + 2x - 2y - 1 = 0$ 通过点 $(1,1)$ 的切线方程.

4. 讨论抛物线 $y^2 = 2px$ 与对称轴 $y = 0$ 的关系.

5. 求下列二次曲线的奇异点.

(1) $3x^2 - 2y^2 + 6x + 4y + 1 = 0$;

(2) $x^2 - 2xy + y^2 - 2x + 2y + 1 = 0$.

6. 试决定 k 的值，使直线 $x + ky - 1 = 0$ 与二次曲线 $y^2 - 2xy - (k-1)y - 1 = 0$ 交于两个互相重合的实点.

7. 证明：抛物线 $y^2 = 2px$ 的切点为 (x_1, y_1) 的切线与 x 轴的交点为 $(-x_1, 0)$.

4.2 二次曲线的中心、渐近方向和对称轴

二次曲线渐进方向、
中心和渐近线
讲解视频扫码

4.2.1 二次曲线的中心与渐近方向

在上一节中，我们看到当 $\Phi(X,Y) \neq 0$ 时，直线

$$\begin{cases} x = x_0 + Xt, \\ y = y_0 + Yt, \end{cases} \quad (-\infty < t < +\infty)$$

与二次曲线 $F(x,y) = 0$ 总交于两点：两不同实点、两重合实点或一对共轭虚点. 我们称由直线与二次曲线的交点决定的线段叫作二次曲线的一条**弦**. 设这两个交点是

$$(x_0 + t_1 X, y_0 + t_1 Y), \quad (x_0 + t_2 X, y_0 + t_2 Y).$$

它们构成线段的中点 $\left(x_0 + \dfrac{t_1 + t_2}{2} X, y_0 + \dfrac{t_1 + t_2}{2} Y \right)$ 总是实点.

定义 4.2.1 满足 $\Phi(X,Y) = 0$ 的方向 (X,Y) 称为二次曲线 (4.0.1)的渐近方向，否则称为非渐近方向.

$\Phi(X,Y) = a_{11}X^2 + 2a_{12}XY + a_{22}Y^2 = 0$，把它看成 $\dfrac{X}{Y}$ 的二次方程，则判别式为 $a_{12}^2 - a_{11}a_{22} = -I_2$. 因此可根据 I_2 来判断二次曲线是否有渐近方向.

(1) 当 $I_2 > 0$ 时，二次曲线没有实渐近方向，是椭圆型二次曲线；

(2) 当 $I_2 = 0$ 时，二次曲线有一个渐近方向，是抛物型二次曲线；

(3) 当 $I_2 < 0$ 时，二次曲线有两个实渐近方向，是双曲型二次曲线.

定义 4.2.2　如果二次曲线上任意一点 Q 关于点 P 的对称点 Q' 仍在二次曲线上，则称点 P 为二次曲线的对称中心，简称为**二次曲线的中心**（见图 4-2-1）.

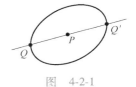

图　4-2-1

性质 4.2.1　$P(x_0,y_0)$ 是二次曲线的对称中心，当且仅当 $P(x_0,y_0)$ 满足

$$\begin{cases} F_1(x_0,y_0)=0, \\ F_2(x_0,y_0)=0, \end{cases}$$

证明　设 $P(x_0,y_0)$ 是二次曲线的中心，二次曲线上的任意一点 $Q(x,y)$，其关于 $P(x_0,y_0)$ 的对称点 $Q'(2x_0-x,2y_0-y)$ 仍在曲线上，因此有

$$\begin{cases} F(x,y)=0, \\ F(2x_0-x,\ 2y_0-y)=0, \end{cases}$$

把第一个式子代入第二个式子并整理可得

$$(x_0-x)F_1(x_0,y_0)+(y_0-y)F_2(x_0,y_0)=0,$$

由 $Q(x,y)$ 点的任意性可得 $F_1(x_0,y_0)=F_2(x_0,y_0)=0$.

反之，若 $F_1(x_0,y_0)=F_2(x_0,y_0)=0$，因为 $Q(x,y)$ 是二次曲线上的一点，因此有 $F(x,y)=0$. 可验证 $Q(x,y)$ 关于 $P(x_0,y_0)$ 的对称点 $Q'(2x_0-x,2y_0-y)$ 也在曲线上，即满足 $F(2x_0-x,2y_0-y)=0$.

由性质 4.2.1 知，当 $I_2\neq0$ 时，二次曲线有唯一中心，称二次曲线为**中心型曲线**；当 $I_2=0$，$I_3=0$ 时，$F_1(x,y)=0$ 与 $F_2(x,y)=0$ 为等效方程，因此二次曲线有无穷多个中心，称为**线心曲线**；当 $I_2=0$，$I_3\neq0$ 时，二次曲线无中心，称为**无心曲线**.

例如，椭圆 $\dfrac{x^2}{a^2}+\dfrac{y^2}{b^2}=1$ 与双曲线 $\dfrac{x^2}{a^2}-\dfrac{y^2}{b^2}=1$ 是中心二次曲线，中心都是原点. 而按渐近方向分类，椭圆 $\dfrac{x^2}{a^2}+\dfrac{y^2}{b^2}=1$ 是椭圆型的；双曲线 $\dfrac{x^2}{a^2}-\dfrac{y^2}{b^2}=1$ 是双曲型的. 抛物线 $y^2=2px$ 是抛物型的无心二次曲线；而退化二次曲线 $x^2-y^2=0$ 是双曲型的中心二次曲线. 退化二次曲线 $x^2-1=0$ 是线心二次曲线，中心直线是 $x=0$.

定义 4.2.3　通过二次曲线的中心且以渐近方向为方向的直线称为**二次曲线的渐近线**.

例 4.2.1　求二次曲线 $6x^2-xy-y^2+3x+y-1=0$ 的渐近线方程.

解　将二次曲线代入

$$\begin{cases} F_1(x,y)=0, \\ F_2(x,y)=0, \end{cases}$$

解方程组

$$\begin{cases} 6x-\dfrac{1}{2}y+\dfrac{3}{2}=0, \\ -\dfrac{1}{2}x-y+\dfrac{1}{2}=0, \end{cases}$$

可得中心为 $\left(-\dfrac{1}{5},\dfrac{3}{5}\right)$.

代入 $\Phi(X,Y)=a_{11}X^2+2a_{12}XY+a_{22}Y^2=0$，可得渐近方向为 $(1,2)$ 和 $(1,-3)$. 因此两条渐近线方程为

$$2x-y+1=0 \text{ 和 } 3x+y=0.$$

4.2.2　二次曲线的直径

当直线平行于二次曲线的某个非渐近方向时，它与二次曲线总交于两点，从而确定二次曲线的一条弦.

> **性质 4.2.2**　二次曲线平行于非渐近方向 $X:Y$ 的弦的中点轨迹是直线，且方程为
> $$F_1(x,y)X+F_2(x,y)Y=0.$$

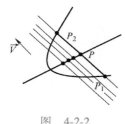

图　4-2-2

证明　如图 4-2-2 所示，$P(x_0,y_0)$ 是一条方向为 (X,Y) 的直线与二次曲线相交后的弦 P_1P_2 的中点，直线的参数方程为

$$\begin{cases} x=x_0+Xt, \\ y=y_0+Yt, \end{cases} \quad (-\infty<t<+\infty),$$

它与二次曲线的两个交点分别为 P_1 和 P_2，所对应的参数 t_1 和 t_2 是二次方程

$$\Phi(X,Y)t^2+2[F_1(x_0,y_0)X+F_2(x_0,y_0)Y]t+F(x_0,y_0)=0$$

的两个根，因为 P 是 P_1 和 P_2 的中点，因此有

$$t_1+t_2=0,$$

于是可得

$$F_1(x_0,y_0)X+F_2(x_0,y_0)Y=0.$$

展开后可写成

$$(a_{11}x_0+a_{12}y_0+b_1)X+(a_{12}x_0+a_{22}y_0+b_2)Y=0.$$

因此方向为 (X,Y) 的弦的中心坐标满足

$$(a_{11}x+a_{12}y+b_1)X+(a_{12}x+a_{22}y+b_2)Y=0, \qquad (4.2.1)$$

或

$$(a_{11}X+a_{12}Y)x+(a_{12}X+a_{22}Y)y+b_1X+b_2Y=0. \qquad (4.2.2)$$

若所给出的方向 (X,Y) 为非渐近方向，则此时平行于此方向的弦的中点的方程为式 $(4.2.1)$ 或式 $(4.2.2)$. 式 $(4.2.2)$ 的系数不能全为零，因为若 $a_{11}X+a_{12}Y=0$，$a_{12}X+a_{22}Y=0$，则 $\Phi(X,Y)=0$，这与 (X,Y) 为非渐近方向矛盾.

因此二次曲线平行弦中点的轨迹是一条直线，这条直线称为共轭于平行弦方向的**直径**. 这条直径的方向称为平行弦方向的**共轭方向**.

二次曲线平行于 (X,Y) 的弦的共轭方向 (X',Y') 为

$$X'=-(a_{12}X+a_{22}Y) \quad,\quad Y'=a_{11}X+a_{12}Y, \qquad (4.2.3)$$

代入二次项可得 $\Phi(X',Y')=I_2\Phi(X,Y)$. 因为 (X,Y) 为非渐近方向，因此 $\Phi(X,Y)\neq0$.

（1）当 $I_2\neq0$ 时，$\Phi(X',Y')\neq0$，(X',Y') 为非渐近方向. 再考虑 (X',Y') 的共轭方向 (X'',Y'')，代入式 $(4.2.3)$ 可得 $X''=-I_2X$，$Y''=-I_2Y$，由于 $I_2\neq0$，因此有 $(X'',Y'')=(X,Y)$，即 (X,Y) 与 (X',Y') 互相共轭. 此时二次曲线的一对具有相互共轭方向的直径，叫作**一对共轭直径**.

（2）当 $I_2=0$ 时，$\Phi(X',Y')=0$，(X',Y') 为渐近方向. $I_2=0$ 的二次曲线的所有直径都平行于此二次曲线唯一的渐近方向.

例 4.2.2　椭圆

$$\frac{x^2}{a^2}+\frac{y^2}{b^2}=1$$

是中心二次曲线，它没有渐近方向. 共轭于方向 $X:Y$ 的直径是

$$L_1:\frac{X}{a^2}x+\frac{Y}{b^2}y=0,$$

它过中心 $O(0,0)$，方向是 $-\dfrac{Y}{b^2}:\dfrac{X}{a^2}$. 共轭于方向 $-\dfrac{Y}{b^2}:\dfrac{X}{a^2}$ 的直径是 $L_2:-Yx+Xy=0$. 它平行于方向 $X:Y$，L_1 与 L_2 是椭圆的一对共轭直径，如图 4-2-3 所示.

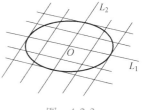

图　4-2-3

如果 $a=b$，例 4.2.2 证明了 $Xx+Yy=0$ 与 $Yx-Xy=0$ 是圆 $x^2+y^2=a^2$ 的共轭直径，这是过圆心的两条互相垂直的直线. 由共轭直径的定义易知圆的任意一对相互垂直的直径是共轭直径.

例 4.2.3　求满足下列条件的二次曲线方程. 此二次曲线过坐标原点，且 $L_1:x-3y-2=0$，$L_2:5x-5y-4=0$ 以及 $L_3:5y+3=0$，$L_4:2x-$

$y-1=0$ 为二次曲线的两对共轭直径.

解 设所求二次曲线方程为

$$a_{11}x^2+2a_{12}xy+a_{22}y^2+2b_1x+2b_2y=0.$$

所求的二次曲线的中心是共轭直径 $L_1:x-3y-2=0$，$L_2:5x-5y-4=0$ 的交点 $P_0\left(\dfrac{1}{5},-\dfrac{3}{5}\right)$，它也是共轭直径 $L_3:5y+3=0$，$L_4:2x-y-1=0$ 的交点. 此交点为二次曲线的中心，因此有

$$\frac{1}{5}a_{11}-\frac{3}{5}a_{12}+b_1=0,\quad \frac{1}{5}a_{12}-\frac{3}{5}a_{22}+b_2=0.$$

取 $X_1:Y_1=3:1$，$X_2:Y_2=1:1$ 与 $X_3:Y_3=1:0$ 以及 $X_4:Y_4=1:2$ 为二次曲线的两对共轭方向，代入式(4.2.3)可得

$$3a_{11}+4a_{12}+a_{22}=0,\ a_{11}+2a_{12}=0.$$

解四个方程，可得二次曲线方程为

$$x^2-xy-y^2-x-y=0.$$

4.2.3 二次曲线的对称轴

二次曲线的对称
轴讲解视频扫码

> **定义 4.2.4** 如果对二次曲线上的任意一点 Q 关于直线 L 的对称点 Q' 也在二次曲线上，则称直线 L 为**二次曲线的对称轴**.

> **定义 4.2.5** 二次曲线垂直于其共轭弦的直径叫作二次曲线的**主直径**，主直径的方向与垂直于主直径的方向都叫作二次曲线的**主方向**.

显然，主直径是二次曲线的对称轴. 接下来我们讨论二次曲线的主方向.

当 $I_2\neq0$ 时，与方向 (X,Y) 共轭的方向 (X',Y') 为 $X'=-(a_{12}X+a_{22}Y)$，$Y'=a_{11}X+a_{12}Y$. 由主方向的定义 4.2.5 知，(X,Y) 为主方向的条件为与它的共轭方向垂直，即 $XX'+YY'=0$. 因此有

$$X:Y=-Y':X'=(a_{11}X+a_{12}Y):(a_{12}X+a_{22}Y).$$

从上式可知，二次曲线的主方向满足

$$\begin{cases} a_{11}X+a_{12}Y=\lambda X, \\ a_{12}X+a_{22}Y=\lambda Y, \end{cases} \quad (4.2.4)$$

其中 $\lambda\neq0$，式(4.2.4)可改写为

$$\begin{cases} (a_{11}-\lambda)X+a_{12}Y=0, \\ a_{12}X+(a_{22}-\lambda)Y=0. \end{cases} \quad (4.2.5)$$

方程中 X, Y 不全为零, 因此

$$\begin{vmatrix} a_{11}-\lambda & a_{12} \\ a_{12} & a_{22}-\lambda \end{vmatrix} = 0, \qquad (4.2.6)$$

即

$$\lambda^2 - I_1\lambda + I_2 = 0, \qquad (4.2.7)$$

其中 $I_1 = a_{11} + a_{22}$, $I_2 = a_{11}a_{22} - a_{12}^2$.

定义 4.2.6　式(4.2.6)或式(4.2.7)称为式(4.0.1)所表示二次曲线的**特征方程**, 特征方程的根叫作二次曲线的**特征根**.

从式(4.2.6)式(4.2.7)可求出特征根, 把它代入式(4.2.5), 就得到相应的主方向. 如果主方向为非渐近方向, 由 $XF_1(x,y) + YF_2(x,y) = 0$ 可得到共轭于 $X:Y$ 的主轴或对称轴方程.

由于有中心与非中心之分, 故对于中心型曲线来说, 任一个非渐近方向 $X:Y$, 其共轭方向 $X':Y'$ 是一个非渐近方向; 但对于非中心型曲线来说, 任一个非渐近方向 $X:Y$, 其共轭方向 $X':Y'$ 都是一个渐近方向.

对式(4.2.7), 因为

$$\Delta = I_1^2 - 4I_2 = (a_{11}+a_{22})^2 - 4(a_{11}a_{22}-a_{12}^2) = (a_{11}-a_{22})^2 + 4a_{12}^2 \geqslant 0.$$

因此式(4.2.7)必有两个特征根, 且皆为实根. 下面分两种情况讨论.

情形 1　中心型曲线, 即 $I_2 \neq 0$ 时, 特征根皆不为零.

当 $a_{11} \neq a_{22}$ 或 $a_{12} \neq 0$ 时, 判别式 $\Delta > 0$, 特征方程有两个不相等的实根 λ_1, λ_2. 将它们代入方程(4.2.5), 得两个主方向

$$X_1 : Y_1 = -a_{12} : (a_{11}-\lambda_1) = -(a_{22}-\lambda_1) : a_{12}$$

及

$$X_2 : Y_2 = -a_{12} : (a_{11}-\lambda_2) = -(a_{22}-\lambda_2) : a_{12},$$

由于这两个方向是互相垂直的, 因此由它们得到的共轭直径是两条互相垂直的主轴.

当 $a_{11} = a_{22} \neq 0$ 且 $a_{12} = 0$ 时, 中心曲线为圆(包括虚圆与点圆), 此时判别式 $\Delta = 0$, 式(4.2.7)有重根 $\lambda_1 = \lambda_2 = a_{11} = a_{22} \neq 0$. 也就是说, 对任意方向 $X:Y$, 都满足 $\lambda = \lambda_1 = \lambda_2$. 代入式(4.2.5), 得两个恒等式

$$\begin{cases} a_{11}X = a_{11}X, \\ a_{11}Y = a_{11}Y, \end{cases}$$

因此任意方向都是主方向, 从而通过圆心的任何直线不仅是直径, 而且还是圆的主轴, 即圆的任何一条直径都是主轴.

情形 2　非中心型曲线，即 $I_2 = 0$.

由根与系数的关系可知 $\lambda_1 \lambda_2 = I_2 = 0$，所以 λ_1 与 λ_2 中至少有一个是零（但不能均为零. 若 $a_{11} = a_{12} = a_{22} = 0$，$I_1 = I_2 = 0$，则式（4.0.1）不表示二次曲线），所以特征方程为

$$\lambda^2 - I_1 \lambda = 0,$$

即

$$\lambda(\lambda - I_1) = 0,$$

所以 $\lambda_1 = 0$，$\lambda_2 = I_1 = a_{11} + a_{22}$.

对于 $\lambda_1 = 0$，代入式（4.2.5）有

$$\begin{cases} a_{11}X_1 + a_{12}Y_1 = 0, \\ a_{12}X_1 + a_{22}Y_1 = 0, \end{cases}$$

即

$$X_1 : Y_1 = -a_{12} : a_{11} = -a_{22} : a_{12},$$

显然 $X_1 : Y_1$ 是式（4.0.1）所表示二次曲线的渐近方向，所以 $\lambda_1 = 0$ 所决定的方向 $X_1 : Y_1$ 不是主方向.

对于 $\lambda_2 = a_{11} + a_{22}$，代入式（4.2.5）有

$$X_2 : Y_2 = a_{12} : a_{22} = a_{11} : a_{12},$$

且 $X_2 : Y_2$ 是式（4.0.1）所表示二次曲线的非渐近方向. 共轭于这个方向的直径就是非中心二次曲线的唯一主轴，即它的对称轴. 主轴方程为

$$X_2 F_1(x,y) + Y_2 F_2(x,y) = 0.$$

由以上分析可知，中心二次曲线至少有两条主轴，非中心二次曲线只有一条主轴.

例 4.2.4　求二次曲线 $x^2 + 4xy + 4y^2 + 12x - y + 1 = 0$ 的对称轴.

解　二次曲线的矩阵是

$$\begin{pmatrix} 1 & 2 & 6 \\ 2 & 4 & -\dfrac{1}{2} \\ 6 & -\dfrac{1}{2} & 1 \end{pmatrix},$$

其中 $I_2 = 0$，因此该二次曲线是无心曲线. 特征方程是 $\lambda^2 - 5\lambda = 0$，特征根是 $\lambda_1 = 5$，$\lambda_2 = 0$.

$\lambda_2 = 0$ 对应的主方向 $X_2 : Y_2 = 2 : -1$ 是渐近主方向. 非零特征根 $\lambda_1 = 5$ 对应的主方向 $X_1 : Y_1 = 1 : 2$，对应的对称轴是

$$(x + 2y + 6) + 2\left(2x + 4y - \frac{1}{2}\right) = 0,$$

即 $x+2y+1=0$，它是二次曲线的唯一对称轴.

例 4.2.5　求二次曲线 $5x^2-6xy+5y^2+18x-14y+9=0$ 的主方向与主轴.

解　由已知方程可计算

$$I_1=a_{11}+a_{12}=10,\qquad I_2=\begin{vmatrix}5&-3\\-3&5\end{vmatrix}=16\neq0.$$

所以已知曲线是中心型二次曲线.

求特征方程 $\lambda^2-I_1\lambda+I_2=0$ 的特征根，即 $\lambda^2-10\lambda+16=0$. 因此特征根为 $\lambda_1=2$，$\lambda_2=8$.

将 λ_1，λ_2 的值分别代入式 (4.2.5)，计算其主方向. 对于 $\lambda_1=2$，它确定的主方向为 $X_1:Y_1=1:1$；对于 $\lambda_2=8$，它确定的主方向为 $X_2:Y_2=-1:1$.

又因 $F_1(x,y)=5x-3y+9$，$F_2(x,y)=-3x+5y-7$，所以分别与 $X_1:Y_1=1:1$ 和 $X_2:Y_2=-1:1$ 共轭的主轴方程为

$$X_1F_1(x,y)+Y_1F_2(x,y)=0 \text{ 与 } X_2F_1(x,y)+Y_2F_2(x,y)=0,$$

即

$$x+y+1=0 \text{ 与 } x-y+2=0.$$

习题 4.2

1. 讨论 a，b 的取值，使二次曲线 $x^2+6xy+ay^2+3x+by-4=0$ 满足下列要求.

（1）有唯一的中心；

（2）没有中心；

（3）有一条中心直线.

2. 求 $F(x,y)=x^2-3xy+y^2+10x-10y+21=0$ 的对称轴与中心.

3. 判断下列二次曲线的类型并求对称轴.

（1）$x^2-3xy+y^2+10x-10y+21=0$；

（2）$x^2+4xy+4y^2-20x+10y-50=0$.

4. 求双曲线 $\dfrac{x^2}{9}-\dfrac{y^2}{4}=1$ 被点 $(5,1)$ 平分的弦的方程.

5. 求二次曲线 $6x^2-xy-y^2+3x+y-1=0$ 的渐近线.

6. 求二次曲线 $x^2-2xy+y^2+2x-2y-3=0$ 共轭于非渐近方向 $X:Y$ 的直径.

7. 设二次曲线的方程为

$F(x,y)=a_{11}x^2+2a_{12}xy+a_{22}y^2+2a_{13}x+2a_{23}y+a_{33}=0$，点 (x_0,y_0) 是它的中心，证明曲线的渐近线可以写成

$$F(x,y)-F(x_0,y_0)=0.$$

8. 已知二次曲线为 $3x^2+7xy+5y^2+4x+5y+1=0$，求它与 x 轴平行的弦的中点轨迹.

9. 二次曲线方程为 $a_{11}x^2+2a_{12}xy+a_{22}y^2+2b_1x+2b_2y+c=0$，已知 $I_2\neq0$，且它的一对共轭直径的斜率分别为 k 和 k'，试求 k，k' 应满足的关系.

10. 求二次曲线 $x^2+4xy+4x^2-8x+4=0$ 的主方向与主轴.

11. 求下列二次曲线的方程.

（1）通过点 $(1,-1)$ 且以两直线 $2x+3y-5=0$ 与 $5x+3y-8=0$ 为其渐近线的二次曲线方程；

（2）通过点 $(3,-3)$，$(3,-7)$ 且以两直线 $x-y-10=0$ 与 $x+y+6=0$ 为一对共轭直径的二次曲线方程.

12. 求二次曲线 $x^2-xy+y^2-1=0$ 的主方向与主直径.

坐标变换及一般二次曲线与二次曲面方程的化简

4.3.1 平面坐标变换

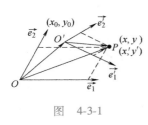

平面坐标变换
讲解视频扫码

图 4-3-1

假设平面中有两个仿射坐标系 $\text{I}\ \{O:\overrightarrow{e_1},\overrightarrow{e_2}\}$ 和坐标系 II $\{O:\overrightarrow{e_1'},\ \overrightarrow{e_2'}\}$. 点 P 在坐标系 I 中的坐标是 (x,y)，在坐标系 II 中的坐标是 (x',y'). 即 $\overrightarrow{OP}=x\overrightarrow{e_1}+y\overrightarrow{e_2}$，$\overrightarrow{O'P}=x'\overrightarrow{e_1'}+y'\overrightarrow{e_2'}$. 我们来考察 (x,y) 和 (x',y') 的关系.

设 O' 在坐标系 I 中的坐标是 (x_0,y_0)，如图 4-3-1 所示，向量 $\overrightarrow{e_1'},\ \overrightarrow{e_2'}$ 在坐标系 I 中的坐标分别是 (a_{11},a_{12}) 和 (a_{21},a_{22})，即

$$\overrightarrow{OO'}=x_0\overrightarrow{e_1}+y_0\overrightarrow{e_2},\qquad \overrightarrow{e_1'}=a_{11}\overrightarrow{e_1}+a_{12}\overrightarrow{e_2},\qquad \overrightarrow{e_2'}=a_{21}\overrightarrow{e_1}+a_{22}\overrightarrow{e_2}.$$

由向量运算的三角形法则有

$$\overrightarrow{OP}=\overrightarrow{OO'}+\overrightarrow{O'P},$$

故

$$\begin{aligned}
x\overrightarrow{e_1}+y\overrightarrow{e_2}&=x_0\overrightarrow{e_1}+y_0\overrightarrow{e_2}+x'\overrightarrow{e_1'}+y'\overrightarrow{e_2'}\\
&=x_0\overrightarrow{e_1}+y_0\overrightarrow{e_2}+x'(a_{11}\overrightarrow{e_1}+a_{12}\overrightarrow{e_2})+y'(a_{21}\overrightarrow{e_1}+a_{22}\overrightarrow{e_2})\\
&=(x_0+a_{11}x'+a_{21}y')\overrightarrow{e_1}+(y_0+a_{12}x'+a_{22}y')\overrightarrow{e_2}.
\end{aligned}$$

从而

$$\begin{cases}x=x_0+a_{11}x'+a_{21}y',\\ y=y_0+a_{12}x'+a_{22}y'.\end{cases}$$

记 $A=\begin{pmatrix}a_{11}&a_{21}\\a_{12}&a_{22}\end{pmatrix}$，则上式可写成

$$\begin{pmatrix}x\\y\end{pmatrix}=A\begin{pmatrix}x'\\y'\end{pmatrix}+\begin{pmatrix}x_0\\y_0\end{pmatrix}.$$

以上公式称为平面仿射坐标系 I 到 II 的点的坐标变换公式，矩阵 A 称为坐标变换的过渡矩阵. 由于 $\overrightarrow{e_1'},\ \overrightarrow{e_2'}$ 不平行，因此 $(a_{11},a_{12})\neq k(a_{21},a_{22})$，$k\in\mathbf{R}$. 这等价于矩阵 A 是可逆矩阵.

如果坐标系 I 到 II 都是直角坐标系，那么 $\overrightarrow{e_i}\cdot\overrightarrow{e_j}=\overrightarrow{e_i'}\cdot\overrightarrow{e_j'}=\delta_{ij}(i,$ $j=1,2)$. 把 $\overrightarrow{e_1'}=a_{11}\overrightarrow{e_1}+a_{12}\overrightarrow{e_2}$，$\overrightarrow{e_2'}=a_{21}\overrightarrow{e_1}+a_{22}\overrightarrow{e_2}$ 代入上式，即得 $\sum\limits_{k=1}^{2}a_{ik}\cdot$ $a_{jk}=\delta_{ij}(i,j,k=1,2)$. 这等价于矩阵 A 是正交矩阵. 特别地，如果 I 到 II 都是右手直角坐标系，那么把它们看成某个空间直角坐标系的 xOy 坐标平面，并且 $\overrightarrow{e_1'},\ \overrightarrow{e_2'}$ 分别对应于 x 轴和 y 轴. 则在这个坐

标系下，$\vec{e_1}=(1,0,0)$，$\vec{e_2}=(0,1,0)$，$\vec{e_1'}=(a_{11},a_{12},0)$，$\vec{e_2'}=(a_{21},$ $a_{22},0)$. 由于 $\vec{e_1}\times\vec{e_2}=\vec{e_1'}\times\vec{e_2'}=(0,0,1)$，得到 $a_{11}a_{22}-a_{12}a_{21}=1$，因此我们有下面的结论.

定理 4.3.1　平面直角坐标系之间的坐标变换的过渡矩阵是正交矩阵，更进一步，如果两个坐标系都是右手系的，那么坐标变换的过渡矩阵的行列式为 1.

下面我们进一步讨论右手直角坐标系之间的坐标变换，几何上看，这样的坐标变换可以分成两部分，即坐标轴平移和坐标轴旋转.

如图 4-3-2 所示，平移变换是将两个坐标轴平行移动，使坐标原点从 O 移到 $O'(x_0,y_0)$，得到新坐标系 $O'x'y'$. 设一点 P 在旧坐标系中的坐标（简称旧坐标）为 (x,y)，在新坐标系中的坐标（简称新坐标）为 (x',y')，这个平移变换的代数表示为

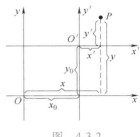

图　4-3-2

$$\begin{cases} x=x'+x_0 \\ y=y'+y_0 \end{cases}. \tag{4.3.1}$$

如图 4-3-3 所示，旋转变换是保持原点不动，坐标轴绕原点旋转 θ 角（逆时针方向为正），得到新坐标系 $O'x'y'$. 设任一点 P 的旧坐标为 (x,y)，新坐标为 (x',y')，若设 P 点在新坐标系下的极坐标为 $P(r,\varphi)$，则有

$$x'=r\cos\varphi，\quad y'=r\sin\varphi，$$

$$x=r\cos(\varphi+\theta)=r\cos\varphi\cos\theta-r\sin\varphi\sin\theta，$$

$$y=r\sin(\varphi+\theta)=r\sin\varphi\cos\theta+r\cos\varphi\sin\theta.$$

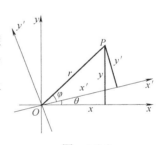

图　4-3-3

于是得到旋转角为 θ 的旋转变换的代数表示为

$$\begin{cases} x=x'\cos\theta-y'\sin\theta, \\ y=x'\sin\theta+y'\cos\theta. \end{cases} \tag{4.3.2}$$

如图 4-3-4 所示，对于任意两个直角坐标系 Oxy 及 $O'x'y'$，已知 O' 在坐标系 Oxy 中的坐标为 (x_0,y_0)，x 轴到 x' 轴的旋转角为 θ，要求这两个坐标系之间的坐标变换公式，先作一个辅助坐标系 $O'\bar{x}\bar{y}$，使 $\bar{x}$ 轴平行于 x 轴，由式 (4.3.1) 有

$$\begin{cases} x=\bar{x}+x_0, \\ y=\bar{y}+y_0. \end{cases} \tag{4.3.3}$$

由式 (4.3.2) 有

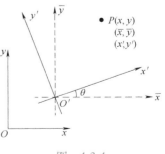

图　4-3-4

$$\begin{cases} \bar{x}=x'\cos\theta-y'\sin\theta, \\ \bar{y}=x'\sin\theta+y'\cos\theta. \end{cases} \tag{4.3.4}$$

把式(4.3.4)代入式(4.3.3)得

$$\begin{cases} x = x_0 + x'\cos\theta - y'\sin\theta, \\ y = y_0 + x'\sin\theta + y'\cos\theta. \end{cases}$$

这就是**一般坐标变换公式**.

例 4.3.1 把坐标系旋转 $\dfrac{\pi}{6}$，求曲线 $13x^2 + 6\sqrt{3}\,xy + 7y^2 = 16$ 在新坐标系中的方程.

解 把 $\theta = \dfrac{\pi}{6}$ 代入旋转公式可得

$$\begin{cases} x = \dfrac{\sqrt{3}}{2}x' - \dfrac{1}{2}y', \\ y = \dfrac{1}{2}x' + \dfrac{\sqrt{3}}{2}y', \end{cases}$$

代入曲线方程可得新方程为

$$x'^2 + \frac{y'^2}{4} = 1.$$

例 4.3.2 已知平面直角坐标系中两条互相垂直的直线

$$L_1 : 3x - 4y + 6 = 0 \quad \text{与} \quad L_2 : 4x + 3y - 17 = 0,$$

以它们为新的坐标轴（L_1 为 x' 轴，L_2 为 y' 轴，且都以"向上"为正方向），求坐标变换公式，且求点 $A(0,1)$ 的新坐标.

解 解方程组

$$\begin{cases} 3x - 4y + 6 = 0, \\ 4x + 3y - 17 = 0, \end{cases}$$

得 $x = 2$，$y = 3$，因此新坐标原点 O' 在旧坐标系中的坐标为 $(2,3)$.

由题意，x' 轴的单位方向向量为 $\left(\dfrac{4}{5}, \dfrac{3}{5}\right)$，$y'$ 轴的单位方向向量为 $\left(-\dfrac{3}{5}, \dfrac{4}{5}\right)$，从而可取旋转角 θ，使其满足 $\cos\theta = \dfrac{4}{5}$，$\sin\theta = \dfrac{3}{5}$，对应的坐标变换公式为

$$\begin{cases} x = \dfrac{4}{5}x' - \dfrac{3}{5}y' + 2, \\ y = \dfrac{3}{5}x' + \dfrac{4}{5}y' + 3, \end{cases}$$

即

$$\begin{cases} x' = \dfrac{1}{5}(4x + 3y - 17), \\ y' = -\dfrac{1}{5}(3x - 4y + 6). \end{cases}$$

由此可计算得 $A(0,1)$ 的新坐标为 $\left(-\dfrac{14}{5},-\dfrac{2}{5}\right)$.

4.3.2　空间坐标变换

空间两个仿射坐标系 $\text{I}\{O;\overrightarrow{e_1},\overrightarrow{e_2},\overrightarrow{e_3}\}$ 和坐标系 $\text{II}\{O';\overrightarrow{e_1'},\overrightarrow{e_2'},\overrightarrow{e_3'}\}$，点 P 在坐标系 I 中的坐标为 (x,y,z)，在坐标系 II 中的坐标为 (x',y',z'). O' 在坐标系 I 中的坐标为 (x_0,y_0,z_0)，向量 $\overrightarrow{e_1'}$，$\overrightarrow{e_2'}$，$\overrightarrow{e_3'}$ 在坐标系 I 中的坐标分别为 (a_{11},a_{12},a_{13})，(a_{21},a_{22},a_{23}) 和 (a_{31},a_{32},a_{33})，类似于平面坐标变换的情形，可以计算出

空间坐标变换
讲解视频扫码

$$\begin{cases} x=a_{11}x'+a_{21}y'+a_{31}z'+x_0, \\ y=a_{12}x'+a_{22}y'+a_{32}z'+y_0, \\ z=a_{13}x'+a_{23}y'+a_{33}z'+z_0, \end{cases}$$

记 $\boldsymbol{A}=\begin{pmatrix} a_{11} & a_{21} & a_{31} \\ a_{12} & a_{22} & a_{32} \\ a_{13} & a_{23} & a_{33} \end{pmatrix}$，以上公式可写成矩阵形式

$$\begin{pmatrix} x \\ y \\ z \end{pmatrix}=\boldsymbol{A}\begin{pmatrix} x' \\ y' \\ z' \end{pmatrix}+\begin{pmatrix} x_0 \\ y_0 \\ z_0 \end{pmatrix}. \tag{4.3.5}$$

此公式称为平面仿射坐标系 I 到 II 的点的坐标变换公式，矩阵 $\boldsymbol{A}$ 称为坐标变换的过渡矩阵.

> **定理 4.3.2**　空间仿射坐标系之间的坐标变换的过渡矩阵是可逆矩阵. 如果坐标系 I 和坐标系 II 都是直角坐标系，那么
>
> $$\overrightarrow{e_i}\cdot\overrightarrow{e_j}=\overrightarrow{e_i'}\cdot\overrightarrow{e_j'}=\delta_{ij}(i,j,k=1,2,3),$$
>
> 把 $\overrightarrow{e_i'}=a_{i1}\overrightarrow{e_1}+a_{i2}\overrightarrow{e_2}+a_{i3}\overrightarrow{e_3}$ 代入上式，得
>
> $$\sum_{k=1}^{3} a_{ik}\cdot a_{jk}=\delta_{ij}(i,j,k=1,2,3),$$
>
> 这等价于 $\boldsymbol{A}$ 是正交矩阵. 特别地，如果坐标系 I 和 II 都是右手直角坐标系，那么混合积 $(\overrightarrow{e_1},\overrightarrow{e_2},\overrightarrow{e_3})=(\overrightarrow{e_1'},\overrightarrow{e_2'},\overrightarrow{e_3'})=1$，从而 $\det(a_{ij})=1$. 空间直角坐标系的坐标通常用 $\{O;\overrightarrow{i},\overrightarrow{j},\overrightarrow{k}\}$ 表示.

例 4.3.3　设仿射坐标系 $\text{I}\{O;\overrightarrow{e_1},\overrightarrow{e_2},\overrightarrow{e_3}\}$ 到坐标系 $\text{II}\{O';\overrightarrow{e_1'},\overrightarrow{e_2'},\overrightarrow{e_3'}\}$ 的基向量变换为

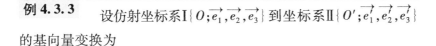

$$\begin{cases} \vec{e_1'} = -3\vec{e_1} - \vec{e_2} + \vec{e_3}, \\ \vec{e_2'} = \vec{e_1} + \vec{e_2}, \\ \vec{e_3'} = \vec{e_1} - \vec{e_3}, \end{cases}$$

新原点 O' 在坐标系 Ⅰ $\{O; \vec{e_1}, \vec{e_2}, \vec{e_3}\}$ 下的坐标为 $(1, -1, 2)$.

(1) 求点的仿射坐标变换;

(2) 求平面 $\pi: 2x - 3y + z - 1 = 0$ 在坐标系 Ⅱ $\{O'; \vec{e_1'}, \vec{e_2'}, \vec{e_3'}\}$ 下的方程;

(3) 求点 $P(-3, 1, 0)$ 在坐标系 Ⅱ $\{O'; \vec{e_1'}, \vec{e_2'}, \vec{e_3'}\}$ 下的坐标.

解 (1) 利用式(4.3.5)可得到点的仿射坐标变换公式为

$$\begin{cases} x = -3x' + y' + z' + 1, \\ y = -x' + y' - 1, \\ z = x' - z' + 2. \end{cases} \tag{4.3.6}$$

(2) 将式(4.3.6)代入平面 π 的方程有

$$2(-3x' + y' + z' + 1) - 3(-x' + y' - 1) + (x' - z' + 2) - 1 = 0,$$

整理得平面 π 在坐标系 Ⅱ $\{O'; \vec{e_1'}, \vec{e_2'}, \vec{e_3'}\}$ 下的方程为

$$2x' + y' - z' - 6 = 0.$$

(3) 由于

$$\begin{pmatrix} -3 & 1 & 1 \\ -1 & 1 & 0 \\ 1 & 0 & -1 \end{pmatrix}^{-1} = \begin{pmatrix} -1 & 1 & -1 \\ -1 & 2 & -1 \\ -1 & 1 & -2 \end{pmatrix},$$

将 $P(-3, 1, 0)$ 代入式(4.3.6),得到点 $P(-3, 1, 0)$ 在坐标系 Ⅱ 下的坐标为 $(x', y', z') = (8, 10, 10)$.

例 4.3.4 试将平面方程 $2x + 3y + 4z + 5 = 0$ 用适当的直角坐标变换变成 $z' = 0$.

解 取平面 $2x + 3y + 4z + 5 = 0$ 的单位法向量 $\vec{N_0} = \pm \dfrac{1}{\sqrt{29}}(2, 3, 4)$,

取单位向量 $\vec{k'} = \dfrac{1}{\sqrt{29}}(2, 3, 4)$,再取两个相互垂直的单位向量 $\vec{i'}$, $\vec{j'}$ 使它们与向量 $\vec{k'}$ 垂直,并且使 $\vec{i'}$, $\vec{j'}$, $\vec{k'}$ 是右手系.

可取 $\vec{i'} = \dfrac{1}{\sqrt{5}}(2, 0, -1)$,$\vec{j'} = \vec{k'} \times \vec{i'} = \dfrac{1}{\sqrt{145}}(-3, 10, -6)$. 取平面 $2x + 3y + 4z + 5 = 0$ 上一点 $\left(0, 0, -\dfrac{5}{4}\right)$ 为新的坐标原点,则坐标变换公式为

$$\begin{cases} x = \dfrac{2}{\sqrt{5}}x' - \dfrac{3}{\sqrt{145}}y' + \dfrac{2}{\sqrt{29}}z' + 0, \\[3mm] y = \dfrac{10}{\sqrt{145}}y' + \dfrac{3}{\sqrt{29}}z' + 0, \\[3mm] z = -\dfrac{1}{\sqrt{5}}x' - \dfrac{6}{\sqrt{145}}y' + \dfrac{4}{\sqrt{29}}z' - \dfrac{4}{5}. \end{cases}$$

4.3.3　二次曲线方程的化简

一般二次方程可写成

$$a_{11}x^2 + 2a_{12}xy + a_{22}y^2 + 2b_1x + 2b_2y + c = 0, \qquad (4.3.7)$$

其中 a_{11}, a_{12}, a_{22} 不能同时为零. 此方程具体表示哪一种二次曲线, 需要把此二次方程化为二次曲线的标准方程才能一目了然. 首先消去交叉项, 再进行平移消掉一次项, 从而化为二次曲线的标准方程.

二次曲线方程的化简讲解视频扫码

当 $a_{12} \neq 0$ 时, 交叉项前的系数可通过坐标旋转来去掉. 假设进行坐标旋转后的二次方程为

$$a_{11}'x'^2 + 2a_{12}'x'y' + a_{22}'y'^2 + 2b_1'x' + 2b_2'y' + c' = 0. \qquad (4.3.8)$$

把直角坐标的旋转变换公式代入, 即 $x = \cos\theta x' - \sin\theta y'$, $y = \sin\theta x' + \cos\theta y'$ 代入式 (4.3.7), 考虑交叉项 $x'y'$ 前的系数 a_{12}', 使交叉项系数为零, 则有

$$2a_{12}' = 2(a_{22} - a_{11})\sin\theta\cos\theta + 2a_{12}(\cos^2\theta - \sin^2\theta) = 0,$$

通过调整旋转角度 θ 可以消掉交叉项. 因此有

$$\cot 2\theta = \frac{a_{11} - a_{22}}{2a_{12}}.$$

余切可取任意数, 所以这样的 θ 是存在的. 消掉交叉项后式 (4.3.8) 可写成

$$a_{11}'x'^2 + a_{22}'y'^2 + 2b_1'x' + 2b_2'y' + c' = 0,$$

再通过坐标平移变换最后可化为二次曲线的标准方程.

二次曲线的标准方程有以下 9 种.

（1）椭圆 $\dfrac{x^2}{a^2} + \dfrac{y^2}{b^2} = 1$；　　　（2）一点 $\dfrac{x^2}{a^2} + \dfrac{y^2}{b^2} = 0$；

（3）虚椭圆 $\dfrac{x^2}{a^2} + \dfrac{y^2}{b^2} = -1$；　　（4）双曲线 $\dfrac{x^2}{a^2} - \dfrac{y^2}{b^2} = 1$；

（5）两相交直线 $\dfrac{x^2}{a^2} - \dfrac{y^2}{b^2} = 0$；　（6）抛物线 $x^2 = 2py$；

（7）一对平行直线 $x^2 = a^2$；　　（8）一对平行虚直线 $x^2 = -a^2$；

（9）一对重合直线 $x^2 = 0$.

例 4.3.5　　化简方程 $9x^2-24xy+16y^2-20x+110y-50=0$，并判断是哪种二次曲线.

解　进行旋转变换，使旋转角 θ 适合

$$\cot 2\theta = \frac{a_{11}-a_{22}}{2a_{12}} = \frac{7}{24},$$

取 $\theta = \arctan\dfrac{3}{4}$，从而有 $\sin\theta = \dfrac{3}{5}$，$\cos\theta = \dfrac{4}{5}$. 由旋转变换公式，有

$$\begin{cases} x = \dfrac{4}{5}x' - \dfrac{3}{5}y', \\[2mm] y = \dfrac{3}{5}x' + \dfrac{4}{5}y', \end{cases}$$

代入二次曲线方程 $9x^2-24xy+16y^2-20x+110y-50=0$，化简得

$$y'^2 + 2x' + 4y' - 2 = 0.$$

接下来进行平移变换，把上式配方化为

$$(y'+2)^2 + 2x' - 6 = 0,$$

平移变换为

$$\begin{cases} x' = x'' + 3, \\ y' = y'' - 2, \end{cases}$$

得

$$y''^2 + 2x'' = 0.$$

从而可知，此二次曲线的图形为一条抛物线.

二次曲面方程的化
简讲解视频扫码

4.3.4　二次曲面方程的化简

二次曲面的一般方程可写成

$$F(x,y,z) = a_{11}x^2 + a_{22}y^2 + a_{33}z^2 + 2a_{12}xy + 2a_{13}xz + 2a_{23}yz + 2b_1x + 2b_2y + 2b_3z + c = 0,$$

记 $F(x,y,z)$ 的二次项部分为

$$\Phi(x,y,z) = a_{11}x^2 + a_{22}y^2 + a_{33}z^2 + 2a_{12}xy + 2a_{13}xz + 2a_{23}yz,$$

引入两个对称矩阵

$$\boldsymbol{A} = \begin{pmatrix} a_{11} & a_{12} & a_{13} & b_1 \\ a_{12} & a_{22} & a_{23} & b_2 \\ a_{13} & a_{23} & a_{33} & b_3 \\ b_1 & b_2 & b_3 & c \end{pmatrix}, \quad \boldsymbol{A}_0 = \begin{pmatrix} a_{11} & a_{12} & a_{13} \\ a_{12} & a_{22} & a_{23} \\ a_{13} & a_{23} & a_{33} \end{pmatrix},$$

分别称为 $F(x,y,z)$ 的矩阵和 $F(x,y,z)$ 的二次项矩阵. 因此 $F(x,y,z)$ 可以改写成

$$F(x,y,z) = (x,y,z,1)\boldsymbol{A}\begin{pmatrix} x \\ y \\ z \\ 1 \end{pmatrix}, \quad \Phi(x,y,z) = (x,y,z)\boldsymbol{A}_0\begin{pmatrix} x \\ y \\ z \end{pmatrix}.$$

二次曲面在直角坐标系 $\mathrm{I}\{O;\vec{i},\vec{j},\vec{k}\}$ 下的方程为 $F(x,y,z)=0$，在直角坐标系 $\mathrm{II}\{O';\vec{i'},\vec{j'},\vec{k'}\}$ 下的方程记为 $G(x',y',z')=0$，且直角坐标系 I 到 II 的点的坐标变换公式为

$$\boldsymbol{\alpha}=\begin{pmatrix}x\\y\\z\end{pmatrix}=\begin{pmatrix}b_{11}&b_{12}&b_{13}\\b_{21}&b_{22}&b_{23}\\b_{31}&b_{32}&b_{33}\end{pmatrix}\begin{pmatrix}x'\\y'\\z'\end{pmatrix}=\boldsymbol{T}\boldsymbol{\alpha}',$$

因此有

$$F(x,y,z)=(\boldsymbol{\alpha}^{\mathrm{T}},1)\begin{pmatrix}\boldsymbol{A}_0&\boldsymbol{\delta}\\\boldsymbol{\delta}^{\mathrm{T}}&c\end{pmatrix}\begin{pmatrix}\boldsymbol{\alpha}\\1\end{pmatrix}=(\boldsymbol{\alpha}'^{\mathrm{T}}\boldsymbol{T}^{\mathrm{T}},1)\begin{pmatrix}\boldsymbol{A}_0&\boldsymbol{\delta}\\\boldsymbol{\delta}^{\mathrm{T}}&c\end{pmatrix}\begin{pmatrix}\boldsymbol{T}\boldsymbol{\alpha}'\\1\end{pmatrix}$$

$$=(\boldsymbol{\alpha}'^{\mathrm{T}},1)\begin{pmatrix}\boldsymbol{T}^{\mathrm{T}}\boldsymbol{A}_0\boldsymbol{T}&\boldsymbol{T}^{\mathrm{T}}\boldsymbol{\delta}\\\boldsymbol{\delta}^{\mathrm{T}}\boldsymbol{T}&c\end{pmatrix}\begin{pmatrix}\boldsymbol{\alpha}'\\1\end{pmatrix}=G(x',y',z').$$

可以看出 $G(x',y',z')=0$ 的二次项系数仅与方程 $F(x,y,z)=0$ 的二次项系数以及矩阵 $\boldsymbol{T}$ 有关，方程 $G(x',y',z')=0$ 的一次项系数也只与 $F(x,y,z)=0$ 的一次项系数以及矩阵 $\boldsymbol{T}$ 有关，常数 c 保持不变.

利用高等代数的结论，对实对称矩阵进行正交对角化，即存在正交矩阵 $\boldsymbol{T}$，使得 $\boldsymbol{T}^{\mathrm{T}}\boldsymbol{A}_0\boldsymbol{T}$ 为对角矩阵. 此时 $G(x',y',z')=0$ 的交叉项就被消去，方程可化为

$$G(x',y',z')=a'_{11}x'^2+a'_{22}y'^2+a'_{33}z'^2+2b'_1x'+2b'_2y'+2b'_3z'+c=0.$$

对角化过程为

$$\boldsymbol{T}^{\mathrm{T}}\boldsymbol{A}_0\boldsymbol{T}=\begin{pmatrix}a'_{11}&0&0\\0&a'_{22}&0\\0&0&a'_{33}\end{pmatrix}=\begin{pmatrix}\lambda_1&0&0\\0&\lambda_2&0\\0&0&\lambda_3\end{pmatrix},$$

其中 λ_1，λ_2，λ_3 为矩阵 $\boldsymbol{A}_0$ 的特征值. 因此二次曲面在新坐标系下的方程可以写成

$$G(x',y',z')=\lambda_1x'^2+\lambda_2y'^2+\lambda_3z'^2+2b'_1x'+2b'_2y'+2b'_3z'+c=0.$$

$$(4.3.9)$$

注：因为 $\boldsymbol{T}^{\mathrm{T}}\boldsymbol{A}_0\boldsymbol{T}$ 与 $\boldsymbol{A}_0$ 相似，因此有相同的特征值，即 $\lambda_1=\lambda'_1$，$\lambda_2=\lambda'_2$，$\lambda_3=\lambda'_3$.

根据特征值，我们分几种情况讨论二次曲面的形状.

（1）λ_1，λ_2，λ_3 均不为零，此时可再进行平移把式（4.3.9）化为

$$\lambda_1x''^2+\lambda_2y''^2+\lambda_3z''^2+c''=0.$$

当 λ_1，λ_2，λ_3 同号时，根据常数项与特征值符号的异同性分别表示椭球面、点和虚椭球面，λ_1，λ_2，λ_3 不同号时可表示单叶

双曲面、双叶双曲面和二次锥面.

（2）λ_1，λ_2，λ_3 中有一个为零，不妨设 $\lambda_3 = 0$. 这时式（4.3.9）可化为

$$\lambda_1 x''^2 + \lambda_2 y''^2 + 2b_3'' z'' + c'' = 0.$$

当 λ_1，λ_2 同号时，根据 b_3'' 及 c'' 的取值可表示椭圆抛物面、椭圆柱面、虚椭圆柱面及一条直线. 当 λ_1，λ_2 不同号时，根据 b_3'' 及 c'' 的取值可表示双曲抛物面、双曲柱面及两张相交平面.

（3）λ_1，λ_2，λ_3 有两个为零时，不妨设 λ_1，λ_2 为零. 则式（4.3.9）可化为

$$\lambda_3 z''^2 + 2b_1'' x'' + 2b_2'' y'' + c'' = 0.$$

此时可表示抛物柱面、两张平行平面、两张平行虚平面及两张重合平面.

例 4.3.6 确定在空间直角坐标系下的二次曲面

$$x^2 + y^2 - 7z^2 - 2xy - 4yz - 4zx - 8 = 0$$

的类型，化简成标准方程并给出所进行的坐标变换.

解 曲面的二次项系数矩阵为

$$\boldsymbol{A}_0 = \begin{pmatrix} 1 & -1 & -2 \\ -1 & 1 & -2 \\ -2 & -2 & -7 \end{pmatrix}.$$

先确定正交矩阵 $\boldsymbol{T}$，使对应的直角坐标变换能消去交叉项. 先求出此矩阵的特征多项式为

$$|\lambda\boldsymbol{E} - \boldsymbol{A}_0| = \begin{vmatrix} \lambda-1 & 1 & 2 \\ 1 & \lambda-1 & 2 \\ 2 & 2 & \lambda+7 \end{vmatrix} = (\lambda-1)(\lambda-2)(\lambda+8),$$

可得 $\boldsymbol{A}_0$ 的特征值分别为 $\lambda_1 = 1$，$\lambda_2 = 2$，$\lambda_3 = -8$.

求每个特征值所对应的特征向量，并进行正交化及单位化即可得

$$\boldsymbol{\eta}_1^{\mathrm{T}} = \frac{1}{3}(-2,-2,1),\ \boldsymbol{\eta}_2^{\mathrm{T}} = \frac{1}{\sqrt{2}}(1,-1,0),\ \boldsymbol{\eta}_3^{\mathrm{T}} = \frac{1}{3\sqrt{2}}(1,1,4),$$

此时可取正交矩阵为

$$\boldsymbol{T} = \begin{pmatrix} -\dfrac{2}{3} & \dfrac{1}{\sqrt{2}} & \dfrac{1}{3\sqrt{2}} \\[2mm] -\dfrac{2}{3} & -\dfrac{1}{\sqrt{2}} & \dfrac{1}{3\sqrt{2}} \\[2mm] \dfrac{1}{3} & 0 & \dfrac{2\sqrt{2}}{3} \end{pmatrix}.$$

相应地，有

$$T^{\mathrm{T}}AT=\begin{pmatrix}1 & 0 & 0\\ 0 & 2 & 0\\ 0 & 0 & -8\end{pmatrix}.$$

可知对应的直角坐标变换为

$$\begin{pmatrix}x\\ y\\ z\end{pmatrix}=T\begin{pmatrix}x'\\ y'\\ z'\end{pmatrix}=\begin{pmatrix}-\dfrac{2}{3} & \dfrac{1}{\sqrt{2}} & \dfrac{1}{3\sqrt{2}}\\[2mm] -\dfrac{2}{3} & -\dfrac{1}{\sqrt{2}} & \dfrac{1}{3\sqrt{2}}\\[2mm] \dfrac{1}{3} & 0 & \dfrac{2\sqrt{2}}{3}\end{pmatrix}\begin{pmatrix}x'\\ y'\\ z'\end{pmatrix},$$

把上式代入曲面方程可得

$$x'^2+2y'^2-8z'^2-8=0,$$

其标准形式为

$$\frac{x'^2}{8}+\frac{y'^2}{4}-z'^2=1,$$

因此，曲面是一个单叶双曲面.

例 4.3.7　将二次曲面方程

$$x^2+2y^2+2z^2-4yz-2x+2\sqrt{2}\,y-6\sqrt{2}\,z+5=0$$

化简为标准方程，并指出曲面形状，给出所进行的坐标变换.

　　解　二次项的系数矩阵为

$$A_0=\begin{pmatrix}1 & 0 & 0\\ 0 & 2 & -2\\ 0 & -2 & 2\end{pmatrix},$$

可计算其特征方程为

$$|\lambda E-A_0|=(1-\lambda)(\lambda^2-4\lambda)=0,$$

故其特征值为 $\lambda_1=1$，$\lambda_2=4$，$\lambda_3=0$. 可求相应的正交单位特征向量组为

$$\boldsymbol{\eta}_1^{\mathrm{T}}=(1,0,0),\quad \boldsymbol{\eta}_2^{\mathrm{T}}=\left(0,\frac{1}{\sqrt{2}},-\frac{1}{\sqrt{2}}\right),\quad \boldsymbol{\eta}_3^{\mathrm{T}}=\left(0,\frac{1}{\sqrt{2}},\frac{1}{\sqrt{2}}\right),$$

于是正交矩阵为

$$T=\begin{pmatrix}1 & 0 & 0\\[1mm] 0 & \dfrac{1}{\sqrt{2}} & \dfrac{1}{\sqrt{2}}\\[2mm] 0 & -\dfrac{1}{\sqrt{2}} & \dfrac{1}{\sqrt{2}}\end{pmatrix},$$

且行列式等于 1. 表示上述三个向量构成了新的坐标轴，且满足右手坐标系.

因此坐标变换为

$$\begin{pmatrix} x \\ y \\ z \end{pmatrix} = T \begin{pmatrix} x' \\ y' \\ z' \end{pmatrix} = \begin{pmatrix} 1 & 0 & 0 \\ 0 & \dfrac{1}{\sqrt{2}} & \dfrac{1}{\sqrt{2}} \\ 0 & -\dfrac{1}{\sqrt{2}} & \dfrac{1}{\sqrt{2}} \end{pmatrix} \begin{pmatrix} x' \\ y' \\ z' \end{pmatrix}.$$

代入曲面方程可得

$$x'^2 + 4y'^2 - 2x' + 8y' - 4z' + 5 = 0,$$

配方后有

$$(x'-1)^2 + 4(y'+1)^2 - 4z' = 0.$$

做平移变换

$$\begin{cases} x'' = x' - 1, \\ y'' = y' + 1, \\ z'' = z', \end{cases}$$

得到椭圆抛物面为 $x''^2 + 4y''^2 = 4z''$. 坐标变换公式为

$$\begin{pmatrix} x \\ y \\ z \end{pmatrix} = \begin{pmatrix} 1 & 0 & 0 \\ 0 & \dfrac{1}{\sqrt{2}} & \dfrac{1}{\sqrt{2}} \\ 0 & -\dfrac{1}{\sqrt{2}} & \dfrac{1}{\sqrt{2}} \end{pmatrix} \begin{pmatrix} x'' + 1 \\ y'' - 1 \\ z'' \end{pmatrix}.$$

习题 4.3

1. 将坐标轴旋转 $\dfrac{\pi}{4}$，求曲线 $xy = 1$ 在新坐标系中的方程.

2. 在平面上，设坐标系 Ⅱ 的 x' 轴、y' 轴在坐标系 Ⅰ 中的方程是

$$3x - 4y + 5 = 0, \quad 4x + 3y - 10 = 0,$$

并且坐标系 Ⅰ 和坐标系 Ⅱ 都是右手直角坐标系.

(1) 给出坐标系 Ⅰ 到坐标系 Ⅱ 的坐标变换公式;

(2) 求直线 $2x + y = 0$ 在坐标系 Ⅱ 中的方程;

(3) 求直线 $2x' + y' = 0$ 在坐标系 Ⅰ 中的方程.

3. 已知平面直角坐标系中两条互相垂直的直线

$$L_1: 3x - 4y + 6 = 0, \quad L_2: 4x + 3y - 17 = 0,$$

以它们为新的坐标轴（L_1 为 x' 轴，L_2 为 y' 轴，且都以向上的方向为正向），求坐标变换公式，且求点 $A(0,1)$ 的新坐标.

4. 已知平面直角坐标系之中两条相互垂直的直线

$$L_1: A_1 x + B_1 y + C_1 = 0, L_2: A_2 x + B_2 y + C_2 = 0, A_1 A_2 \neq 0,$$

求以它们为新的坐标轴（L_1 为 x' 轴，L_2 为 y' 轴，且都以向上的方向为正向）的坐标变换公式.

5. 证明在空间右手直角坐标系中方程 $f(2x + y - 2z, x - 2y) = 0$ 表示一个柱面，求出这个柱面的母线方向和一条准线方程.

6. 化简二次曲线方程

$$x^2 + 4xy + 4y^2 + 12x - y + 1 = 0,$$

并画出它的图形.

7. 对于二次曲面方程

$$x^2 + 2y^2 - 2\sqrt{2}xy + 2\sqrt{3}yz + 2\sqrt{6}zx - 27 = 0,$$

进行如下旋转变换:

$$\begin{cases} x = \dfrac{1}{\sqrt{3}}(-x'+y'+z') , \\[2mm] y = \dfrac{1}{\sqrt{6}}(2x'+y'+z') , \\[2mm] z = \dfrac{1}{\sqrt{2}}(y'-z') , \end{cases}$$

求经过变换后二次曲面的方程.

8. 化简二次曲线方程 $8x^2+4xy+5y^2+8x-16y-16=0$，并作出它的图形.

9. 讨论二次曲面 $4x^2+y^2-8z^2+8yz-4xz+4xy-8x-4y+4z=0$ 的形状.

10. 确定二次曲面 $2xy+2xz-2yz-8y-4z+1=0$ 的类型并画简图.

11. 以 (a,b,c) 为新原点做平移，求下列方程在新坐标系下的方程.

（1）$ax+by+cz=a^2+b^2+c^2$；

（2）$\dfrac{x-a}{X}=\dfrac{y-b}{Y}=\dfrac{z-c}{Z}$；

（3）$x^2+y^2+z^2-2ax-2by-2cz+d=0$.

12. 作直角坐标变换，化简二次曲面
$$x^2+4y^2+4z^2-4xy+4xz-8yz+6x+6z-5=0$$
的方程.

4.4　利用不变量确定二次曲线的类型

4.4.1　二次曲线的不变量和半不变量

二次曲线方程
$$F(x,y)=a_{11}x^2+2a_{12}xy+a_{22}y^2+2b_1x+2b_2y+c=0, \quad (4.4.1)$$
经过一般直角坐标变换后变为
$$F'(x',y')=a'_{11}x'^2+2a'_{12}x'y'+a'_{22}y'^2+2b'_1x'+2b'_2y'+c'=0. \quad (4.4.2)$$

若函数 f 是由 $F(x,y)$ 的系数组成的，把 $F'(x',y')$ 的相应系数代入时函数的值总是相等的，即与直角坐标变换无关，总有
$$f(a_{11},a_{12},a_{22},b_1,b_2,c)=f(a'_{11},a'_{12},a'_{22},b'_1,b'_2,c'),$$
那么称函数 f 为二次曲线方程(4.4.1)在直角坐标变换下的**不变量**. 若函数 f 的值，经过旋转变换不变，则称 f 为二次曲线(4.4.1)在直角坐标变换下的**半不变量**.

二次曲线的不变量与半不变量讲解视频扫码

> **定理 4.4.1**　I_1，I_2，I_3 是直角坐标变换下的不变量，K_1 是旋转下的不变量，当 $I_2=I_3=0$ 时 K_1 为平移不变量，其中
> $$I_1=a_{11}+a_{22} , \quad I_2=|\boldsymbol{A}_0|=\begin{vmatrix} a_{11} & a_{12} \\ a_{12} & a_{22} \end{vmatrix},$$
> $$I_3=|\boldsymbol{A}|=\begin{vmatrix} a_{11} & a_{12} & b_1 \\ a_{12} & a_{22} & b_2 \\ b_1 & b_2 & c \end{vmatrix}, \quad K_1=\begin{vmatrix} a_{11} & b_1 \\ b_1 & c \end{vmatrix}+\begin{vmatrix} a_{22} & b_2 \\ b_2 & c \end{vmatrix}.$$

证明　（1）设二次曲线进行的直角坐标变换为
$$\begin{cases} x=x'\cos\theta-y'\sin\theta+x_0 , \\ y=x'\sin\theta+y'\cos\theta+y_0 , \end{cases}$$

把上式代入式(4.4.2)中，对比系数有

$$a'_{11} = a_{11}\cos^2\theta + 2a_{12}\cos\theta\sin\theta + a_{22}\sin^2\theta,$$

$$a'_{22} = a_{11}\sin^2\theta - 2a_{12}\cos\theta\sin\theta + a_{22}\cos^2\theta,$$

因此与坐标旋转及平移无关，恒有

$$I_1 = a_{11} + a_{22} = a'_{11} + a'_{22}.$$

（2）同样的方法可证明

$$I_2 = \begin{vmatrix} a_{11} & a_{12} \\ a_{12} & a_{22} \end{vmatrix} = a_{11}a_{22} - a_{12}^2 = a'_{11}a'_{22} - a'^2_{12}.$$

我们还可以根据相似矩阵的性质，即相似矩阵的迹和行列式相等来证明 I_1，I_2 是不变量.

（3）下面证明 I_3 也是不变量. 设二次曲线所做的直角坐标变换为

$$\begin{pmatrix} x \\ y \end{pmatrix} = \boldsymbol{T}\begin{pmatrix} x' \\ y' \end{pmatrix} + \begin{pmatrix} x_0 \\ y_0 \end{pmatrix},$$

且记 $\boldsymbol{\alpha}^{\mathrm{T}} = (x, y)$，$\boldsymbol{\alpha}'^{\mathrm{T}} = (x', y')$，$\boldsymbol{\alpha}_0^{\mathrm{T}} = (x_0, y_0)$，则二次曲线方程可写成

$$F(x, y) = (x, y, 1)\boldsymbol{A}\begin{pmatrix} x \\ y \\ 1 \end{pmatrix}$$

$$= (\boldsymbol{\alpha}^{\mathrm{T}}, 1)\boldsymbol{A}\begin{pmatrix} \boldsymbol{\alpha} \\ 1 \end{pmatrix}$$

$$= ((\boldsymbol{T}\boldsymbol{\alpha}' + \boldsymbol{\alpha}_0)^{\mathrm{T}}, 1)\boldsymbol{A}\begin{pmatrix} (\boldsymbol{T}\boldsymbol{\alpha}' + \boldsymbol{\alpha}_0) \\ 1 \end{pmatrix}$$

$$= (\boldsymbol{\alpha}'^{\mathrm{T}}, 1)\begin{pmatrix} \boldsymbol{T}^{\mathrm{T}} & 0 \\ \boldsymbol{\alpha}_0^{\mathrm{T}} & 1 \end{pmatrix}\boldsymbol{A}\begin{pmatrix} \boldsymbol{T} & \boldsymbol{\alpha}_0 \\ 0 & 1 \end{pmatrix}\begin{pmatrix} \boldsymbol{\alpha}' \\ 1 \end{pmatrix},$$

即在新坐标系下的系数矩阵为

$$\boldsymbol{A}' = \begin{pmatrix} \boldsymbol{T}^{\mathrm{T}} & 0 \\ \boldsymbol{\alpha}_0^{\mathrm{T}} & 1 \end{pmatrix}\boldsymbol{A}\begin{pmatrix} \boldsymbol{T} & \boldsymbol{\alpha}_0 \\ 0 & 1 \end{pmatrix}.$$

由行列式的性质可知

$$I'_3 = |\boldsymbol{A}'| = \left| \begin{pmatrix} \boldsymbol{T}^{\mathrm{T}} & 0 \\ \boldsymbol{\alpha}_0^{\mathrm{T}} & 1 \end{pmatrix}\boldsymbol{A}\begin{pmatrix} \boldsymbol{T} & \boldsymbol{\alpha}_0 \\ 0 & 1 \end{pmatrix} \right| = \begin{vmatrix} \boldsymbol{T}^{\mathrm{T}} & 0 \\ \boldsymbol{\alpha}_0^{\mathrm{T}} & 1 \end{vmatrix}|\boldsymbol{A}|\begin{vmatrix} \boldsymbol{T} & \boldsymbol{\alpha}_0 \\ 0 & 1 \end{vmatrix},$$

因为 $\boldsymbol{T}$ 为正交矩阵，所以易知

$$\begin{vmatrix} \boldsymbol{T}^{\mathrm{T}} & 0 \\ \boldsymbol{\alpha}_0^{\mathrm{T}} & 1 \end{vmatrix} = \begin{vmatrix} \boldsymbol{T} & \boldsymbol{\alpha}_0 \\ 0 & 1 \end{vmatrix} = 1,$$

因此有 $I'_3 = |\boldsymbol{A}'| = |\boldsymbol{A}| = I_3$，即 I_3 是不变量.

（4）最后证明 K_1 是旋转下的不变量.

记 $\boldsymbol{\beta}^{\mathrm{T}}=(b_1,b_2)$，$\boldsymbol{\beta}'^{\mathrm{T}}=(b_1',b_2')$. 于是经过直角坐标变换后的系数矩阵可写成

$$
\begin{aligned}
\boldsymbol{A}' &= \begin{pmatrix} \boldsymbol{T}^{\mathrm{T}} & 0 \\ \boldsymbol{\alpha}_0^{\mathrm{T}} & 1 \end{pmatrix} \begin{pmatrix} a_{11} & a_{12} & b_1 \\ a_{12} & a_{22} & b_2 \\ b_1 & b_2 & c \end{pmatrix} \begin{pmatrix} \boldsymbol{T} & \boldsymbol{\alpha}_0 \\ 0 & 1 \end{pmatrix} \\
&= \begin{pmatrix} \boldsymbol{T}^{\mathrm{T}} & 0 \\ \boldsymbol{\alpha}_0^{\mathrm{T}} & 1 \end{pmatrix} \begin{pmatrix} \boldsymbol{A}_0 & \boldsymbol{\beta} \\ \boldsymbol{\beta}^{\mathrm{T}} & c \end{pmatrix} \begin{pmatrix} \boldsymbol{T} & \boldsymbol{\alpha}_0 \\ 0 & 1 \end{pmatrix} \\
&= \begin{pmatrix} \boldsymbol{T}^{\mathrm{T}} \boldsymbol{A}_0 \boldsymbol{T} & \boldsymbol{T}^{\mathrm{T}}(\boldsymbol{A}_0\boldsymbol{\alpha}_0+\boldsymbol{\beta}) \\ (\boldsymbol{A}_0\boldsymbol{\alpha}_0+\boldsymbol{\beta}^{\mathrm{T}})\boldsymbol{T} & \boldsymbol{\alpha}_0^{\mathrm{T}}\boldsymbol{A}_0\boldsymbol{\alpha}_0+2\boldsymbol{\alpha}_0^{\mathrm{T}}\boldsymbol{\beta}+c \end{pmatrix}.
\end{aligned}
$$

于是有

$$
\boldsymbol{A}_0' = \boldsymbol{T}^{\mathrm{T}} \boldsymbol{A}_0 \boldsymbol{T},\quad \boldsymbol{\beta}' = \boldsymbol{T}^{\mathrm{T}}(\boldsymbol{A}_0\boldsymbol{\alpha}_0+\boldsymbol{\beta}),\quad c' = \boldsymbol{\alpha}_0^{\mathrm{T}}\boldsymbol{A}_0\boldsymbol{\alpha}_0+2\boldsymbol{\alpha}_0^{\mathrm{T}}\boldsymbol{\beta}+c,
$$

在旋转变换下 $\boldsymbol{\alpha}_0=(0,0)$. 容易验证

$$
a_{11}'+a_{22}' = a_{11}+a_{22},\quad b_1'^2+b_2'^2 = b_1^2+b_2^2,\quad c'=c.
$$

因此有

$$
K_1 = \begin{vmatrix} a_{11} & b_1 \\ b_1 & c \end{vmatrix} + \begin{vmatrix} a_{22} & b_2 \\ b_2 & c \end{vmatrix} = K_1'.
$$

当 $I_2=I_3=0$ 时，有 $\dfrac{a_{11}}{a_{12}}=\dfrac{a_{12}}{a_{22}}=\dfrac{b_1}{b_2}=t$，在坐标轴平移 $\begin{cases} x=x'+x_0, \\ y=y'+y_0 \end{cases}$ 之

下 $\boldsymbol{T}$ 是单位矩阵. 把具体系数代入可知 $K_1=K_1'$，在此不再展开证明. 因此，在 $I_2=I_3=0$ 时，K_1 也是平移不变量.

4.4.2　利用不变量判断二次曲线的类型

二次曲线 $F(x,y)=a_{11}x^2+2a_{12}xy+a_{22}y^2+2b_1x+2b_2y+c=0$ 经过直角坐标变换，可化为以下三种形式：

$$
a_{11}'x'^2+a_{22}'y'^2+u=0, \tag{4.4.3}
$$

$$
a_{22}'y'^2+2b_1'x'=0,
$$

$$
a_{22}'y'^2+c'=0. \tag{4.4.4}
$$

（1）考虑第一种情况，因为 I_1，I_2，I_3 是不变量，因此有

$$
I_1 = a_{11}+a_{22} = a_{11}'+a_{22}' = I_1',
$$

$$
I_2 = a_{11}'a_{22}' = I_2',
$$

$$
I_3 = a_{11}'a_{22}'u = I_3'.
$$

此时 $I_2\neq 0$，因此对应的曲线为中心型曲线. 根据方阵特征值的性质可知 a_{11}'，a_{22}' 为二次项矩阵 $\boldsymbol{A}_0$ 的两个特征根 λ_1，λ_2，且 $u=\dfrac{I_3}{I_2}$，因此式（4.4.3）可用特征根与不变量表示系数

利用不变量判断
二次曲线的类
型讲解视频

$$\lambda_1 x^2 + \lambda_2 y^2 + \frac{I_3}{I_2} = 0. \tag{4.4.5}$$

（2）对于第二种情况，可计算

$$I_1 = I_1' = a_{22}', \qquad I_2 = I_2' = 0, \qquad I_3 = I_3' = -a_{22}' b_1'^2,$$

此时 $I_2 = 0$，$I_3 \neq 0$，因此对应的曲线为无心型曲线. 方程可表示为

$$I_1 y^2 \pm 2\sqrt{-\frac{I_3}{I_1}} x = 0. \tag{4.4.6}$$

（3）最后一种情况，经计算易得

$$I_1 = I_1' = a_{22}', \qquad I_2 = I_2' = I_3 = I_3' = 0,$$

此时 $I_2 = I_3 = 0$，因此对应的曲线为线心型曲线.

继续计算条件不变量 $K_1 = K_1' = a_{22}' c$，式（4.4.4）由不变量及半不变量表示为

$$I_1 y^2 + \frac{K_1}{I_1} = 0. \tag{4.4.7}$$

总结式（4.4.5）~式（4.4.7）可给出用不变量判断已知二次曲线的判别条件.

定理 4.4.2 已知二次曲线方程为

$$F(x,y) = a_{11}x^2 + 2a_{12}xy + a_{22}y^2 + 2b_1x + 2b_2y + c = 0,$$

则用不变量判断此曲线类型的判别条件如下.

（1）$I_2 \neq 0$ 时为中心型曲线.

1）当 $I_2 > 0$，$I_1 I_3 < 0$ 时，表示椭圆；

2）当 $I_2 > 0$，$I_1 I_3 > 0$ 时，表示虚椭圆；

3）当 $I_2 > 0$，$I_3 = 0$ 时，表示一点；

4）当 $I_2 < 0$，$I_3 \neq 0$ 时，表示双曲线；

5）当 $I_2 < 0$，$I_3 = 0$ 时，表示一对相交直线.

（2）$I_2 = 0$，$I_3 \neq 0$ 时为无心型曲线，表示抛物线.

（3）$I_2 = I_3 = 0$ 时为线心型曲线.

1）当 $I_2 = 0$，$I_3 = 0$，$K_1 > 0$ 时，表示一对虚平行直线；

2）当 $I_2 = 0$，$I_3 = 0$，$K_1 < 0$ 时，表示一对平行直线；

3）当 $I_2 = 0$，$I_3 = 0$，$K_1 = 0$ 时，表示一对重合直线.

不变量 I_1，I_2，I_3 及旋转不变量 K_1 能完全确定二次曲线的类型和形状. 这样，对于任意的二元二次方程，可直接计算它的不变量来判断二次曲线的类型，并写出它的标准方程，从而确定具体形状.

例 4.4.1 用不变量判别方程 $x^2 + 2xy + 2y^2 - 6x - 2y + 9 = 0$ 表示何种曲线.

解　先计算二次曲线的不变量

$$I_1 = a_{11} + a_{22} = 1 + 2 = 3,$$

$$I_2 = \begin{vmatrix} a_{11} & a_{12} \\ a_{12} & a_{22} \end{vmatrix} = \begin{vmatrix} 1 & 1 \\ 1 & 2 \end{vmatrix} = 1,$$

$$I_3 = \begin{vmatrix} a_{11} & a_{12} & b_1 \\ a_{12} & a_{22} & b_2 \\ b_1 & b_2 & c \end{vmatrix} = \begin{vmatrix} 1 & 1 & -3 \\ 1 & 2 & -1 \\ -3 & -1 & 9 \end{vmatrix} = -4.$$

因为 $I_2 > 0$，$I_1 I_3 < 0$，因此方程表示椭圆.

例 4.4.2　用不变量判别方程 $x^2 + 6xy + 9y^2 - 2x - 6y = 0$ 表示何种曲线.

解　先计算二次曲线的不变量

$$I_1 = a_{11} + a_{22} = 1 + 9 = 10,$$

$$I_2 = \begin{vmatrix} a_{11} & a_{12} \\ a_{12} & a_{22} \end{vmatrix} = \begin{vmatrix} 1 & 3 \\ 3 & 9 \end{vmatrix} = 1 \times 9 - 3^2 = 0,$$

$$I_3 = \begin{vmatrix} a_{11} & a_{12} & b_1 \\ a_{12} & a_{22} & b_2 \\ b_1 & b_2 & c \end{vmatrix} = \begin{vmatrix} 1 & 3 & -1 \\ 3 & 9 & -3 \\ -1 & -3 & 0 \end{vmatrix} = 0,$$

因为 $I_2 = 0$，$I_3 = 0$，继续计算条件不变量

$$K_1 = \begin{vmatrix} a_{11} & b_1 \\ b_1 & c \end{vmatrix} + \begin{vmatrix} a_{22} & b_2 \\ b_2 & c \end{vmatrix} = \begin{vmatrix} 1 & -1 \\ -1 & 0 \end{vmatrix} + \begin{vmatrix} 9 & -3 \\ -3 & 0 \end{vmatrix} = -10 < 0.$$

因 $K_1 < 0$，因此方程表示一对平行直线.

例 4.4.3　求二次曲线 $x^2 - 2xy + y^2 - 10x - 6y + 25 = 0$ 的标准方程.

解　因为

$$I_1 = 2,$$

$$I_2 = \begin{vmatrix} 1 & -1 \\ -1 & 1 \end{vmatrix} = 0,$$

$$I_3 = \begin{vmatrix} 1 & -1 & -5 \\ -1 & 1 & -3 \\ -5 & -3 & 25 \end{vmatrix} = -64,$$

因为 $I_2 = 0$，$I_3 \neq 0$，把不变量代入式（4.4.6），可得二次曲线的标准方程为

$$y^2 = 4\sqrt{2}\,x \ \text{或} \ y^2 = -4\sqrt{2}\,x.$$

曲线是一条抛物线.

例 4.4.4　根据实数 λ 的值，讨论方程

$$x^2 - 4(\lambda + 1)xy + 4y^2 - 2\lambda x + 8y + (3 - 2\lambda) = 0$$

表示的曲线的名称.

解 因为
$$I_1 = 1 + 4 = 5,$$
$$I_2 = \begin{vmatrix} 1 & -2(\lambda+1) \\ -2(\lambda+1) & 4 \end{vmatrix} = -4\lambda(\lambda+2),$$
$$I_3 = 8(\lambda+2)(\lambda^2-1),$$

于是

（1）当 $\lambda = 0$ 时，$I_2 = 0$，$I_3 = -16$，二次方程表示抛物线；

（2）当 $\lambda = -2$ 时，$I_2 = I_3 = 0$，且
$$K_1 = \begin{vmatrix} 1 & 2 \\ 2 & 7 \end{vmatrix} + \begin{vmatrix} 4 & 2 \\ 2 & 7 \end{vmatrix} = 27 > 0,$$

亦即二次方程表示一对虚平行直线；

（3）当 $\lambda = 1$ 时，$I_2 = -12 < 0$，$I_3 = 0$，二次方程表示一对相交直线；

（4）当 $\lambda = -1$ 时，$I_2 = 4 > 0$，$I_3 = 0$，二次方程表示一个点；

（5）当 $\lambda \in (-\infty, -2) \cup (0,1) \cup (1, +\infty)$ 时，$I_2 < 0$，$I_3 \neq 0$，二次方程表示双曲线；

（6）当 $\lambda \in (-2,-1)$ 时，$I_2 > 0$，$I_3 > 0$，二次方程表示虚椭圆；

（7）当 $\lambda \in (-1,0)$ 时，$I_2 > 0$，$I_3 < 0$，二次方程表示椭圆.

4.4.3　二次曲面的不变量和半不变量

考虑二次曲面
$$a_{11}x^2 + a_{22}y^2 + a_{33}z^2 + 2a_{12}xy + 2a_{13}xz + 2a_{23}yz + 2b_1x + 2b_2y + 2b_3z + c = 0,$$
$$(4.4.8)$$

类似于二次曲线的讨论，我们也可以定义二次曲面在直角坐标变换下的不变量. 在这里我们略去证明，仅列出主要结论. 有兴趣的读者们可以作为一个综合性练习，参考二次曲线不变量的讨论，自己给出证明，并利用这些不变量和半不变量对二次曲面进行分类.

我们把式 (4.4.8) 的左边写成矩阵的形式，并记为 $F(x,y,z)$，即
$$F(x,y,z) = (x,y,z,1)A\begin{pmatrix} x \\ y \\ z \\ 1 \end{pmatrix},$$

其中
$$A = \begin{pmatrix} a_{11} & a_{12} & a_{13} & b_1 \\ a_{12} & a_{22} & a_{23} & b_2 \\ a_{13} & a_{23} & a_{33} & b_3 \\ b_1 & b_2 & b_3 & c \end{pmatrix}.$$

另外，我们把 $F(x,y,z)$ 的二次项部分记为 $\Phi(x,y,z)$，并写成矩阵的形式，即

$$\Phi(x,y,z)=(x,y,z)\boldsymbol{A}_0\begin{pmatrix}x\\y\\z\end{pmatrix},$$

其中

$$\boldsymbol{A}_0=\begin{pmatrix}a_{11}&a_{12}&a_{13}\\a_{12}&a_{22}&a_{23}\\a_{13}&a_{23}&a_{33}\end{pmatrix}.$$

记

$$I_1=a_{11}+a_{22}+a_{33}\,,\quad I_2=\begin{vmatrix}a_{22}&a_{23}\\a_{23}&a_{33}\end{vmatrix}+\begin{vmatrix}a_{11}&a_{13}\\a_{13}&a_{33}\end{vmatrix}+\begin{vmatrix}a_{11}&a_{12}\\a_{12}&a_{22}\end{vmatrix},$$

$$I_3=|\boldsymbol{A}_0|\,,\quad I_4=|\boldsymbol{A}|\,,\quad K_1=\begin{vmatrix}a_{11}&b_1\\b_1&c\end{vmatrix}+\begin{vmatrix}a_{22}&b_2\\b_2&c\end{vmatrix}+\begin{vmatrix}a_{33}&b_3\\b_3&c\end{vmatrix},$$

$$K_2=\begin{vmatrix}a_{22}&a_{23}&b_2\\a_{23}&a_{33}&b_3\\b_2&b_3&c\end{vmatrix}+\begin{vmatrix}a_{11}&a_{13}&b_1\\a_{13}&a_{33}&b_3\\b_1&b_3&c\end{vmatrix}+\begin{vmatrix}a_{11}&a_{12}&b_1\\a_{12}&a_{22}&b_2\\b_1&b_2&c\end{vmatrix}.$$

定理 4.4.3　I_1，I_2，I_3，I_4 是二次曲面在直角坐标变换下的不变量.

定理 4.4.4　K_1，K_2 是二次曲面在直角坐标变换下的半不变量. 准确地说，K_1，K_2 在保持原点不动的直角坐标变换下不变. 当 $I_3=I_4=0$ 时，K_2 也是平移变换下的不变量；当 $I_1=I_2=I_3=I_4=0$ 时，K_1 也是平移变换下的不变量.

习题 4.4

1. 计算下列曲线的不变量 I_1，I_2，I_3，K_1.

（1）$\dfrac{x^2}{a^2}+\dfrac{y^2}{b^2}=1$；　　　（2）$\dfrac{x^2}{a^2}-\dfrac{y^2}{b^2}=1$；

（3）$y^2=2px$；　　　（4）$x^2+K=0$.

2. 用不变量化简方程 $x^2-2xy+y^2+2x-2y-3=0$.

3. 当 λ 取何值时，方程 $\lambda x^2+4xy+y^2-4x-2y-3=0$ 表示两条直线.

4. 已知二次方程 $a_{11}x^2+2a_{12}xy+a_{22}y^2+2a_{13}x+2a_{23}y+a_{33}=0$ 表示两条平行直线，试证这两条直线之间的距离是

$$d=\sqrt{-\dfrac{4K_1}{I_1^2}}.$$

5. 利用不变量证明二次曲线 $2xy-4x-2y+5=0$ 是双曲线，并求出它的实轴与虚轴的长.

6. 利用椭圆的面积公式，即 $\dfrac{x^2}{a^2}+\dfrac{y^2}{b^2}=1$ 的面积为 $\pi|ab|$，求椭圆 $Ax^2+2Bxy+Cy^2=1$ 的面积.

7. 根据实数 λ 的值来确定方程 $\lambda x^2+2xy+\lambda y^2-2x-2y+1=0$ 表示何种二次曲线.

8. 根据实数 λ 的值，讨论方程
$$x^2-4(1+\lambda)xy+4y^2-2\lambda x+8y-(2\lambda-3)=0$$
表示何种二次曲线.

9. 证明：I_1，I_2，I_3，I_4 是二次曲面在直角坐标变换下的不变量.

第 5 章
等距变换与仿射变换

前几章的学习中，我们用最基本的方法——坐标法和向量法研究了几何图形的静止性质，如图形的面积、线段的长度、多边形的内角等. 作为研究"空间形式"的几何学，还应该研究图形在运动与变换下的性质，即寻找图形在变换下的不变性质与不变量. 本章将介绍等距变换和仿射变换，进而引入几何学中十分重要的变换群的概念，研究几何对象在某种变换群中的不变的性质. 着重讨论等距变换群下的不变性质与仿射变换群下的不变性质，即欧氏几何与仿射几何的一些内容.

5.1 平面上的等距变换

5.1.1 平面上的变换及变换群

空间图形都可视为由点构成的集合，因此用变换的观点研究图形的几何性质首先要研究点的变换.

定义 5.1.1 设 P 为平面集上任一点，点 P' 为在同一平面上唯一一个与点 P 对应的点，则称这种对应关系

$$f:P \to P'$$

为平面上的一个**变换**，记作 $P'=f(P)$，其中 P' 称为点 P 在变换 f 下的象，而点 P 称为 P' 的原象.

定义 5.1.2 若 f 把平面上的每一点 P 变成自己，即

$$f(P)=P,$$

则称变换 f 为**恒等变换**或**单位变换**，记为 ε，即 $\varepsilon(P)=P$. 此时点 P 称为变换 f 的不动点，平面上的任意一点为其不动点的变换，称为恒等变换.

在很多问题中，需要连续作两次变换，因此引入下述定义.

定义 5.1.3　设 f_1, f_2 是平面上的两个变换，若平面上任一点 P，先通过变换 f_1 得到点 P'，再通过变换 f_2 得到点 P''，即
$$f_1:P\to P',\quad f_2:P'\to P'',$$
则称变换
$$f:P\to P''$$
为 f_2 与 f_1 的**乘积**，记为 $f=f_2\cdot f_1$，即对平面上任一点 P，有
$$(f_2\cdot f_1)(P)=f_2(f_1(P))=f_2(P')=P''.$$
变换的乘积不满足交换律，即 $f_2\cdot f_1\neq f_1\cdot f_2$.

定理 5.1.1　变换的乘积运算满足结合律.

证明　设 f_1, f_2, f_3 是三个变换，对于平面上任一点 P，有
$$f_1:P\to P',\quad f_2:P'\to P'',\quad f_3:P''\to P''',$$
则
$$(f_3\cdot(f_2\cdot f_1))(P)=f_3(f_2\cdot f_1)(P)=f_3(f_2(f_1))(P)=$$
$$(f_3\cdot f_2)(f_1)(P)=((f_3\cdot f_2)\cdot f_1)(P).$$
所以有
$$f_3\cdot(f_2\cdot f_1)=(f_3\cdot f_2)\cdot f_1.$$

定义 5.1.4　设平面上一变换 f，如果存在变换 g，使得
$$f\cdot g=g\cdot f=\varepsilon,$$
则称变换 f 是可逆的，此时称变换 g 为变换 f 的逆变换，记作 f^{-1}，即
$$f\cdot f^{-1}=f^{-1}\cdot f=\varepsilon.$$

容易验证若变换 f 是可逆的，则逆变换 f^{-1} 是唯一的，证明留作习题.

定义 5.1.5　设 G 是由平面上某些变换组成的集合，如果 G 满足下列条件：
　　（1）集合 G 包含恒等变换 ε；
　　（2）对任意 $f\in G$，f 的逆变换 $f^{-1}\in G$；
　　（3）对任意 f, $g\in G$，它们的乘积 $f\cdot g\in G$，
则称 G 为平面上的一个**变换群**.

5.1.2 平面上等距变换的概念与性质

定义 5.1.6 设 f 是平面上的一个变换，如果对于平面上任意两点 P_1，P_2，f 保持这两点变换前后的距离不变，即 $f(P_1)=P_1'$，$f(P_2)=P_2'$ 时，有

$$d(f(P_1),f(P_2))=d(P_1',P_2')=d(P_1,P_2),$$

则称 f 是平面上的一个等距变换，其中 $d(P_1,P_2)$ 表示点 P_1，P_2 之间的距离.

性质 5.1.1 等距变换保留同素性不变，即在等距变换下，点变为点、直线变为直线.

证明 由等距变换的定义 5.1.6 知，等距变换 f 把点变为点.

下面证明平面上的等距变换 f 把直线 L 变为直线 L'. 在直线 L 上任取三点 P_1，P_2，P_3，且 $f(P_1)=P_1'$，$f(P_2)=P_2'$，$f(P_3)=P_3'$，由平面几何知识可知，任意三点 P_1，P_2，P_3 依次在一条直线 L 上的充要条件为

$$d(P_1,P_2)+d(P_2,P_3)=d(P_1,P_3),$$

再由定义 5.1.6 知

$$d(P_1,P_2)+d(P_2,P_3)=d(f(P_1),f(P_2))+d(f(P_2),f(P_3))$$
$$=d(P_1',P_2')+d(P_2',P_3').$$
$$d(P_1,P_3)=d(f(P_1),f(P_3))=d(P_1',P_3').$$

因此有

$$d(P_1',P_2')+d(P_2',P_3')=d(P_1',P_3'),$$

即 P_1'，P_2'，P_3' 依次在一条直线 L' 上.

由上述证明可给出以下结论.

性质 5.1.2 平面上的等距变换保留点的结合性，即将共线点变为共线点，将不共线点变为不共线点.

性质 5.1.3 平面上的等距变换把平行直线变为平行直线.

证明 设 f 为平面上的等距变换，直线 L_1 与 L_2 平行，由性质 5.1.1 知，变换 f 将直线 L_1 变为直线 L_1'，将直线 L_2 变为直线 L_2'. 假设直线 L_1' 与直线 L_2' 交于点 P'，则由性质 5.1.2 知，点 P' 唯一原象 P 既在直线 L_1 上，又在直线 L_2 上，这与直线 L_1 与 L_2 平行矛盾，故直线 L_1' 与直线 L_2' 平行.

性质 5.1.4   等距变换保持两直线的夹角不变.

证明   设 f 为平面上的等距变换，f 将平面上不共线的三点 A，O，B 变为不共线的三点 A'，O'，B'，下面证明 $\angle AOB = \angle A'O'B'$.

因为 $d(A,B) = d(A',B')$，$d(O,A) = d(O',A')$，$d(O,B) = d(O',B')$，因此有

$$\triangle AOB \cong \triangle A'O'B',$$

所以有

$$\angle AOB = \angle A'O'B'.$$

性质 5.1.5   平面上等距变换保持线段的长度、线段的简单比、线段间的夹角及向量的内积不变.

性质 5.1.6   平面上的等距变换是可逆变换，且其逆也是等距变换.

证明   设 f 是平面 π 上的等距变换，对 $\forall P$，$Q \in \pi$，其中 $P \neq Q$. 由于 $d(P,Q) = d(f(P), f(Q))$，因此有 $f(P) \neq f(Q)$，所以 f 是单射.

设 $\triangle ABC$ 为平面 π 上的三角形，记 $A' = f(A)$，$B' = f(B)$，$C' = f(C)$，则 $\triangle ABC$ 与 $\triangle A'B'C'$ 是全等三角形. 若点 P 位于 $\triangle A'B'C'$ 的某条边假设在 $A'B'$ 上，且 $d(P,A') = a$，则在 $\triangle ABC$ 的边上可以找到两点 D，E，使得 $d(A,D) = d(A,E) = a$. 这样 P 与 $f(D)$ 或 $f(E)$ 重合.

若点 P 不位于 $\triangle A'B'C'$ 的某条边上，则在 $\triangle ABC$ 的边 AB 的两侧可找到两点 D，E，使得 $\triangle A'B'P \cong \triangle ABD \cong \triangle ABE$，因此必有 P 与 $f(D)$ 或 $f(E)$ 重合.

因此等距变换 f 是双射，故可逆.

对 $\forall P$，$Q \in \pi$，由于 f 为满射，因此存在 $M = f^{-1}(P)$，$N = f^{-1}(Q)$，使得 $P = f(M)$，$Q = f(N)$. 因为 $d(M,N) = d(f^{-1}(P), f^{-1}(Q)) = d(f(M), f(N))$，所以 f^{-1} 也是等距变换.

定义 5.1.7   取定平面上的向量 $\overrightarrow{V}$，对平面上任一点 P，由 $\overrightarrow{PP'} = \overrightarrow{V}$ 定义了平面上的另一点 P'，这样定义的平面上的变换 $f_{\overrightarrow{V}}$ 称为**平移变换**.

平移变换把平面上所有点沿向量 $\overrightarrow{V}$ 移动距离 $|\overrightarrow{V}|$，显然平移

变换保持平面上点之间的距离，它把平面上的一个图形变成它的全等图形(见图 5-1-1)．显然，由零向量所定义的平移变换 $f_{\vec{0}}$ 是平面上的恒等变换，此时平面上的所有点均为不动点．如果 $\vec{V} \neq \vec{0}$，则在平移变换 $f_{\vec{V}}$ 下无不动点，但每一条平行于 $\vec{V}$ 的直线在平移变换 $f_{\vec{V}}$ 下不变，即这样的直线上的点在平移变换 $f_{\vec{V}}$ 下的象仍在同一条直线上．如图 5-1-1 所示，直线 AA'，BB'，CC' 都是平移变换 $f_{\vec{V}}$ 的不动直线．

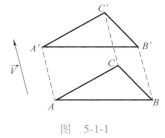

图　5-1-1

> **定义 5.1.8**　取定平面上一点 O 及实数 θ，可定义平面上的一个变换 f_θ，对平面上任一点 P，它的象 $P' = f_\theta(P)$ 由向量 $\overrightarrow{OP}$ 绕点 O 旋转角度 θ 所得向量 $\overrightarrow{OP'}$ 确定．f_θ 将平面上的点绕点 O 旋转角度 θ，称为平面上的**旋转变换**，θ 为旋转角，O 是旋转中心．如果 $\theta > 0$，旋转是逆时针的；否则为顺时针的．如图 5-1-2 所示，显然旋转变换 f_θ 保持平面上点之间的距离，因此旋转变换是等距变换，点 O 是旋转变换 f_θ 下的不动点．

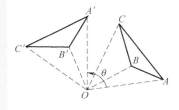

图　5-1-2

例 5.1.1　平面上所有绕原点旋转变换组成的集合是平面上的一个变换群．

证明　设平面上所有绕原点旋转变换组成的集合为 G．

(1) 平面上的恒等变换 ε 可看成绕原点旋转 $0°$，因此 $\varepsilon \in G$；

(2) 对任意 $f \in G$，其中 f 是绕原点旋转 θ 角的变换，则 f 的逆变换 f^{-1} 是绕原点旋转 $-\theta$ 角的变换，因此 $f^{-1} \in G$；

(3) 对 $\forall f_1, f_2 \in G$，f_1 是绕原点旋转 θ_1 角的变换，f_2 是绕原点旋转 θ_2 角的变换，那么 $f_2 \cdot f_1$ 是绕原点旋转 $\theta_1 + \theta_2$ 角的变换，因此 $f_2 \cdot f_1 \in G$．

综上所述，平面上所有绕原点旋转变换组成的集合 G 构成一个变换群．

前面介绍的平移变换与旋转变换均为等距变换．我们把旋转变换、平移变换以及它们的乘积统称为**刚体运动**或**保向等距变换**．

下面介绍平面上的反射变换．

> **定义 5.1.9**　固定平面上的一条直线 L，定义平面上的变换 f_L，其中 $f_L(P)$ 是点 P 关于直线 L 的对称点，称 f_L 为平面上的一个**反射变换**，直线 L 称为**反射轴**．f_L 是一个可逆变换且 $f_L^{-1} = f_L$．如图 5-1-3 所示，反射变换把平面上的图形变成它关于反射轴 L

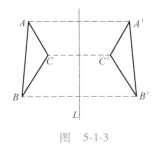

图　5-1-3

对称的图形. 反射轴 L 上每一点是反射的不动点，且反射变换没有其他的不动点.

5.1.3 平面上的等距变换在直角坐标系中的表示

定理 5.1.2　平面上的变换 f 是等距变换的充要条件是 f 在直角坐标系 $\{O;\vec{i},\vec{j}\}$ 下的表达式为

$$f: \begin{pmatrix} x' \\ y' \end{pmatrix} = \begin{pmatrix} a_{11} & a_{12} \\ a_{21} & a_{22} \end{pmatrix} \begin{pmatrix} x \\ y \end{pmatrix} + \begin{pmatrix} x_0 \\ y_0 \end{pmatrix},$$

其中系数矩阵 $A = \begin{pmatrix} a_{11} & a_{12} \\ a_{21} & a_{22} \end{pmatrix}$ 是正交矩阵.

证明　设变换 f 具有上述表达式，对于平面上任意两点 $P_1(x_1,y_1)$，$P_2(x_2,y_2)$，它们的象分别为 $P_1'(x_1',y_1')$，$P_2'(x_2',y_2')$，由

$$\begin{pmatrix} x_1'-x_2' \\ y_1'-y_2' \end{pmatrix} = A \begin{pmatrix} x_1-x_2 \\ y_1-y_2 \end{pmatrix},$$

$$(d(P_1',P_2'))^2 = (x_1'-x_2',y_1'-y_2') \begin{pmatrix} x_1'-x_2' \\ y_1'-y_2' \end{pmatrix},$$

可得

$$(d(P_1',P_2'))^2 = (x_1-x_2,y_1-y_2) A^{\mathrm{T}} A \begin{pmatrix} x_1-x_2 \\ y_1-y_2 \end{pmatrix} = (d(P_1,P_2))^2.$$

因此具有定理 5.1.2 中表达式的变换保持任意两点之间的距离，是等距变换.

下面证明必要性，设变换 f 为平面的等距变换，由等距变换的性质可知 f 是单射，且 f 把直线变成直线，并且保持直线之间的夹角.

特别地，f 把直角坐标系 Oxy 变成直角坐标系 $O'x'y'$，其中 x' 轴与 y' 轴分别是 x 轴、y 轴在变换 f 下的象，$O'x'y'$ 可能是左手系或右手系. 如图 5-1-4 所示，对于平面上任一点 $P(x,y)$，在 f 下的象 $P'(x',y')$，由于 f 是等距变换，P' 在坐标系 $O'x'y'$ 下的坐标也是 (x,y). 利用直角坐标变换公式可知变换 f 的表示式是

$$f: \begin{pmatrix} x' \\ y' \end{pmatrix} = \begin{pmatrix} a_{11} & a_{12} \\ a_{21} & a_{22} \end{pmatrix} \begin{pmatrix} x \\ y \end{pmatrix} + \begin{pmatrix} x_0 \\ y_0 \end{pmatrix},$$

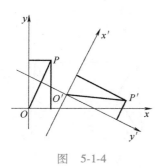

图　5-1-4

其中系数矩阵 $A = \begin{pmatrix} a_{11} & a_{12} \\ a_{21} & a_{22} \end{pmatrix}$ 是正交矩阵，若坐标系都为右手系或

都为左手系, 则 $|A| = \begin{vmatrix} a_{11} & a_{12} \\ a_{21} & a_{22} \end{vmatrix} = 1$, 若一个为右手系, 一个为左

手系, 则有 $|A| = \begin{vmatrix} a_{11} & a_{12} \\ a_{21} & a_{22} \end{vmatrix} = -1.$

例 5. 1. 2　　平面 $\mathbf{R}^2$ 上取定右手直角坐标系 $\{O; \vec{i}, \vec{j}\}$, 平面上

任一点 P 在坐标系下的坐标为 (x, y), 给定非零向量 $\vec{V} = (x_0, y_0)$,
定义 $\mathbf{R}^2 \to \mathbf{R}^2$ 的两个变换

$$f_1 : \begin{pmatrix} x' \\ y' \end{pmatrix} = \begin{pmatrix} x \\ y \end{pmatrix} + \begin{pmatrix} x_0 \\ y_0 \end{pmatrix},$$

$$f_2 : \begin{pmatrix} x' \\ y' \end{pmatrix} = \begin{pmatrix} \cos\theta & -\sin\theta \\ \sin\theta & \cos\theta \end{pmatrix} \begin{pmatrix} x \\ y \end{pmatrix},$$

其中 f_1 称为沿向量 $\vec{V} = (x_0, y_0)$ 的平移变换, f_2 称为绕原点的旋转
变换.

　　显然, 平移变换与旋转变换都是平面到平面自身的一一对应,
由变换 f_1 的定义可知, f_1 的逆变换 f_1^{-1} 存在且定义如下:

$$f_1^{-1} : \begin{pmatrix} x' \\ y' \end{pmatrix} = \begin{pmatrix} x \\ y \end{pmatrix} - \begin{pmatrix} x_0 \\ y_0 \end{pmatrix},$$

不难验证, $f_1^{-1} \cdot f_1 = f_1 \cdot f_1^{-1} = \varepsilon.$

　　由变换 f_2 的定义可知, f_2 的逆变换 f_2^{-1} 存在且定义如下:

$$f_2^{-1} : \begin{pmatrix} x' \\ y' \end{pmatrix} = \begin{pmatrix} \cos(-\theta) & -\sin(-\theta) \\ \sin(-\theta) & \cos(-\theta) \end{pmatrix} \begin{pmatrix} x \\ y \end{pmatrix},$$

不难验证, $f_2^{-1} \cdot f_2 = f_2 \cdot f_2^{-1} = \varepsilon.$

　　根据变换乘积的定义, 易验证

$$f_2 \cdot f_1 : \begin{pmatrix} x' \\ y' \end{pmatrix} = \begin{pmatrix} \cos\theta & -\sin\theta \\ \sin\theta & \cos\theta \end{pmatrix} \begin{pmatrix} x \\ y \end{pmatrix} + \begin{pmatrix} \cos\theta & -\sin\theta \\ \sin\theta & \cos\theta \end{pmatrix} \begin{pmatrix} x_0 \\ y_0 \end{pmatrix},$$

$$f_1 \cdot f_2 : \begin{pmatrix} x' \\ y' \end{pmatrix} = \begin{pmatrix} \cos\theta & -\sin\theta \\ \sin\theta & \cos\theta \end{pmatrix} \begin{pmatrix} x \\ y \end{pmatrix} + \begin{pmatrix} x_0 \\ y_0 \end{pmatrix},$$

故通常变换的乘积不满足交换律, 即 $f_2 \cdot f_1 \neq f_1 \cdot f_2.$

例 5. 1. 3　　平面 $\mathbf{R}^2$ 上取定右手直角坐标系 $\{O; \vec{i}, \vec{j}\}$, 求以直线

$$L : x\cos\theta + y\sin\theta - p = 0$$

为轴的反射变换.

　　解　　如图 5-1-5 所示, 设点 $P(x, y)$ 在变换下的坐标为 $P'(x', y')$,
因为 $\overrightarrow{PP'}$ 与 L 垂直, 因此有

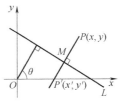

图　5-1-5

$$\frac{y-y'}{x-x'}=\frac{\sin\theta}{\cos\theta},$$

且 $P(x,y)$ 与 $P'(x',y')$ 的中点 M 在 L 上，因此中点 M 的坐标满足直线 L 的方程

$$\frac{x+x'}{2}\cos\theta+\frac{y+y'}{2}\sin\theta-p=0.$$

由上述两式解出 x'，y'，得

$$\begin{cases} x'=-x\cos2\theta-y\sin2\theta+2p\cos\theta, \\ y'=-x\sin2\theta+y\cos2\theta+2p\sin\theta, \end{cases}$$

这就是所求的关于直线 L 为轴的反射变换公式.

注意，它的系数矩阵 $\begin{pmatrix} -\cos2\theta & -\sin2\theta \\ -\sin2\theta & \cos2\theta \end{pmatrix}$ 也是正交矩阵，由定理 5.1.2 知，反射变换也是等距变换.

上述计算过程中，系数矩阵可写成

$$\begin{pmatrix} -\cos2\theta & -\sin2\theta \\ -\sin2\theta & \cos2\theta \end{pmatrix}=\begin{pmatrix} \cos2\theta & -\sin2\theta \\ \sin2\theta & \cos2\theta \end{pmatrix}\begin{pmatrix} -1 & 0 \\ 0 & 1 \end{pmatrix},$$

此时，变换可以看成关于 y 轴的反射和一个刚体运动的乘积. 我们把这种行列式等于-1的等距变换称为**反向等距变换**.

定理 5.1.3 （**等距变换的分解定理**）任意一个保向等距变换（或刚体运动）可以分解为一个旋转变换与一个平移变换的乘积；任意一个反向等距变换可以分解为一个关于某条直线的反射变换和一个保向等距变换（或刚体运动）的乘积.

定理 5.1.4　平面上等距变换的全体 G，构成平面的一个变换群，称为平面的等距变换群.

证明　（1）由等距变换的定义 5.1.6 知，平面上的恒等变换 ε 也是等距变换，即 $\varepsilon\in G$；

（2）任意两等距变换 f_1，$f_2\in G$，由定义 5.1.6 可知 $f_1\cdot f_2$ 仍为等距变换，即 $f_1\cdot f_2\in G$；

（3）由等距变换的性质知，一个等距变换的逆变换仍为等距变换，即对 $\forall f\in G$，有 $f^{-1}\in G$.

因此，平面上等距变换的全体构成平面的一个变换群.

例 5.1.4　判断下面所给的变换是否为等距变换，并求出它的不动点.

$$\begin{cases} x' = \dfrac{4}{5}x - \dfrac{3}{5}y + 1, \\[2mm] y' = \dfrac{3}{5}x + \dfrac{4}{5}y - 2. \end{cases}$$

解　要验证一个变换是否为等距变换，只需要求系数矩阵是否为正交矩阵即可. 此变换所对应的系数矩阵为

$$\begin{pmatrix} \dfrac{4}{5} & -\dfrac{3}{5} \\[2mm] \dfrac{3}{5} & \dfrac{4}{5} \end{pmatrix},$$

易知此矩阵的列向量是单位向量且两两正交，因此所给的变换为等距变换.

下面计算此变换的不动点. 令 $x' = x$，$y' = y$，则有

$$\begin{cases} x = \dfrac{4}{5}x - \dfrac{3}{5}y + 1, \\[2mm] y = \dfrac{3}{5}x + \dfrac{4}{5}y - 2, \end{cases}$$

即

$$\begin{cases} -\dfrac{1}{5}x - \dfrac{3}{5}y + 1 = 0, \\[2mm] \dfrac{3}{5}x - \dfrac{1}{5}y - 2 = 0. \end{cases}$$

解得 $x = \dfrac{7}{2}$，$y = \dfrac{1}{2}$，所以此变换下的不动点为 $\left(\dfrac{7}{2}, \dfrac{1}{2}\right)$.

习题 5.1

1. 证明：平面上所有平移变换的集合构成群.

2. 求满足下列要求的平面变换公式.

(1) 将点 $(2,3)$ 变到点 $(0,-1)$ 的平移变换；

(2) 绕原点的旋转变换，使点 $(3,1)$ 变到 $(-1,3)$.

3. 求直线 $x+y-2=0$ 在正交变换 $\begin{cases} x' = \dfrac{1}{2}x - \dfrac{\sqrt{3}}{2}y + 3, \\[2mm] y' = \dfrac{\sqrt{3}}{2}x + \dfrac{1}{2}y - 1 \end{cases}$ 下的象.

4. 求下列等距变换.

(1) 绕原点旋转 $\theta = \dfrac{3}{2}\pi$，再按向量 $(2,-1)$ 平移；

(2) 绕原点旋转 $\theta = -\dfrac{3}{4}\pi$，又使点 $(0,-1)$ 变为点 $(-2+\sqrt{2}, -1-\sqrt{2})$.

5. 在平面的一个右手直角坐标系中直线 L 的方程是

$$ax+by+c=0 \ (a^2+b^2 \neq 0),$$

求平面关于直线 L 的反射变换公式.

5.2 平面上的仿射变换

定义 5.2.1 设 f 是平面上的一个可逆变换，如果 f 把任意共线三点变成共线三点，则变换 f 称为平面上的一个**仿射变换**.

定理 5.2.1 平面上的仿射变换把不共线的三点变成不共线的三点.

证明 设 f 是平面上的仿射变换，A，B，C 是平面上不共线的三点. 假设 $f(A)$，$f(B)$，$f(C)$ 共线，记此直线为 L. 由于仿射变换把共线的三点变成共线的三点，因此 f 把直线 AB 映到直线 $f(A)f(B)$，即 L. 类似地，f 把直线 AC，BC 都映到直线 L. 在直线 AB，AC，BC 之外取一点 P，过 P 作一条直线与 AB，AC 分别交于 Q，R，由于 f 把直线 AB，AC 映到直线 L 上，故也把 Q，R 映到直线 L 上，由于 P，Q，R 共线，故 f 把 P 也映到直线 L 上. 从而 f 把整个平面都映到直线 L 上，这与 f 是平面上的可逆变换矛盾.

性质 5.2.1 平面上的仿射变换把直线变成直线.

性质 5.2.2 平面上的仿射变换将平行直线变成平行直线.

证明 设 f 是平面上的仿射变换. L_1，L_2 为平行直线，记 $L_1' = f(L_1)$，$L_2' = f(L_2)$. 若 L_1'，L_2' 相交于点 P'，由于 f 是满射，故存在一点 $P_1 \in L_1$，$P_2 \in L_2$，使 $f(P_1) = f(P_2) = P'$，这与 f 是单射矛盾.

性质 5.2.3 平面上仿射变换的全体组成平面的一个变换群，称为平面的**仿射变换群**.

证明 设平面上仿射变换的全体为 G. 易知恒等变换 $\varepsilon \in G$，对 $\forall f_1$，$f_2 \in G$，显然 $f_1 \cdot f_2 \in G$.

对 $\forall f \in G$，f 的逆变换记为 f^{-1}，若 f^{-1} 把平面上共线三点 A，B，C 变为不共线三点 A'，B'，C'，由于 f 把不共线三点变成不共线三点，但 $f(A') = A$，$f(B') = B$，$f(C') = C$ 三点共线，矛盾. 故 f^{-1} 也是仿射变换. 因此，平面上仿射变换的全体 G 构成群.

定义 5.2.2　若平面上的一个变换 f，使得对应线段的比为一个非零常数 k，那么 f 是一个**相似变换**，简称为**相似**，k 称为**相似比**.

定义 5.2.3　在平面上取定一点 O，把平面上每一个点 P 变为 P'，使得 $\overrightarrow{OP'} = k\overrightarrow{OP}$，其中 k 是一个非零常数，且点 O 对应到它自身的平面上的这个变换称为**位似变换**，简称位似，点 O 称为**位似中心**，k 称为**位似比**（见图 5-2-1）.

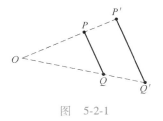

图　5-2-1

定义 5.2.4　平面上给定一条直线 L 和一个非零向量 $\overrightarrow{V_0}$，其中 $\overrightarrow{V_0}$ 不是直线 L 的方向向量. 平面上的一个变换 f 如果把每一个点 P 变换为 P'，使得

（1）$\overrightarrow{PP'}$ 与 $\overrightarrow{V_0}$ 共线；

（2）点 P' 与点 P 在直线 L 同侧；

（3）$|\overrightarrow{AP'}| = k|\overrightarrow{AP}|$，其中 A 是 PP' 与直线 L 的交点，k 是非零常数，那么称这个变换 f 是沿向量 $\overrightarrow{V_0}$ 向着直线 L 的**压缩变换**，直线 L 称为**压缩轴**，$\overrightarrow{V_0}$ 称为**压缩方向**，k 称为**压缩系数**（见图 5-2-2）. 若 $0 < k < 1$，则 f 是**压缩**；若 $k > 1$，则称 f 是**拉伸**. 当 $\overrightarrow{V_0}$ 与直线 L 垂直时，称 f 是**正压缩**.

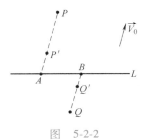

图　5-2-2

定义 5.2.5　平面上给定一条直线 L，$\overrightarrow{V}$ 是直线的方向向量. 平面上的一个变换 f 把直线 L 上每一个点 P 变换为自身，把不在直线 L 上的点 P 变换为 P'，使得

（1）$\overrightarrow{PP'}$ 与 L 平行；

（2）在直线 L 一侧的点 P 有 $\overrightarrow{PP'}$ 与 $\overrightarrow{V}$ 同向，在 L 的另一侧的点 Q 有 $\overrightarrow{QQ'}$ 与 $\overrightarrow{V}$ 反向；

（3）从点 P 向直线 L 作垂线，垂足为 M，有 $|\overrightarrow{PP'}| = k|\overrightarrow{PM}|$，其中 k 是非零常数；那么称 f 是**错切**，直线 L 称为**错切轴**，k 称为**错切系数**（见图 5-2-3）.

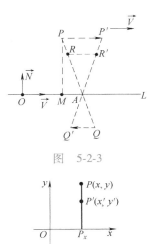

图　5-2-3

例 5.2.1　在平面 $\mathbf{R}^2$ 的一个直角坐标系中，定义变换 f 为

（1）$(x', y') = (x, ky)\ (k>0)$. 这个映射称为向着 x 轴的压缩变换，k 称为压缩比（见图 5-2-4）.

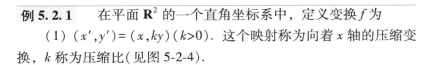

图　5-2-4

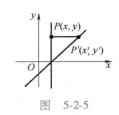

图 5-2-5

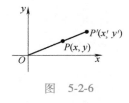

图 5-2-6

（2）$(x',y')=(x+\lambda y,\ y)$．这个映射称为向着 x 轴的错切变换，x 轴称为错切轴（见图 5-2-5）．

（3）$(x',y')=(kx,ky)(k\neq0)$．这个映射称为位似中心在原点的位似变换，k 称为位似比（见图 5-2-6）．

证明这三个变换都是仿射变换．

证明 这里只证明（1），（2）和（3）的证明留作习题．f 显然是平面上的一一对应．假设 $P_i(x_i,y_i)(i=1,2,3)$ 三点共线，我们要证明 $f(P_i)(i=1,2,3)$ 三点共线．由于 $P_i(x_i,y_i)(i=1,2,3)$ 三点共线，则有实数 λ 使得

$$(x_2-x_1,y_2-y_1)=\lambda(x_3-x_1,y_3-y_1),$$

即

$$x_2-x_1=\lambda(x_3-x_1),\ y_2-y_1=\lambda(y_3-y_1).$$

$f(P_i)=(x_i,ky_i)$，故

$$(x_2-x_1,ky_2-ky_1)=\lambda(x_3-x_1,ky_3-ky_1),$$

即 $f(P_i)(i=1,2,3)$ 三点共线．所以 f 是仿射变换.

5.2.2 仿射变换诱导的向量变换

定义 5.2.6 设 f 是平面的一个仿射变换，$\vec{a}$ 是平面上的一个向量，设 $\vec{a}$ 的起点和终点分别为 A，B，定义一个变换把向量 $\vec{a}$ 变为向量 $\overrightarrow{f(A)f(B)}$，称为仿射变换 f 诱导的变换，表示成 $f(\vec{a})=\overrightarrow{f(A)f(B)}$.

定理 5.2.2 仿射变换决定的向量变换具有线性性质，即

（1）$f(\vec{a}+\vec{b})=f(\vec{a})+f(\vec{b})$；

（2）$f(k\vec{a})=kf(\vec{a})$，$k\in\mathbf{R}$.

证明 （1）把 $\vec{b}$ 的起点平移到 $\vec{a}$ 的终点．设 $\vec{a}=\overrightarrow{AB}$，$\vec{b}=\overrightarrow{BC}$，则 $\vec{a}+\vec{b}=\overrightarrow{AC}$．所以 $f(\vec{a}+\vec{b})=\overrightarrow{f(A)f(C)}=\overrightarrow{f(A)f(B)}+\overrightarrow{f(B)f(C)}=f(\vec{a})+f(\vec{b})$.

（2）对任意整数 k，由上述结果知（2）成立．又因为 $\vec{a}+\vec{b}=\vec{0}$，$f(\vec{0})=\vec{0}$．取 $\vec{b}=-\vec{a}$，知 $f(-\vec{a})=-f(\vec{a})$，因此对于负整数 k，（2）也成立．对于有理数 $k=\dfrac{n}{m}$，由于 $f(\vec{a})=f\left(m\cdot\dfrac{1}{m}\vec{a}\right)=$

$mf\left(\dfrac{1}{m}\vec{a}\right)$，所以 $\dfrac{1}{m}f(\vec{a})=f\left(\dfrac{1}{m}\vec{a}\right)$，故 $f\left(\dfrac{n}{m}\vec{a}\right)=\dfrac{n}{m}f(\vec{a})$．即对有理数也成立．对于无理数的情况，要引用一个引理．

对于非零向量 $\vec{a}$ 及实数 k，因为仿射变换保持直线平行，因此 $f(k\vec{a})\,/\!/\,f(\vec{a})$，故 $f(k\vec{b})=lf(\vec{b})$，我们要证对任意实数 k 有 $l=k$．

引理 5.2.1 （1）对于非零向量 $\vec{a}$ 及实数 k，如果 $f(k\vec{a})=lf(\vec{a})$，那么对任意非零向量 $\vec{b}$，有 $f(k\vec{b})=lf(\vec{b})$，即 l 与向量 $\vec{a}$ 无关．

（2）对任意非零向量 $\vec{a}$，如果 $k>0$，那么 $l>0$．

证明 （1）如图 5-2-7 所示，设 $\vec{a}$，$\vec{b}$ 不共线，取
$$\overrightarrow{AB}=\vec{a},\ \overrightarrow{AC}=\vec{b},\ \overrightarrow{AD}=k\vec{a},\ \overrightarrow{AE}=k\vec{b}.$$
记 A，B，C，D，E 在 f 下的象分别为 A'，B'，C'，D'，E'．由相似三角形的性质知 $BC\,/\!/\,DE$，由于 f 保持直线的平行性，因此 $B'C'\,/\!/\,D'E'$．由 $f(k\vec{a})=lf(\vec{a})$ 得 $|A'D'|:|A'B'|=l$，于是 $|A'E'|:|A'C'|=l$，即 $f(k\vec{b})=lf(\vec{b})$．

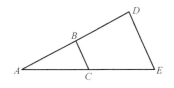 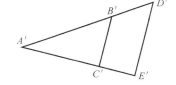

图 5-2-7

如果 $\vec{a}$，$\vec{b}$ 共线，先取一个与它们不共线的非零向量 $\vec{c}$，那么有 $f(k\vec{c})=lf(\vec{c})$，再对 $\vec{c}$ 和 $\vec{b}$ 用结论(1)即可．

（2）设 $k>0$，设 $f(\sqrt{k}\,\vec{a})=tf(\vec{a})$，对某个 t，由(1)，得
$$f(k\vec{a})=f(\sqrt{k}\,(\sqrt{k}\,\vec{a}))=tf(\sqrt{k}\,\vec{a})=t^2f(\vec{a}).$$
即 $l=t^2>0$．

现在我们回到定理 5.2.2，证明对于任意无理数 k，$f(k\vec{a})=kf(\vec{a})$，$k\in\mathbf{R}$．设 $f(k\vec{a})=lf(\vec{a})$，并且 $l\neq k$，不妨设 $l<k$，取一个有理数 t，使得 $l<t<k$，则
$$f((k-t)\vec{a})=f(k\vec{a})-f(t\vec{a})=lf(\vec{a})-tf(\vec{a})=(l-t)f(\vec{a}).$$
但 $k-t>0$，$l-t<0$，这与以上引理中的(2)矛盾．

定义 5.2.7 设 A，B，C 是共线的三点，点 B 内分或外分有向线段 $\overrightarrow{AC}$，设 $\overrightarrow{AB}=\lambda\overrightarrow{BC}$，$\lambda$ 称为共线三点 A，B，C 的简单比，记为 (A,C,B)，即 $(A,C,B)=\dfrac{AB}{BC}$.

性质 5.2.4 平面上仿射变换保持共线三点的简单比不变.

证明 设 A，B，C 三点共线，且 B 为分点. 存在实数 $\lambda\neq 0$，使 $\overrightarrow{AB}=\lambda\,\overrightarrow{BC}$. 由定理 5.2.2 知 $\overrightarrow{f(A)f(B)}=f(\overrightarrow{AB})=\lambda f(\overrightarrow{BC})=\lambda\overrightarrow{f(B)f(C)}$. 因此共线三点的简单比不变.

性质 5.2.5 平面上仿射变换保持平面图形的面积比不变.

定理 5.2.3 （平面仿射变换的决定定理）平面上不共线的三对对应点唯一决定一个仿射变换.

证明 设 f 是平面的一个仿射变换，A，B，C 为不共线三点，它们的象为 $f(A)$，$f(B)$，$f(C)$. 因为 f 是仿射变换，因此 $f(A)$，$f(B)$，$f(C)$ 不共线. D 为 A，B，C 所确定平面内的任意一点，由于 A，B，C，D 共面，因此

$$\overrightarrow{AD}=\lambda\overrightarrow{AB}+\mu\overrightarrow{AC},$$

由定理 5.2.2 知

$$f(\overrightarrow{AD})=\lambda f(\overrightarrow{AB})+\mu f(\overrightarrow{AC}).$$

即

$$\overrightarrow{f(A)f(D)}=\lambda\,\overrightarrow{f(A)f(B)}+\mu\,\overrightarrow{f(A)f(C)},$$

从而 $f(D)$ 被唯一确定.

性质 5.2.6 平面上仿射变换的全体组成平面的一个变换群，称为平面的仿射变换群.

5.2.3 平面仿射变换在坐标系中的表示

定理 5.2.4 平面上的变换 f 是仿射变换的充要条件是 f 在仿射坐标系 $\{O;\overrightarrow{e_1},\overrightarrow{e_2}\}$ 下的表达式为

$$f:\begin{pmatrix}x'\\y'\end{pmatrix}=\begin{pmatrix}a_{11}&a_{12}\\a_{21}&a_{22}\end{pmatrix}\begin{pmatrix}x\\y\end{pmatrix}+\begin{pmatrix}x_0\\y_0\end{pmatrix},$$

其中系数矩阵 $A = \begin{pmatrix} a_{11} & a_{12} \\ a_{21} & a_{22} \end{pmatrix}$ 为二阶可逆矩阵.

证明　必要性　任取一平面仿射坐标系 $\{O;\overrightarrow{e_1},\overrightarrow{e_2}\}$，对平面上任一点 $P(x,y)$，记它在仿射变换 f 下的象为 $P'(x',y')$，仿射坐标系 $\{O;\overrightarrow{e_1},\overrightarrow{e_2}\}$ 在仿射变换 f 下的象仍为仿射坐标系，记为 $\{O';\overrightarrow{e_1'},\overrightarrow{e_2'}\}$. $\overrightarrow{OP}=x\overrightarrow{e_1}+y\overrightarrow{e_2}$，因为仿射变换保持线性关系，故 $f(\overrightarrow{OP})=\overrightarrow{O'P'}=xf(\overrightarrow{e_1})+yf(\overrightarrow{e_2})=x\overrightarrow{e_1'}+y\overrightarrow{e_2'}$，即 P' 在仿射坐标系 $\{O';\overrightarrow{e_1'},\overrightarrow{e_2'}\}$ 下的坐标为 (x,y). 记 $\overrightarrow{e_1'}=f(\overrightarrow{e_1})=a_{11}\overrightarrow{e_1}+a_{21}\overrightarrow{e_2}$，$\overrightarrow{e_2'}=f(\overrightarrow{e_2})=a_{12}\overrightarrow{e_1}+a_{22}\overrightarrow{e_2}$，令 $\overrightarrow{OO'}=x_0\overrightarrow{e_1}+y_0\overrightarrow{e_2}$，则有

$$f: \begin{pmatrix} x' \\ y' \end{pmatrix} = \begin{pmatrix} a_{11} & a_{12} \\ a_{21} & a_{22} \end{pmatrix} \begin{pmatrix} x \\ y \end{pmatrix} + \begin{pmatrix} x_0 \\ y_0 \end{pmatrix},$$

这里矩阵 $A = \begin{pmatrix} a_{11} & a_{12} \\ a_{21} & a_{22} \end{pmatrix}$ 是可逆矩阵.

充分性　设

$$\begin{pmatrix} x' \\ y' \end{pmatrix} = \begin{pmatrix} a_{11} & a_{12} \\ a_{21} & a_{22} \end{pmatrix} \begin{pmatrix} x \\ y \end{pmatrix} + \begin{pmatrix} x_0 \\ y_0 \end{pmatrix},$$

其中矩阵 $A = \begin{pmatrix} a_{11} & a_{12} \\ a_{21} & a_{22} \end{pmatrix}$ 是可逆矩阵，f 显然是一一对应并把直线变为直线.

我们把以上矩阵 A 称为**仿射变换 f 在坐标系 $\{O;\overrightarrow{e_1},\overrightarrow{e_2}\}$ 下对应的矩阵**.

容易验证若 f_1 在某坐标系下对应的矩阵为 A，f_2 对应的矩阵为 B，则 $f_2 \cdot f_1$ 在该坐标系下对应的矩阵为 AB，f_1 的逆变换 f_1^{-1} 在该坐标系下对应的矩阵为 A^{-1}.

仿射变换 f 在仿射坐标系 $\mathrm{I}\{O;\overrightarrow{e_1},\overrightarrow{e_2}\}$ 中的对应矩阵为 A，在另一个仿射坐标系 $\mathrm{II}\{O';\overrightarrow{e_1'},\overrightarrow{e_2'}\}$ 中的对应矩阵为 A^*. 设坐标系 I 到 II 的过渡矩阵为 T，则坐标系 $f(\mathrm{I})$ 到 $f(\mathrm{II})$ 的过渡矩阵也为 T. 矩阵 A 实际上是坐标系 I 到 $f(\mathrm{I})$ 的过渡矩阵，矩阵 A^* 是坐标系 II 到 $f(\mathrm{II})$ 的过渡矩阵. 因此有 $A^* = T^{-1}AT$.

例 5.2.2　求把平面上三点 $O(0,0)$，$A(1,1)$，$B(1,-1)$ 顺次变为 $O'(2,3)$，$A'(2,5)$，$B'(3,-7)$ 的仿射变换 f.

解　设所求仿射变换为

$$f: \begin{pmatrix} x' \\ y' \end{pmatrix} = \begin{pmatrix} a_{11} & a_{12} \\ a_{21} & a_{22} \end{pmatrix} \begin{pmatrix} x \\ y \end{pmatrix} + \begin{pmatrix} x_0 \\ y_0 \end{pmatrix},$$

因为 f 把 $O(0,0)$ 变为 $O'(2,3)$，因此可得 $x_0 = 2$，$y_0 = 3$.

f 将 $A(1,1)$ 变为 $A'(2,5)$，将 $B(1,-1)$ 变为 $B'(3,-7)$，代入仿射变换可得

$$\begin{pmatrix} 2 \\ 5 \end{pmatrix} = \begin{pmatrix} a_{11} & a_{12} \\ a_{21} & a_{22} \end{pmatrix} \begin{pmatrix} 1 \\ 1 \end{pmatrix} + \begin{pmatrix} 2 \\ 3 \end{pmatrix}, \quad \begin{pmatrix} 3 \\ -7 \end{pmatrix} = \begin{pmatrix} a_{11} & a_{12} \\ a_{21} & a_{22} \end{pmatrix} \begin{pmatrix} 1 \\ -1 \end{pmatrix} + \begin{pmatrix} 2 \\ 3 \end{pmatrix},$$

解得 $a_{11} = \dfrac{1}{2}$，$a_{12} = -\dfrac{1}{2}$，$a_{21} = -4$，$a_{22} = 6$，故所求仿射变换为

$$f: \begin{pmatrix} x' \\ y' \end{pmatrix} = \begin{pmatrix} \dfrac{1}{2} & -\dfrac{1}{2} \\ -4 & 6 \end{pmatrix} \begin{pmatrix} x \\ y \end{pmatrix} + \begin{pmatrix} 2 \\ 3 \end{pmatrix},$$

且 $|\boldsymbol{A}| = \begin{pmatrix} \dfrac{1}{2} & -\dfrac{1}{2} \\ -4 & 6 \end{pmatrix} = 1 \neq 0.$

例 5.2.3　求仿射变换，使 $x = 0$，$y = 0$，$x + 2y - 1 = 0$ 分别变成 $x + y = 0$，$x - y = 0$，$x + 2y - 1 = 0$.

解　设所求的仿射变换为

$$\begin{pmatrix} x' \\ y' \end{pmatrix} = \begin{pmatrix} a_{11} & a_{12} \\ a_{21} & a_{22} \end{pmatrix} \begin{pmatrix} x \\ y \end{pmatrix} + \begin{pmatrix} x_0 \\ y_0 \end{pmatrix},$$

它把 $x = 0$ 变成 $x' = a_{12}y + x_0$，$y' = a_{22}y + y_0$，这个关系应该满足 $x' + y' = 0$. 因此推出 $a_{12} = -a_{22}$，$x_0 = -y_0$. 类似地，它把 $y = 0$ 变成 $x' = a_{11}x + x_0$，$y' = a_{21}x + y_0$，这个关系应该满足 $x' - y' = 0$. 因此推出 $a_{11} = a_{21}$，$x_0 = y_0 = 0$. 同样它把 $x + 2y - 1 = 0$ 变成 $x' = (a_{12} - 2a_{11})y + a_{11}$，$y' = (a_{22} - 2a_{21})y + a_{21}$，这个关系应该满足 $x' + 2y' - 1 = 0$. 因此推出 $a_{11} = a_{21} = \dfrac{1}{3}$，$a_{12} = -a_{22} = -2$. 因此所求仿射变换为

$$\begin{pmatrix} x' \\ y' \end{pmatrix} = \begin{pmatrix} \dfrac{1}{3} & -2 \\ \dfrac{1}{3} & 2 \end{pmatrix} \begin{pmatrix} x \\ y \end{pmatrix}.$$

5.2.4　仿射变换的其他性质

f 是平面上的仿射变换，在仿射坐标系 $\{O; \overrightarrow{e_1}, \overrightarrow{e_2}\}$ 下的表达式为

$$f: \begin{pmatrix} x' \\ y' \end{pmatrix} = \begin{pmatrix} a_{11} & a_{12} \\ a_{21} & a_{22} \end{pmatrix} \begin{pmatrix} x \\ y \end{pmatrix} + \begin{pmatrix} x_0 \\ y_0 \end{pmatrix},$$

其中系数矩阵 $A = \begin{pmatrix} a_{11} & a_{12} \\ a_{21} & a_{22} \end{pmatrix}$ 为二阶可逆矩阵.

由前面的计算可知 $f(\overrightarrow{e_1}) \times f(\overrightarrow{e_2}) = |A| \overrightarrow{e_1} \times \overrightarrow{e_2}$，$|A|$ 的符号反映了仿射坐标系 $\{O;\overrightarrow{e_1},\overrightarrow{e_2}\}$ 与 $\{f(O);f(\overrightarrow{e_1}),f(\overrightarrow{e_2})\}$ 的定向关系. 如果 $|A|>0$，称 f 为第一类仿射变换；若 $|A|<0$，则称 f 为第二类仿射变换，把比值 $\dfrac{|f(\overrightarrow{e_1}) \times f(\overrightarrow{e_2})|}{|\overrightarrow{e_1} \times \overrightarrow{e_2}|} = \|A\|$ 称为 f 的**变积系数**，变积系数是平面图形在仿射变换后和变换前的面积比.

由变积系数的定义，可给出仿射变换的如下性质.

性质 5.2.7　任意两个三角形的面积之比是仿射不变量.

性质 5.2.8　两个平行四边形的面积之比是仿射不变量.

性质 5.2.9　两个封闭图形的面积之比是仿射不变量.

性质 5.2.10　当仿射变换 f 所对应的系数矩阵满足 $|A| = \pm 1$ 时，保持图形的面积不变.

例 5.2.4　证明：梯形两腰延长线的交点和对角线交点的连线必平分上、下底.

证明　因为本题仅涉及仿射性（平行性），所以可以利用仿射变换 T 将原梯形变成等腰梯形 $ABCD$ 来讨论. 如图 5-2-8 所示. 因为等腰梯形 $ABCD$ 上、下底中点的连线 EF 是它的对称轴，故 AB，CD 的交点 H 和 AC，BD 的交点 G 也在对称轴上，即 E，F，H，G 共线，因此原命题成立.

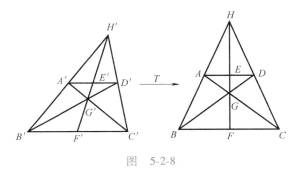

图　5-2-8

例 5.2.5　证明椭圆 $\dfrac{x^2}{a^2} + \dfrac{y^2}{b^2} = 1$ 的面积是 πab，其中 a，$b>0$.

证明　如图 5-2-9 所示，作平面上的仿射变换 f，其坐标变换公式为

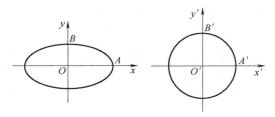

图　5-2-9

$$\begin{cases} x' = \dfrac{x}{a}, \\ y' = \dfrac{y}{b}, \end{cases}$$

椭圆 $\dfrac{x^2}{a^2} + \dfrac{y^2}{b^2} = 1$ 成为圆 $x'^2 + y'^2 = 1$. 则此仿射变换的变积系数为 $\|A\| = \dfrac{1}{ab}$. 椭圆在 f 的变换下是圆，而圆的面积为 π，因此椭圆面积为 πab.

5.2.5　仿射变换的不动点和不变直线

在仿射变换下，若一个点和它的象重合，则称该点为**仿射变换的不动点**；若一条直线和它的象直线重合，则称该直线为给定**仿射变换的不变直线**. 仿射变换的不变直线并不要求直线上的每一点都是不动点.

例 5.2.6　求仿射变换 $\begin{cases} x' = 7x - y + 1, \\ y' = 4x + 2y + 4 \end{cases}$ 的不动点和不变直线.

解　解方程

$$\begin{cases} x = 7x - y + 1, \\ y = 4x + 2y + 4 \end{cases}$$

得到不动点 $\left(-\dfrac{1}{2}, -2 \right)$. 设不变直线方程为 $ax + by + c = 0$，则仿射变换把它变成 $ax' + by' + c = 0$，即

$$a(7x - y + 1) + b(4x + 2y + 4) + c = 0,$$

或

$$(7a + 4b)x + (-a + 2b)y + (a + 4b + c) = 0,$$

故

$$\frac{7a + 4b}{a} = \frac{-a + 2b}{b} = \frac{a + 4b + c}{c}.$$

解得 $\dfrac{b}{a}=-1$，$\dfrac{c}{a}=-\dfrac{3}{2}$ 或者 $\dfrac{b}{a}=-\dfrac{1}{4}$，$c=0$. 从而得到两条不变直线

$$x-y-\dfrac{3}{2}=0 \text{ 及 } 4x-y=0.$$

习题 5.2

1. 给定两个仿射变换

$$f_1:\begin{cases} x'=3x+2, \\ y'=y-2, \end{cases} \quad f_2:\begin{cases} x'=x, \\ y'=x+y, \end{cases}$$

求 $f_2 \cdot f_1$ 及 $f_1 \cdot f_2$ 的表达式.

2. 试确定仿射变换，使 y 轴和 x 轴的象分别为直线 $x+y+1=0$，$x-y-1=0$，且点 $(1,1)$ 的象为原点.

3. 在某坐标系中，仿射变换把 y 轴变成直线 $x'+y'+1=0$，x 轴变成直线 $x'-y'-1=0$，把点 $(1,1)$ 变成 $(0,0)$，求这个仿射变换.

4. 平面的映射 f 称为相似变换，如果存在正数 λ 使得对任意两点 A，B 都有 $|f(A)f(B)|=\lambda|AB|$，λ 称为 f 的相似比. 证明相似变换是仿射变换.

5. 在仿射变换 $\begin{cases} x'=2x-3y+5, \\ y'=x+3y-7 \end{cases}$ 下，已知点 $O(0,0)$，$A(3,2)$，$B(1,-4)$ 及直线 $L:3x-y+4=0$，试求：

(1) 点 O，A，B 的象点的坐标；

(2) 点 O，A，B 的原象点的坐标；

(3) 直线 L 的象直线；

(4) 直线 L 的原象直线.

6. 设仿射坐标变换 f 在仿射坐标系 $\{O;\overrightarrow{e_1},\overrightarrow{e_2}\}$ 下的坐标变换公式为

$$\begin{cases} x'=x+2, \\ y'=3x-y+1, \end{cases}$$

直线 L 的方程为 $2x+y-1=0$，求 $f(L)$ 的方程.

7. 证明：平面的仿射变换如果把某个圆周变成圆周，则它是一个相似变换.

8. 证明：若仿射变换 f 有两个不动点 P_1 和 P_2，则直线 P_1P_2 上每个点在变换 f 下都是不动点.

9. 在直角坐标系中，求下列各曲线在经过给定的仿射变换后，变成何种图形？

(1) $x^2+y^2=1$，经过仿射变换 $\begin{cases} x'=2x+3, \\ y'=3y-2; \end{cases}$

(2) $x^2-y^2=4$，经过仿射变换 $\begin{cases} x'=x+2, \\ y'=3x-y-1. \end{cases}$

10. 求仿射变换 $\begin{cases} x'=2x+2y-1, \\ y'=-\dfrac{3}{2}x-2y+\dfrac{3}{2} \end{cases}$ 的不动点和不变直线.

5.3　空间等距变换与仿射变换

本节将介绍空间的等距变换、仿射变换及其性质. 由于证明方法与平面情况类似，本节只列举定义与重要结论.

5.3.1　空间等距变换

定义 5.3.1　空间到自身的一个变换，如果保持任意两点间的距离在变换后不变，则称此变换为一个**空间等距变换**. 如果空间一个等距变换 f 至少有一个不动点，即至少存在一点 O，使得 $f(O)$ 就是点 O，则这个等距变换称为一个**正交变换**.

同平面等距变换的证明几乎完全一样，可以看出空间等距变换有如下性质.

性质 5.3.1 空间等距变换将一条直线映到一条直线上.

性质 5.3.2 空间等距变换将两条平行直线映成两条平行直线.

性质 5.3.3 空间等距变换保持向量内积不变.

性质 5.3.4 空间等距变换是一个线性变换.

在空间直角坐标系 $\{O; \vec{i}, \vec{j}, \vec{k}\}$ 中，设 f 是一个等距变换，$f(\vec{i})$，$f(\vec{j})$，$f(\vec{k})$ 是三个互相垂直的单位向量. 设

$$\begin{cases} f(\vec{i}) = a_{11}\vec{i} + a_{12}\vec{j} + a_{13}\vec{k}, \\ f(\vec{j}) = a_{21}\vec{i} + a_{22}\vec{j} + a_{23}\vec{k}, \\ f(\vec{k}) = a_{31}\vec{i} + a_{32}\vec{j} + a_{33}\vec{k}, \end{cases} \tag{5.3.1}$$

矩阵 $\begin{pmatrix} a_{11} & a_{12} & a_{13} \\ a_{21} & a_{22} & a_{23} \\ a_{31} & a_{32} & a_{33} \end{pmatrix}$ 是一个正交矩阵. 记

$$\overrightarrow{Of(O)} = x_0\vec{i} + y_0\vec{j} + z_0\vec{k}, \tag{5.3.2}$$

对于空间内任一点 $P(x, y, z)$，点 $f(P)$ 在直角坐标系 $\{O; \vec{i}, \vec{j}, \vec{k}\}$ 中的坐标是 (x', y', z'). 显然有

$$\overrightarrow{Of(P)} = \overrightarrow{Of(O)} + \overrightarrow{f(O)f(P)} = \overrightarrow{Of(O)} + xf(\vec{i}) + yf(\vec{j}) + zf(\vec{k}).$$
$$\tag{5.3.3}$$

利用式 $(5.3.1) \sim$ 式 $(5.3.3)$ 有

$$\begin{cases} x' = a_{11}x + a_{21}y + a_{31}z + x_0, \\ y' = a_{12}x + a_{22}y + a_{32}z + y_0, \\ z' = a_{13}x + a_{23}y + a_{33}z + z_0. \end{cases}$$

这就是在直角坐标系 $\{O; \vec{i}, \vec{j}, \vec{k}\}$ 下，空间等距变换 f 所对应的坐标变换公式.

5.3.2 空间仿射变换

定义 5.3.2 空间到自身的一个可逆变换，如果将任一张平面映成平面，则称这个变换为一个**空间仿射变换**.

　　空间仿射变换有着与平面仿射变换一样的性质，其证明过程与平面仿射变换的证明过程几乎完全一样.

性质 5.3.5　空间仿射变换将一条直线映到一条直线上.

　　因为一条直线是两张相交平面的交线，而空间仿射变换将一张平面映到一张平面上，将两张相交平面映到两张相交平面上，所以有性质 5.3.5.

性质 5.3.6　空间仿射变换将两条平行直线映成两条平行直线.

　　因两条平行直线在一张平面上，空间仿射变换将这张平面映到另一张平面上，这两条平行直线的象必在一张平面上，再利用性质 5.3.5 及空间仿射变换是一一映射，有性质 5.3.6.

性质 5.3.7　空间仿射变换诱导的向量变换是线性变换.

性质 5.3.8　空间仿射变换保持共线三点的分比不变.

　　取空间仿射坐标系 $\{O;\overrightarrow{e_1},\overrightarrow{e_2},\overrightarrow{e_3}\}$，设 f 是空间的仿射变换，记

$$\begin{cases} \overrightarrow{Of(O)} = x_0\overrightarrow{e_1} + y_0\overrightarrow{e_2} + z_0\overrightarrow{e_3}, \\ f(\overrightarrow{e_1}) = a_{11}\overrightarrow{e_1} + a_{12}\overrightarrow{e_2} + a_{13}\overrightarrow{e_3}, \\ f(\overrightarrow{e_2}) = a_{21}\overrightarrow{e_1} + a_{22}\overrightarrow{e_2} + a_{23}\overrightarrow{e_3}, \\ f(\overrightarrow{e_3}) = a_{31}\overrightarrow{e_1} + a_{32}\overrightarrow{e_2} + a_{33}\overrightarrow{e_3}. \end{cases} \tag{5.3.4}$$

由于 $f(\overrightarrow{e_1})$，$f(\overrightarrow{e_2})$，$f(\overrightarrow{e_3})$ 不在同一平面上，则有

$$\begin{vmatrix} a_{11} & a_{12} & a_{13} \\ a_{21} & a_{22} & a_{23} \\ a_{31} & a_{32} & a_{33} \end{vmatrix} \neq 0.$$

　　在仿射坐标系 $\{O;\overrightarrow{e_1},\overrightarrow{e_2},\overrightarrow{e_3}\}$ 内，空间一点 $P(x,y,z)$，经空间仿射变换后映为点 $f(P)$. 点 $f(P)$ 在仿射坐标系 $\{O;\overrightarrow{e_1},\overrightarrow{e_2},\overrightarrow{e_3}\}$ 内的坐标为 (x',y',z'). 利用

$$\overrightarrow{Of(P)} = \overrightarrow{Of(O)} + f(\overrightarrow{OP}) = \overrightarrow{Of(O)} + xf(\overrightarrow{e_1}) + yf(\overrightarrow{e_2}) + zf(\overrightarrow{e_3}).$$

兼顾式(5.3.4)，可以导出

$$\begin{cases} x' = a_{11}x + a_{21}y + a_{31}z + x_0, \\ y' = a_{12}x + a_{22}y + a_{32}z + y_0, \\ z' = a_{13}x + a_{23}y + a_{33}z + z_0. \end{cases} \tag{5.3.5}$$

这就是在仿射坐标系 $\{O; \vec{e_1}, \vec{e_2}, \vec{e_3}\}$ 下，空间仿射变换 f 所对应的坐标变换公式.

记矩阵

$$A = \begin{pmatrix} a_{11} & a_{21} & a_{31} \\ a_{12} & a_{22} & a_{32} \\ a_{13} & a_{23} & a_{33} \end{pmatrix},$$

式 (5.3.5) 可以写成矩阵形式

$$\begin{pmatrix} x' \\ y' \\ z' \end{pmatrix} = A \begin{pmatrix} x \\ y \\ z \end{pmatrix} + \begin{pmatrix} x_0 \\ y_0 \\ z_0 \end{pmatrix}.$$

其中矩阵 A 的行列式 $|A| \neq 0$.

习题 5.3

1. 试证明：空间相似变换

$$\begin{cases} x' = kx, \\ y' = ky, \quad (k \neq 0) \\ z' = kz, \end{cases}$$

保持任意两个向量之间的夹角不变.

2. 求使点 $O(0,0,0)$，$A(1,0,0)$，$B(0,1,0)$ 保持不变，而使点 $C(0,0,1)$ 变到 $C'(1,1,1)$ 的仿射变换.

3. 设空间有一平面，将空间中任一点 P，变换到与平面对称的点 P' 的变换叫作**空间反射变换**. 如果我们选取这平面为 xOy 平面，给出对应的反射变换公式.

4. 试证明：在空间仿射变换下，两个不动点连线上的每一点都是不动点.

5. 试证明：在空间仿射变换下，三个不动点所确定的平面上的每一点都是不动点.

5.4 Python 在仿射变换中的应用

5.4.1 Python 在平面仿射变换中的应用

平面上的仿射变换在直角坐标系下的坐标变换公式为

$$f: \begin{pmatrix} x' \\ y' \end{pmatrix} = A \begin{pmatrix} x \\ y \end{pmatrix} + b, \tag{5.4.1}$$

其中

$$A = \begin{pmatrix} a_{11} & a_{12} \\ a_{21} & a_{22} \end{pmatrix}, \quad b = \begin{pmatrix} b_1 \\ b_2 \end{pmatrix}.$$

例 5.4.1 对于式 (5.4.1) 所表示的仿射变换，分别改变矩阵 A 和向量 b 中各个元素的值，观察经过仿射变换后房子 (见图 5-4-1a) 的变化情况.

解 (1) 用矩阵表示原图像 (见图 5-4-1a) 的坐标，并画出图像.

　　观察图 5-4-1a，房子由轮廓、门、窗 3 条曲线（或直线）组成. 先写出房子轮廓线上各个点的横坐标$\vec{x_1}=(-6,-6,-7,0,7,6,6,$ $-3,0,-6)$及纵坐标$\vec{y_1}=(-7,2,1,8,1,2,-7,-7,-7,-7)$，并令矩

阵 $X_1=\begin{pmatrix}\vec{x_1}\\\vec{y_1}\end{pmatrix}$. 同理，可得到门、窗线上的坐标矩阵分别为 X_2，X_3，

然后根据坐标画出房子的图像，程序如下.

```python
import matplotlib.pyplot as plt
import numpy as np
fig,ax = plt.subplots(figsize=(8,8))   #创建画布和绘图区
#设置坐标轴
ax.axis('equal')
ax.set(xlim=(-20,20),ylim=(-20,20))
ax.spines['right'].set_color('none')
ax.spines['top'].set_color('none')
ax.spines['bottom'].set_position(('data',0))
ax.spines['left'].set_position(('data',0))
#房子轮廓
X1=np.array([[-6,-6,-7,0,7,6,6,-3,0,-6],[-7,2,1,8,1,2,
-7,-7,-7,-7]])#房子轮廓坐标
line1,=ax.plot(X1[0,:],X1[1,:],color='dodgerblue',lw=
2)#画图
area1,=ax.fill(X1[0,:],X1[1,:],color='gold',alpha=0.2)#
填充颜色
#门
theta=np.linspace(0,np.pi,20)
x=-2.5+1.5*np.cos(theta)
y=-2+1.5*np.sin(theta)
X2=np.array([[-1,-1]+list(x)+[-4,-4,-1],[-7,-2]+
list(y)+[-2,-7,-7]]) #门坐标
line2,=ax.plot(X2[0,:],X2[1,:],color='darkblue',lw=2)#
画图
area2,=ax.fill(X2[0,:],X2[1,:],color='royalblue')#填充
颜色
#窗
X3=np.array([[2.5,1,1,2.5,2.5,4,4,2.5],[-3,-3,1.5,1.5,
-3,-3,1.5,1.5]])   #窗坐标
line3,=ax.plot(X3[0,:],X3[1,:],color='dodgerblue',lw=
2)#画图
area3,=ax.fill(X3[0,:],X3[1,:],color='azure')#填充颜色
#图像上作标注,标出仿射变换矩阵A和b的值
txt1=ax.text(7,14,'A=[[1  ,0  ],\n   [0  ,1  ]]',
fontsize=20,color='blue',linespacing = 1.8)
```

```
txt2=ax.text(7,9,'b=[[0 ],\n  [ 0 ]]',fontsize=20,color=
'blue',linespacing = 1.8)
#显示图像
plt.show()
```

（2）计算仿射变换后房子的坐标，并画图.

先讨论线性变换，令 $A = \begin{pmatrix} a_{11} & a_{12} \\ a_{21} & a_{22} \end{pmatrix}$，$b = \begin{pmatrix} 0 \\ 0 \end{pmatrix}$，那么变换后房子上 3 条曲线（或直线）的坐标变成 AX_1，AX_2，AX_3. 分别改变矩阵 A 中各元素的值（每次只改变一个元素），观察仿射变换后房子的变化情况.

图 5-4-1a 所示为原图像，此时对应的矩阵 A 为单位矩阵. 下列程序动态展示了随着 a_{11} 的值的改变，仿射变换后房子的变化过程. 同理可改变 a_{22}，a_{12}，a_{21} 的值，讨论变换后房子的变化过程（图 5-4-1a、b、c、d、e、f、g、h、i）.

再讨论平移变换，改变 b_1 或 b_2 的值，房子将左右或上下移动. 下列程序只对 a_{11} 的值做了改变，主要程序如下.

例 5.4.1
完整程序扫码

例 5.4.1 运行
结果录屏扫码

```
#仿射变换后的图像,动态图.
#设置 a11 的变化范围
range_a11= np.concatenate ((np.arange (1,2.8,0.2),np.
arange(2.7,-2.6,-0.2),np.arange(-2.4,1.1,0.2)))
for a11 in range_a11:
    A=np.array([[a11,0],[0,1]])
    b=np.array([[0],[0]])
    x1=np.dot(A,X1)+b#仿射变换后的坐标
    line1.set(xdata=x1[0,:],ydata=x1[1,:]) #更新横、纵坐
标,画出变换后的图像
    area1.set(xy=x1.T)   #对变换后的图像进行填充
    x2=np.dot(A,X2)+b
    line2.set(xdata=x2[0,:],ydata=x2[1,:])
    area2.set(xy=x2.T)
    x3=np.dot(A,X3)+b
    line3.set(xdata=x3[0,:],ydata=x3[1,:])
    area3.set(xy=x3.T)
    #更新标注内容:矩阵 A
    txt1.set_text('A=[['+str(np.around(a11,1))+',0  ],\n
[  ,1  ]]')
    plt.pause(0.3)
#显示图像
plt.show()
```

运行结果如图 5-4-1 所示（动态图中截取 9 个图）.

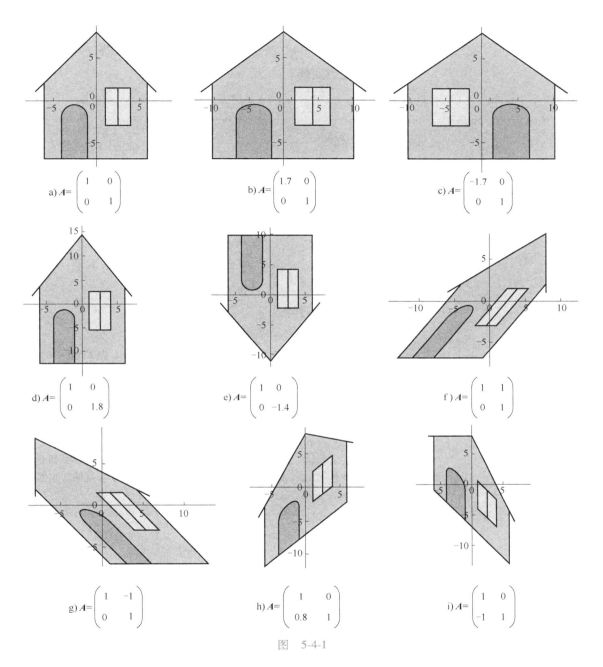

图 5-4-1

结果分析：如果只改变 a_{11} 的值，结果如图 5-4-1b、c 所示，图像在 x 方向上进行缩放变换，当 a_{11} 为负时，图像左右翻转，并且图 5-4-1b、c 关于 y 轴对称，即图 5-4-1b 经过反射变换后可以得到图 5-4-1c；如果只改变 a_{22} 的值，结果如图 5-4-1d、e 所示，图像在 y 方向上进行缩放变换，当 a_{22} 为负时，图像上下翻转；如果只改变 a_{12} 的值，结果如图 5-4-1f、g 所示，此时图像沿着 x 方向进行错切变换；如果只改变 a_{21} 的值，结果如图 5-4-1h、i 所示，此

时图像沿着 y 方向进行错切变换.

例 5.4.2   如图 5-4-2 所示，对玫瑰花依次进行如下 3 个变换.
先进行反射变换

$$f: \begin{pmatrix} x' \\ y' \end{pmatrix} = \begin{pmatrix} -1 & 0 \\ 0 & -1 \end{pmatrix} \begin{pmatrix} x \\ y \end{pmatrix},$$

再进行旋转变换

$$f: \begin{pmatrix} x' \\ y' \end{pmatrix} = \begin{pmatrix} \cos\dfrac{\pi}{6} & -\sin\dfrac{\pi}{6} \\ \sin\dfrac{\pi}{6} & \cos\dfrac{\pi}{6} \end{pmatrix} \begin{pmatrix} x \\ y \end{pmatrix},$$

最后进行平移变换

$$f: \begin{pmatrix} x' \\ y' \end{pmatrix} = \begin{pmatrix} 1 & 0 \\ 0 & 1 \end{pmatrix} \begin{pmatrix} x \\ y \end{pmatrix} + \begin{pmatrix} -2 \\ 4 \end{pmatrix},$$

观察玫瑰花的变化过程.

解   （1）用矩阵表示原图像（玫瑰花）的坐标.

观察原图像，玫瑰花瓣有 4 条曲线，花枝为 1 条直线，叶子为 1 条曲线. 给出所有 6 条曲线（或直线）的横、纵坐标，并画出图像，主要程序如下.

```
import matplotlib.pyplot as plt
import numpy as np
fig,ax = plt.subplots(figsize=(10,10))   #创建画布和绘图区
plt.rcParams['font.sans-serif'] = ['FangSong']# 指定默认字体
plt.rcParams['axes.unicode_minus'] = False
#设置坐标轴
ax.axis('equal')
ax.spines['right'].set_color('none')
ax.spines['top'].set_color('none')
ax.spines['bottom'].set_position(('data',0))
ax.spines['left'].set_position(('data',0))
ax.set(xlim=(-15,12),ylim=(-25,12))
#花瓣4条线的坐标
X1=np.array([[3.76,3.94,…,3.54],
    [6.6,6.5,…,7.78]])
X2=np.array([[3.26,3.14,…,6.92],
    [7.64,7.78,…6.86]])
X3=np.array([[2.32,2.24,…,4.07],
    [8.04,8.26,…,9.11]])
X4=np.array([[2.5,2.54,…,4.08],
    [4.3,4.14,…,4.46]])
#花枝
X5=np.array([[4.04,5.66],[4.34,1.6]])
```

```
#叶子
X6＝np.array([[4.84,4.62,…,2.46],
     [2.96,3.08,…,2.66]])
#画原图像
ax.plot(X1[0,:],X1[1,:],color='red',lw=2)
ax.plot(X2[0,:],X2[1,:],color='red',lw=2)
ax.plot(X3[0,:],X3[1,:],color='red',lw=2)
ax.plot(X4[0,:],X4[1,:],color='red',lw=2)
ax.plot(X5[0,:],X5[1,:],color='darkgreen',lw=2)
ax.plot(X6[0,:],X6[1,:],color='darkgreen',lw=2)
ax.text(4,10,'原图像',fontsize=12)
#作标注,标出仿射变换中矩阵A和向量b
txt1=ax.text(-13,7,'A=[[1  ,0  ], \n      [0  ,1  ]]',
fontsize=18,color='blue',linespacing = 1.8)
txt2=ax.text(-13,3,'b=[[0  ], \n  [0  ]]',fontsize=18,
color='blue',linespacing = 1.8)
plt.show()#显示图像
```

（2）计算反射变换、旋转变换、平移变换后玫瑰花的坐标，并画出图像的动态变化过程，主要程序如下.

```
#花瓣
ln1,=ax.plot(X1[0,:],X1[1,:],color='red',lw=2,ls='--')
ln2,=ax.plot(X2[0,:],X2[1,:],color='red',lw=2,ls='--')
ln3,=ax.plot(X3[0,:],X3[1,:],color='red',lw=2,ls='--')
ln4,=ax.plot(X4[0,:],X4[1,:],color='red',lw=2,ls='--')
#花枝
ln5,=ax.plot(X5[0,:],X5[1,:],color='darkgreen',lw=2,
ls='--')
#叶子
ln6,=ax.plot(X6[0,:],X6[1,:],color='darkgreen',lw=2,
ls='--')
#仿射变换后的图像,动态图
#变换1:反射变换
for i in np.linspace(1,-1,20):
    A1=np.array([[i,0],[0,i]])
    b1=np.array([[0],[0]])
    #计算仿射变换后的坐标
    x1=np.dot(A1,X1)+b1
    ln1.set(xdata=x1[0,:],ydata=x1[1,:])   #更新曲线的横、
纵坐标,下同
    x2=np.dot(A1,X2)+b1
    ln2.set(xdata=x2[0,:],ydata=x2[1,:])
    x3=np.dot(A1,X3)+b1
    ln3.set(xdata=x3[0,:],ydata=x3[1,:])
    x4=np.dot(A1,X4)+b1
    ln4.set(xdata=x4[0,:],ydata=x4[1,:])
```

```
    x5=np.dot(A1,X5)+b1
    ln5.set(xdata=x5[0,:],ydata=x5[1,:])
    x6=np.dot(A1,X6)+b1
    ln6.set(xdata=x6[0,:],ydata=x6[1,:])
    txt1.set_text('A1=[['+str(np.around(i,2))+',0   ], \n
[0   ,'+ str(np.around(i,2))+']]')#更新矩阵A
    plt.pause(0.2)
#变换2:旋转变换
X1,X2,X3,X4,X5,X6=x1,x2,x3,x4,x5,x6
for theta in np.linspace(0,np.pi/6,10):
    A2 = np.array([[np.cos(theta),-np.sin(theta)],[np.
sin(theta),np.cos(theta)]])
    b2=np.array([[0],[0]])
    x1=np.dot(A2,X1)+b2
    ln1.set(xdata=x1[0,:],ydata=x1[1,:])
    x2=np.dot(A2,X2)+b2
    ln2.set(xdata=x2[0,:],ydata=x2[1,:])
    x3=np.dot(A2,X3)+b2
    ln3.set(xdata=x3[0,:],ydata=x3[1,:])
    x4=np.dot(A2,X4)+b2
    ln4.set(xdata=x4[0,:],ydata=x4[1,:])
    x5=np.dot(A2,X5)+b2
    ln5.set(xdata=x5[0,:],ydata=x5[1,:])
    x6=np.dot(A2,X6)+b2
    ln6.set(xdata=x6[0,:],ydata=x6[1,:])
    txt1.set_text('A2=[['+str(np.around(np.cos(theta),
2))+','+str(np.around(-np.sin(theta),2))+'], \n  '+str(np.
around(np.sin(theta),2))+','+str(np.around(np.cos(theta),
2))+']]')
    plt.pause(0.2)
#变换3:平移变换
X1,X2,X3,X4,X5,X6=x1,x2,x3,x4,x5,x6
for j in np.linspace(0,2,10):
    A3=np.array([[1,0],[0,1]])
    b3=np.array([[-j],[2*j]])
    #计算仿射变换后的坐标
    x1=np.dot(A3,X1)+b3
    ln1.set(xdata=x1[0,:],ydata=x1[1,:])
    x2=np.dot(A3,X2)+b3
    ln2.set(xdata=x2[0,:],ydata=x2[1,:])
    x3=np.dot(A3,X3)+b3
    ln3.set(xdata=x3[0,:],ydata=x3[1,:])
    x4=np.dot(A3,X4)+b3
    ln4.set(xdata=x4[0,:],ydata=x4[1,:])
    x5=np.dot(A3,X5)+b3
    ln5.set(xdata=x5[0,:],ydata=x5[1,:])
```

例5.4.2(2)动态图
完整程序扫码

例5.4.2(2)动态图
运行结果录屏扫码

```
x6=np.dot(A3,X6)+b3
ln6.set(xdata=x6[0,:],ydata=x6[1,:])
txt1.set_text('A3=[[1 ,0 ],\n    [0 ,1 ]]')
txt2.set_text('b3=[['+str(np.around(-j,2))+'], \n    ['+
str(np.around(2*j,2))+']]')   plt.pause(0.2)
plt.show()
```

运行结果如图 5-4-2 所示(动态图中截取 3 个图)。

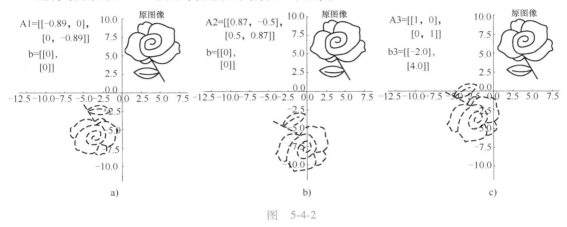

图　5-4-2

5.4.2 **Python 在空间仿射变换中的应用**

空间仿射变换在直角坐标系下的坐标变换公式为

$$f: \begin{pmatrix} x' \\ y' \\ z' \end{pmatrix} = A \begin{pmatrix} x \\ y \\ z \end{pmatrix} + b, \tag{5.4.2}$$

其中

$$A = \begin{pmatrix} a_{11} & a_{12} & a_{13} \\ a_{21} & a_{22} & a_{23} \\ a_{31} & a_{32} & a_{33} \end{pmatrix}, \quad b = \begin{pmatrix} b_1 \\ b_2 \\ b_3 \end{pmatrix}.$$

例 5.4.3　对三维玫瑰花(见图 5-4-3)依次进行如下 3 个变换.

先进行错切变换

$$f: \begin{pmatrix} x' \\ y' \\ z' \end{pmatrix} = \begin{pmatrix} 1 & 0 & 2 \\ 0 & 1 & 0 \\ 0 & 0 & 1 \end{pmatrix} \begin{pmatrix} x \\ y \\ z \end{pmatrix},$$

再进行旋转变换

$$f: \begin{pmatrix} x' \\ y' \\ z' \end{pmatrix} = \begin{pmatrix} \cos\dfrac{\pi}{6} & -\sin\dfrac{\pi}{6} & 0 \\ \sin\dfrac{\pi}{6} & \cos\dfrac{\pi}{6} & 0 \\ 0 & 0 & 1 \end{pmatrix} \begin{pmatrix} x \\ y \\ z \end{pmatrix},$$

最后进行缩放变换

$$f: \begin{pmatrix} x' \\ y' \\ z' \end{pmatrix} = \begin{pmatrix} 0.8 & 0 & 0 \\ 0 & 0.8 & 0 \\ 0 & 0 & 0.8 \end{pmatrix} \begin{pmatrix} x \\ y \\ z \end{pmatrix}.$$

解 （1）用矩阵表示原图像的坐标并作图.

观察原图像，玫瑰花由花瓣（曲面）和花枝（直线）两部分组成. 首先给出花瓣曲面的三个坐标（二维数组）以及直线的三个坐标（一维数组），然后画图，程序如下.

```
import matplotlib.pyplot as plt
import numpy as np
from matplotlib.animation import ArtistAnimation
#创建画布,设置坐标轴
fig=plt.figure(figsize=(8,8))
plt.rcParams['font.sans-serif']=['FangSong']# 指定默认字体
plt.rcParams['axes.unicode_minus']=False
ax = fig.add_subplot(projection='3d')
ax.set_xlabel('X轴')
ax.set_ylabel('Y轴')
ax.set_zlabel('Z轴')
ax.set(xlim=(-3,6),zlim=(0,4))
#花瓣
x=np.linspace(0,1,20)
theta = np.linspace(0,2*np.pi,800)*8-np.pi*2
[x,theta]=np.meshgrid(x,theta)
f=(np.pi/2)*np.exp(-theta/(8*np.pi)) #f 为花瓣的外边
缘线
u=1-(1-np.mod(3.3*theta,2*np.pi)/np.pi)**4/2 #u 是
花瓣函数
c=2*(x**2-x)**2*np.sin(f) #c 是修正函数,可以对花
瓣的形状进行调整
r=u*(x*np.sin(f)+c*np.cos(f))*2 #极径
h=u*(x*np.cos(f)-c*np.sin(f))*1.5+2 #高度
# 极坐标转直角坐标(花瓣)
xx=r*np.cos(theta)#花瓣的 X 坐标
yy=r*np.sin(theta)#花瓣的 Y 坐标
zz=h#花瓣的 Z 坐标
ax.plot_surface(xx,yy,zz,rstride=1,cstride=1,cmap=
'Reds_r',alpha=0.8) #画花瓣
#花枝
X2=np.array([[0,0],[0,0],[0,2]])#花枝的坐标
ax.plot(X2[0,:],X2[1,:],X2[2,:],color='darkgreen',lw=6)
#画花枝
ax.text(0,-0.5,3.9,'原图像',fontsize=12)
plt.show() #显示图像
```

（2）分别计算仿射变换后花瓣和花枝的三个坐标，画出图像（动态图）．需要注意的是，花瓣是曲面，其三个坐标均为二维数组，进行仿射变换（矩阵运算）前，先将二维数组转化为一维数组，变换完成后再转换为二维数组，最后画图．

下面是部分程序，这部分程序实现了错切变换、旋转变换的动态过程．

```
#仿射变换的动态过程
#将花瓣的 X、Y、Z 坐标都转为一维数组,为仿射变换(矩阵运算)做准备
X1=np. array ([xx. reshape (-1), yy. reshape (-1), h. reshape
(-1)])
arts=[]
alpha=np. pi/6#旋转角度
#错切变换
for i_a13 in np. linspace(0,2,8):
    A=np. array([[1,0,i_a13],[0,1,0],[0,0,1]])
    X1p=np. dot(A,X1)    #变换后的矩阵
    X2p=np. dot(A,X2)    #变换后的矩阵
    xxp=np. reshape(X1p[0,:],np. shape(theta))    #x 坐标网格化
    yyp=np. reshape(X1p[1,:],np. shape(theta))    #y 坐标网格化
    zzp=np. reshape(X1p[2,:],np. shape(theta))    #z 坐标网格化
    sur1 = ax. plot _ surface (xxp, yyp, zzp, rstride = 1,
cstride=1,cmap='Reds_r',alpha=0.8) #画花瓣
    line1=ax. plot (X2p[0,:],X2p[1,:],X2p[2,:],color =
'darkgreen',lw=6) #画花枝
    surfs1=[sur1]+line1
    arts. append(surfs1)
#绕 z 轴旋转
X1,X2=X1p,X2p
for i_alpha in np. linspace(0,alpha,8):
    A=np. array([[np. cos(i_alpha),-np. sin(i_alpha),0],
[np. sin(i_alpha),np. cos(i_alpha),0],[0,0,1]])
    X1p=np. dot(A,X1)    #变换后的矩阵
    X2p=np. dot(A,X2)    #变换后的矩阵
    xxp=np. reshape(X1p[0,:],np. shape(theta))    #x 坐标网格化
    yyp=np. reshape(X1p[1,:],np. shape(theta))    #y 坐标网格化
    zzp=np. reshape(X1p[2,:],np. shape(theta))    #z 坐标网格化
    sur1 = ax. plot _ surface (xxp, yyp, zzp, rstride = 1,
cstride=1,cmap='Reds_r',alpha=0.8) #画花瓣
    line1=ax. plot (X2p[0,:],X2p[1,:],X2p[2,:],color =
'darkgreen',lw=6) #画花枝
    surfs1=[sur1]+line1
    arts. append(surfs1)
#......
ani = ArtistAnimation (fig, arts, interval = 100, repeat =
False) #绘制动画
```

例 5.4.3(2)
完整程序扫码

例 5.4.3(2)运行
结果录屏扫码

```
plt.show()
ani.save('三维图像的仿射变换.mp4',writer='ffmpeg',fps=1)#保
存动画
```

运行结果如图 5-4-3 所示(动态图中截取 3 个图)。

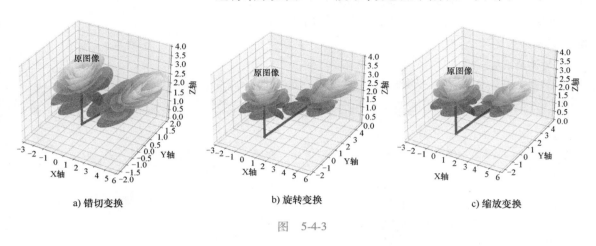

a) 错切变换　　　　　　　b) 旋转变换　　　　　　　c) 缩放变换

图　5-4-3

习题 5.4

1. 平面上三点 $O(0,0)$, $A(1,1)$, $B(1,-1)$ 组成一个三角形,画出该三角形经过仿射变换

$$\begin{cases} x'=\dfrac{\sqrt{2}}{2}x+\dfrac{\sqrt{2}}{2}y+1, \\ y'=-\dfrac{\sqrt{2}}{2}x+\dfrac{\sqrt{2}}{2}y-2 \end{cases}$$

后的图像.

2. 画出单位圆经过仿射变换 $\begin{pmatrix} x' \\ y' \end{pmatrix} = \begin{pmatrix} \dfrac{1}{3} & -2 \\ \dfrac{1}{2} & 2 \end{pmatrix}$

$\begin{pmatrix} x \\ y \end{pmatrix} + \begin{pmatrix} 1 \\ -1 \end{pmatrix}$ 后的图像.

3. 在三维空间中画一个正方体,分别对正方体进行错切变换、旋转变换(绕 y 轴旋转)、反射变换、缩放变换,画出变换后的图像.

注:根据各种变换的特点自行调整矩阵 $A = \begin{pmatrix} a_{11} & a_{12} & a_{13} \\ a_{21} & a_{22} & a_{23} \\ a_{31} & a_{32} & a_{33} \end{pmatrix}$ 中各元素的值.

矩阵与行列式是研究解析几何的重要工具，下面将简单介绍本书中涉及的有关矩阵与行列式的代数知识，在此只列出结论而不加以证明. 关于此部分的详细内容与严格论证，可查阅高等代数或线性代数书籍.

本书中讨论的几何问题为三维欧氏空间中的问题，因此我们主要介绍低阶的行列式、矩阵及线性方程组.

1. 行列式及其性质

定义 1　把四个数 a_{11}，a_{12}，a_{21}，a_{22} 按一定顺序排成两行，称

$$D_2 = \begin{vmatrix} a_{11} & a_{12} \\ a_{21} & a_{22} \end{vmatrix} = a_{11}a_{22} - a_{12}a_{21}$$

为一个**二阶行列式**，其中 a_{11}，a_{12}，a_{21}，a_{22} 称为元素.

定义 2　把九个数 $a_{ij}(i,j=1,2,3)$ 按一定顺序排成三行，每行三个数，按照下面的方法计算得一个实数

$$D_3 = \begin{vmatrix} a_{11} & a_{12} & a_{13} \\ a_{21} & a_{22} & a_{23} \\ a_{31} & a_{32} & a_{33} \end{vmatrix}$$

$$= a_{11} \begin{vmatrix} a_{22} & a_{23} \\ a_{32} & a_{33} \end{vmatrix} - a_{12} \begin{vmatrix} a_{21} & a_{23} \\ a_{31} & a_{33} \end{vmatrix} + a_{13} \begin{vmatrix} a_{21} & a_{22} \\ a_{31} & a_{32} \end{vmatrix}$$

$$= a_{11}a_{22}a_{33} + a_{12}a_{23}a_{31} + a_{13}a_{21}a_{32} - a_{31}a_{22}a_{13} - a_{32}a_{23}a_{11} - a_{33}a_{21}a_{12}$$

称为一个**三阶行列式**，也简称为**行列式**.

这样的三阶行列式也常记为 $|a_{ij}|$，它有三行、三列，展开式可以用附图 1 帮助记忆：

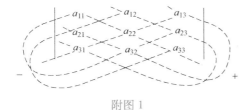

附图 1

定义 3 n 阶行列式则定义为

$$D_n = \begin{vmatrix} a_{11} & a_{12} & \cdots & a_{1j} & \cdots & a_{1n} \\ a_{21} & a_{22} & \cdots & a_{2j} & \cdots & a_{2n} \\ \vdots & \vdots & & \vdots & & \vdots \\ a_{i1} & a_{i2} & \cdots & a_{ij} & \cdots & a_{in} \\ \vdots & \vdots & & \vdots & & \vdots \\ a_{n1} & a_{n2} & \cdots & a_{nj} & \cdots & a_{nn} \end{vmatrix},$$

其中 a_{ij} 为在第 i 行第 j 列的元素，D_n 中共有 n^2 个元素.

定义 4   如果将 D_n 中第 i 行第 j 列的所有元素去掉，由剩下的 $(n-1)^2$ 个元素（保持原位置）所成的 $(n-1)$ 阶行列式乘以 $(-1)^{i+j}$ 叫作 D_n 中元素 a_{ij} 的代数余子式，记作 A_{ij}，即

$$A_{ij} = (-1)^{i+j} \begin{vmatrix} a_{11} & a_{12} & \cdots & a_{1j} & \cdots & a_{1n} \\ \vdots & \vdots & & \vdots & & \vdots \\ a_{i-1,1} & a_{i-1,2} & \cdots & a_{i-1,j} & \cdots & a_{i-1,n} \\ a_{i+1,1} & a_{i+1,2} & \cdots & a_{i+1,j} & \cdots & a_{i+1,n} \\ \vdots & \vdots & & \vdots & & \vdots \\ a_{n1} & a_{n2} & \cdots & a_{nj} & \cdots & a_{nn} \end{vmatrix}.$$

例如，四阶行列式

$$D_4 = \begin{vmatrix} a_{11} & a_{12} & a_{13} & a_{14} \\ a_{21} & a_{22} & a_{23} & a_{24} \\ a_{31} & a_{32} & a_{33} & a_{34} \\ a_{41} & a_{42} & a_{43} & a_{44} \end{vmatrix}$$

的 a_{23} 的代数余子式为

$$A_{23} = (-1)^{2+3} \begin{vmatrix} a_{11} & a_{12} & a_{14} \\ a_{31} & a_{32} & a_{34} \\ a_{41} & a_{42} & a_{44} \end{vmatrix}.$$

行列式可按第一行的代数余子式展开，或简称为按第一行展开，如

$$D_n = \begin{vmatrix} a_{11} & a_{12} & \cdots & a_{1j} & \cdots & a_{1n} \\ a_{21} & a_{22} & \cdots & a_{2j} & \cdots & a_{2n} \\ \vdots & \vdots & & \vdots & & \vdots \\ a_{i1} & a_{i2} & \cdots & a_{ij} & \cdots & a_{in} \\ \vdots & \vdots & & \vdots & & \vdots \\ a_{n1} & a_{n2} & \cdots & a_{nj} & \cdots & a_{nn} \end{vmatrix} = a_{11}A_{11} + a_{12}A_{12} + \cdots + a_{1n}A_{1n}.$$

例如，当 $n=3$，4 时，

$$D_3 = \begin{vmatrix} a_{11} & a_{12} & a_{13} \\ a_{21} & a_{22} & a_{23} \\ a_{31} & a_{32} & a_{33} \end{vmatrix} = a_{11}A_{11} + a_{12}A_{12} + a_{13}A_{13},$$

$$D_4 = \begin{vmatrix} a_{11} & a_{12} & a_{13} & a_{14} \\ a_{21} & a_{22} & a_{23} & a_{24} \\ a_{31} & a_{32} & a_{33} & a_{34} \\ a_{41} & a_{42} & a_{43} & a_{44} \end{vmatrix} = a_{11}A_{11} + a_{12}A_{12} + a_{13}A_{13} + a_{14}A_{14}.$$

利用下面所列举的行列式的性质可以简化行列式计算.

性质 1　（1）行列式的值在转置下不变；

（2）把行列式的某两行（或两列）元素对调，所得的行列式是原来行列式的相反数；

（3）在行列式的某一行（或某一列）的元素同乘以同一个数 λ，所得的行列式是原来行列式的 λ 倍；

（4）把行列式的某一行（或某一列）的元素同乘以同一个数 λ 加到另一行（或一列）对应的元素上，所得的行列式值不变；

（5）如果两个行列式除某一行（或某一列）的元素外对应相等，则把此两个行列式的这一行（或列）的元素对应相加，其他元素与原来行列式相同，所得的行列式是原来行列式之和.

性质 2　对于二阶行列式可以直接验证，例如

$$\begin{vmatrix} a_{12} & a_{11} \\ a_{22} & a_{21} \end{vmatrix} = \begin{vmatrix} a_{21} & a_{22} \\ a_{11} & a_{12} \end{vmatrix} = -\begin{vmatrix} a_{11} & a_{12} \\ a_{21} & a_{22} \end{vmatrix},$$

$$\begin{vmatrix} \lambda a_{11} & a_{12} \\ \lambda a_{21} & a_{22} \end{vmatrix} = \begin{vmatrix} \lambda a_{11} & \lambda a_{12} \\ a_{21} & a_{22} \end{vmatrix} = \lambda \begin{vmatrix} a_{11} & a_{12} \\ a_{21} & a_{22} \end{vmatrix},$$

$$\begin{vmatrix} a_{11} & a_{12} \\ a_{21} & a_{22} \end{vmatrix} = \begin{vmatrix} a_{11} & a_{12}+\lambda a_{11} \\ a_{21} & a_{22}+\lambda a_{21} \end{vmatrix}, \quad \begin{vmatrix} a_{11}+c & a_{12} \\ a_{21}+d & a_{22} \end{vmatrix} = \begin{vmatrix} a_{11} & a_{12} \\ a_{21} & a_{22} \end{vmatrix} + \begin{vmatrix} c & a_{12} \\ d & a_{22} \end{vmatrix}$$

分别是性质 1 的（2）（3）（4）（5）的情况.

2. 矩阵

定义 5　由 mn 个数排成 m 行 n 列的表

$$A = \begin{pmatrix} a_{11} & a_{12} & \cdots & a_{1n} \\ a_{21} & a_{22} & \cdots & a_{2n} \\ \vdots & \vdots & & \vdots \\ a_{m1} & a_{m2} & \cdots & a_{mn} \end{pmatrix}$$

叫作 m 行 n 列的矩阵，或称 $m×n$ 矩阵. 矩阵 A 中的每个数叫作矩阵的元素，元素的横排叫作行，竖排叫作列. 每个元素 a_{ij} 的下标 i 表示它所在的行数，下标 j 表示它所在的列数. 以 a_{ij} 为元素的 $m×n$ 矩阵可记作 A_{mn} 或 A，或 (a_{ij}).

定义 6 将 $m×n$ 矩阵

$$A=\begin{pmatrix} a_{11} & a_{12} & \cdots & a_{1n} \\ a_{21} & a_{22} & \cdots & a_{2n} \\ \vdots & \vdots & & \vdots \\ a_{m1} & a_{m2} & \cdots & a_{mn} \end{pmatrix}$$

的各行(列)依次变成列(行)，所得到的 $n×m$ 矩阵

$$A^{\mathrm{T}}=\begin{pmatrix} a_{11} & a_{21} & \cdots & a_{m1} \\ a_{12} & a_{22} & \cdots & a_{m2} \\ \vdots & \vdots & & \vdots \\ a_{1n} & a_{2n} & \cdots & a_{mn} \end{pmatrix}$$

叫作 A 的转置矩阵.

显然，$(A^{\mathrm{T}})^{\mathrm{T}}=A$.

特别地，(1)当 $m=1$ 或 $n=1$ 时，$n×m$ 矩阵 A 只有一行或一列，即

$$A=(a_{11},a_{12},\cdots,a_{1n}) \text{ 或 } A=\begin{pmatrix} a_{11} \\ a_{21} \\ \vdots \\ a_{m1} \end{pmatrix},$$

它们分别叫作 n 元行矩阵或 m 元列矩阵.

(2)当 $m=n$ 时，即 $n×n$ 矩阵叫作一个 n 阶方阵.

定义 7 如果一个 n 阶方阵 A 与它的转置矩阵 A^{T} 相等，即 $A=A^{\mathrm{T}}$，则把 A 叫作 n 阶对称方阵.

定义 8 如果两个 $m×n$ 矩阵 A 和 B 的对应元素都相等，即
$$a_{ij}=b_{ij}(i=1,2,\cdots,m;j=1,2,\cdots,n),$$
则称矩阵 A 与矩阵 B 相等，记作 $A=B$.

定义 9 如果两个矩阵 $A=(a_{ij})$ 与 $B=(b_{jl})$ 都是 $m×n$ 矩阵，则它们的和是

$$
A+B=\begin{pmatrix} a_{11}+b_{11} & a_{12}+b_{12} & \cdots & a_{1n}+b_{1n} \\ a_{21}+b_{21} & a_{22}+b_{22} & \cdots & a_{2n}+b_{2n} \\ \vdots & \vdots & & \vdots \\ a_{m1}+b_{m1} & a_{m2}+b_{m2} & \cdots & a_{mn}+b_{mn} \end{pmatrix},
$$

称为**矩阵的加法**.

定义 10　如果矩阵 $A=(a_{ij})$ 是 $m×n$ 矩阵，λ 是实数，则它们的乘积是

$$
\lambda A=(\lambda a_{ij})=\begin{pmatrix} \lambda a_{11} & \lambda a_{12} & \cdots & \lambda a_{1n} \\ \lambda a_{21} & \lambda a_{22} & \cdots & \lambda a_{2n} \\ \vdots & \vdots & & \vdots \\ \lambda a_{m1} & \lambda a_{m2} & \cdots & \lambda a_{mn} \end{pmatrix},
$$

称为**矩阵与数的数量乘法**.

定义 11　如果矩阵 $A=(a_{ij})$ 是 $n×m$ 矩阵，$B=(b_{jl})$ 是 $m×k$ 矩阵，即矩阵 A 的列数等于矩阵 B 的行数，则矩阵 A 和矩阵 B 可以相乘，它们的乘积是 $n×k$ 矩阵 $C=AB=(c_{il})$，由

$$
c_{il}=\sum_{j=1}^{m} a_{ij}b_{jl}=a_{i1}b_{1l}+a_{i2}b_{2l}+\cdots+a_{im}b_{ml} \quad (i=1,2,\cdots,n;l=1,2,\cdots,k)
$$

给出，即矩阵 $C=AB$ 的第 i 行、第 l 列的元素是矩阵 A 的第 i 行元素与矩阵 B 的第 l 列元素对应相乘后相加得到.

例 1
$$
A=\begin{pmatrix} a_{11} & a_{12} \\ a_{21} & a_{22} \\ a_{31} & a_{32} \end{pmatrix}, \quad B=\begin{pmatrix} b_{11} & b_{12} \\ b_{21} & b_{22} \end{pmatrix}, \quad \text{则}
$$

$$
AB=\begin{pmatrix} a_{11} & a_{12} \\ a_{21} & a_{22} \\ a_{31} & a_{32} \end{pmatrix}\begin{pmatrix} b_{11} & b_{12} \\ b_{21} & b_{22} \end{pmatrix}=\begin{pmatrix} a_{11}b_{11}+a_{12}b_{21} & a_{11}b_{12}+a_{12}b_{22} \\ a_{21}b_{11}+a_{22}b_{21} & a_{21}b_{12}+a_{22}b_{22} \\ a_{31}b_{11}+a_{32}b_{21} & a_{31}b_{12}+a_{32}b_{22} \end{pmatrix},
$$

而 BA 无意义.

3. 克拉默法则

含有 n 个未知数 $x_1,x_2,\cdots,x_n$ 的 n 个线性方程

$$
\begin{cases} a_{11}x_1+a_{12}x_2+\cdots+a_{1n}x_n=b_1, \\ a_{21}x_1+a_{22}x_2+\cdots+a_{2n}x_n=b_2, \\ \qquad\qquad\vdots \\ a_{n1}x_1+a_{n2}x_2+\cdots+a_{nn}x_n=b_n, \end{cases} \tag{1}
$$

若常数项 $b_1, b_2, \cdots, b_n$ 不全为零，则称此方程组为**非齐次线性方程组**，将该方程组的系数组成的行列式

$$D = \begin{vmatrix} a_{11} & a_{12} & \cdots & a_{1n} \\ a_{21} & a_{22} & \cdots & a_{2n} \\ \vdots & \vdots & & \vdots \\ a_{n1} & a_{n2} & \cdots & a_{nn} \end{vmatrix}$$

用常数项 $b_1, b_2, \cdots, b_n$ 代替 D 中的第 j 列，组成的行列式记为 D_j，即

$$D_j = \begin{vmatrix} a_{11} & \cdots & a_{1,j-1} & b_1 & a_{1,j+1} & \cdots & a_{1n} \\ a_{21} & \cdots & a_{2,j-1} & b_2 & a_{2,j+1} & \cdots & a_{2n} \\ \vdots & & \vdots & \vdots & \vdots & & \vdots \\ a_{n1} & \cdots & a_{n,j-1} & b_n & a_{n,j+1} & \cdots & a_{nn} \end{vmatrix} \quad (j = 1, 2, \cdots, n).$$

定理 1（克拉默法则） 若线性方程组的系数行列式 $D \neq 0$，则线性方程组（1）有唯一解

$$x_1 = \frac{D_1}{D}, x_2 = \frac{D_2}{D}, \cdots, x_n = \frac{D_n}{D}.$$

对应于线性方程组（1）的齐次线性方程组为

$$\begin{cases} a_{11}x_1 + a_{12}x_2 + \cdots + a_{1n}x_n = 0, \\ a_{21}x_1 + a_{22}x_2 + \cdots + a_{2n}x_n = 0, \\ \qquad\qquad\qquad \vdots \\ a_{n1}x_1 + a_{n2}x_2 + \cdots + a_{nn}x_n = 0. \end{cases} \quad (2)$$

推论 如果齐次线性方程组的系数行列式 $D \neq 0$，则方程组（2）只有零解，反之，如果齐次线性方程组有非零解，则齐次线性方程组的系数行列式 $D = 0$.

例 2 λ 为何值时，齐次线性方程组 $\begin{cases} (\lambda+1)x + 3y = 0, \\ x + (\lambda-1)y = 0 \end{cases}$ 只有零解？

解 当 $D \neq 0$ 时，方程组只有零解. 由

$$D = \begin{vmatrix} \lambda+1 & 3 \\ 1 & \lambda-1 \end{vmatrix} = \lambda^2 - 4 \neq 0$$

解得 $\lambda \neq \pm 2$. 所以 $\lambda \neq \pm 2$ 时方程组只有零解.

习题答案与提示

习题 1.1

1. （1）互为反向量；（2）相等向量；（3）相等向量；（4）互为反向量；（5）相等向量.

2. 因 $\overrightarrow{AD}=\overrightarrow{AB}+\overrightarrow{BC}+\overrightarrow{CD}=2(\vec{a}+5\vec{b})=2\overrightarrow{AB}$，于是 A，B，D 三点共线.

3. （1）$\vec{a}$，$\vec{b}$ 反向；（2）$\vec{a}$，$\vec{b}$ 同向，且 $|\vec{a}|\geqslant|\vec{b}|$.

4. 略.

5. 因 $\overrightarrow{AD}=\overrightarrow{AB}+\overrightarrow{BC}+\overrightarrow{CD}=-8\vec{a}-2\vec{b}$. 于是 $\overrightarrow{AD}=2\overrightarrow{BC}$，亦即 $\overrightarrow{AD}/\!/\overrightarrow{BC}$.

下证 $\overrightarrow{AB}\nparallel\overrightarrow{CD}$. 令 $m\overrightarrow{AB}+n\overrightarrow{CD}=\vec{0}$，于是 $m(\vec{a}+2\vec{b})+n(-5\vec{a}-3\vec{b})=\vec{0}$，由于 $\vec{a}/\!/\vec{b}$，从而 $m=n=0$，于是 $\overrightarrow{AB}\nparallel\overrightarrow{CD}$.

6. 已知 $\overrightarrow{AB}$，$\overrightarrow{AC}$ 线性无关. 任意点 M 位于平面 ABC 上 $\Leftrightarrow\overrightarrow{AB}$，$\overrightarrow{AC}$，$\overrightarrow{AM}$ 共面 $\Leftrightarrow\exists!$ 实数 m_1，m_2，使 $\overrightarrow{AM}=m_1\overrightarrow{AB}+m_2\overrightarrow{AC}$，对于定点 O 有

$$\overrightarrow{OM}-\overrightarrow{OA}=m_1(\overrightarrow{OB}-\overrightarrow{OA})+m_2(\overrightarrow{OC}-\overrightarrow{OA}),$$

取 $k_1=1-m_1-m_2$，$k_2=m_1$，$k_3=m_2$，则 $\overrightarrow{OM}=k_1\overrightarrow{OA}+k_2\overrightarrow{OB}+k_3\overrightarrow{OC}$，且 $k_1+k_2+k_3=1$.

7. 要证明

$$(\overrightarrow{OA}-\overrightarrow{OM})+(\overrightarrow{OB}-\overrightarrow{OM})+(\overrightarrow{OC}-\overrightarrow{OM})+(\overrightarrow{OD}-\overrightarrow{OM})=\vec{0}.$$

整理得

$$\overrightarrow{MA}+\overrightarrow{MB}+\overrightarrow{MC}+\overrightarrow{MD}=\vec{0}.$$

8. 设四面体 A-BCD 一组对边 AB，CD 的中点 E，F 的连线为 EF，它的中点为 P_1，其余两组对边中点连线的中点分别为 P_2，P_3，下面只要证明 P_1，P_2，P_3 三点重合就可以了. 取不共面的三

向量 $\overrightarrow{AB} = \overrightarrow{e_1}$，$\overrightarrow{AC} = \overrightarrow{e_2}$，$\overrightarrow{AD} = \overrightarrow{e_3}$，先求 $\overrightarrow{AP_1}$ 用 $\overrightarrow{e_1}$，$\overrightarrow{e_2}$，$\overrightarrow{e_3}$ 线性表示的关系式，可得 $\overrightarrow{AP_1} = \dfrac{1}{4}(\overrightarrow{e_1} + \overrightarrow{e_2} + \overrightarrow{e_3})$，同理可得 $\overrightarrow{AP_1} = \overrightarrow{AP_2} = \overrightarrow{AP_3}$，从而知 P_1，P_2，P_3 三点重合，命题得证.

9. $\overrightarrow{BD} = \dfrac{1}{2}\overrightarrow{DC}$，$\overrightarrow{CE} = \dfrac{1}{2}\overrightarrow{EA}$，设 $\overrightarrow{AG} = \lambda\,\overrightarrow{GD}$，$\overrightarrow{BG} = \mu\,\overrightarrow{GE}$，由定比分点公式，得

$$\overrightarrow{OG} = \frac{3\,\overrightarrow{OA} + 2\lambda\,\overrightarrow{OB} + \lambda\,\overrightarrow{OC}}{3(1+\lambda)}, \quad \overrightarrow{OG} = \frac{\mu\,\overrightarrow{OA} + 3\,\overrightarrow{OB} + 2\mu\,\overrightarrow{OC}}{3(1+\mu)},$$

比较上述两式系数，解得 $\lambda = 6$，$\mu = \dfrac{3}{4}$，于是得到 $\overrightarrow{GD} = \dfrac{1}{7}\overrightarrow{AD}$，

$\overrightarrow{GE} = \dfrac{4}{7}\overrightarrow{BE}$.

习题 1. 2

1. (1) $\vec{a} \cdot \vec{b} = -15$，$\mathrm{Prj}_{\vec{b}}\,\vec{a} = -3$；(2) $\vec{a} \cdot \vec{b} = 0$，$\mathrm{Prj}_{\vec{b}}\,\vec{a} = 0$；

(3) $\vec{a} \cdot \vec{b} = 5\sqrt{3}$，$\mathrm{Prj}_{\vec{b}}\,\vec{a} = \sqrt{3}$.

2. (1) $-3\vec{a}\times\vec{b}$；(2) $10\vec{a}\times\vec{b}$.

3. $k = \dfrac{9}{25}$.

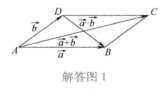

解答图 1

4. 如解答图 1 所示，在平行四边形 $ABCD$ 中，设 $\overrightarrow{AB} = \vec{a}$，$\overrightarrow{AD} = \vec{b}$，则对角线 $\overrightarrow{AC} = \vec{a} + \vec{b}$，$\overrightarrow{DB} = \vec{a} - \vec{b}$.

于是 $|\overrightarrow{AC}|^2 + |\overrightarrow{DB}|^2 = (\vec{a}+\vec{b})^2 + (\vec{a}-\vec{b})^2 = 2|\vec{a}|^2 + 2|\vec{b}|^2$，故结论成立.

5. 证明略.

6. $\triangle ABC$ 中设 $\overrightarrow{BC} = \vec{a}$，$\overrightarrow{CA} = \vec{b}$，$\overrightarrow{AB} = \vec{c}$，则有 $\vec{a} \cdot \vec{b} = \dfrac{1}{2}(\vec{c}^2 - \vec{a}^2 - \vec{b}^2)$.

另一方面，$|\vec{a}| = a$，$|\vec{b}| = b$，$|\vec{c}| = c$，再由结论 $(\vec{a}\times\vec{b})^2 = \vec{a}^2\vec{b}^2 - (\vec{a} \cdot \vec{b})^2$，所以有

$$(S_{\triangle ABC})^2 = \frac{1}{4}\left[a^2 b^2 - \frac{1}{4}(c^2 - a^2 - b^2)^2\right]$$

$$= \frac{1}{16}(c+a-b)(c-a+b)(a+b+c)(a+b-c).$$

将 $s=\dfrac{1}{2}(a+b+c)$ 代入得 $S_{\triangle ABC}=\sqrt{s(s-a)(s-b)(s-c)}$.

7. 证明略.

8. 证明略.

9. 如解答图 2 所示, 只要证明 $\overrightarrow{CG}\perp\overrightarrow{AB}$.

因 $\overrightarrow{GA}\perp\overrightarrow{BC}$, $\overrightarrow{GB}\perp\overrightarrow{CA}$, 因此有 $\overrightarrow{GA}\cdot\overrightarrow{BC}=0$, $\overrightarrow{GB}\cdot\overrightarrow{CA}=0$.

$$0=\overrightarrow{GA}\cdot\overrightarrow{BC}+\overrightarrow{GB}\cdot\overrightarrow{CA}=\overrightarrow{AB}\cdot\overrightarrow{GC}.$$

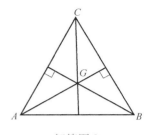

解答图 2

10. 如解答图 3 所示, 设 D, E, F 分别为 BC, AC 及 AB 边上的中点, 设 $\overrightarrow{AB}=\vec{a}$, $\overrightarrow{AC}=\vec{b}$, 则 $\overrightarrow{CB}=\vec{a}-\vec{b}$, $\overrightarrow{AD}=\dfrac{1}{2}(\vec{a}+\vec{b})$.

故只需证 $\dfrac{1}{4}(\vec{a}+\vec{b})^2+\left(-\vec{a}+\dfrac{1}{2}\vec{b}\right)^2+\left(-\vec{b}+\dfrac{1}{2}\vec{a}\right)^2=\dfrac{3}{4}[\vec{a}^2+\vec{b}^2+(\vec{a}-\vec{b})^2]$.

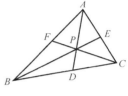

解答图 3

11. (1) $\overrightarrow{r_1}=\vec{r}\cos\theta+\sin\theta\,\vec{e}\times\vec{r}$.

(2) 过点 P 作一平面 π 垂直于 OA, 交直线 OA 于点 O^*, 利用(1)有

$$\overrightarrow{O^*P_1}=\overrightarrow{O^*P}\cos\theta+\sin\theta\,\dfrac{\overrightarrow{OA}}{|\overrightarrow{OA}|}\times\overrightarrow{O^*P}.$$

由于 $\overrightarrow{OP_1}=\overrightarrow{OO^*}+\overrightarrow{O^*P_1}$, $\overrightarrow{OO^*}=\left(\overrightarrow{OP}\cdot\dfrac{\overrightarrow{OA}}{|\overrightarrow{OA}|}\right)\dfrac{\overrightarrow{OA}}{|\overrightarrow{OA}|}$, $\overrightarrow{O^*P}=\overrightarrow{OP}-\overrightarrow{OO^*}$,

则 $\overrightarrow{OP_1}=(1-\cos\theta)\dfrac{\overrightarrow{OP}\cdot\overrightarrow{OA}}{|\overrightarrow{OA}|^2}\overrightarrow{OA}+\cos\theta\,\overrightarrow{OP}+\dfrac{\sin\theta}{|\overrightarrow{OA}|}\overrightarrow{OA}\times\overrightarrow{OP}.$

习题 1.3

1. $3(\vec{a},\vec{b},\vec{c})$.

2. 证明略.

3. 证明略.

4. (1) $\lambda=\pm1$; (2) $\lambda=0$.

5. 证明略.

6. 可设 $\overrightarrow{a_1}\times\overrightarrow{a_2}=\vec{b}$, 再进行计算, 证明略.

7. (1) $(\vec{a}\times\vec{b})\cdot(\vec{a}\times\vec{c})=\sin\gamma\sin\beta\cos A$, 另一方面, 由拉格朗日恒等式, 得

$$(\vec{a} \times \vec{b}) \cdot (\vec{a} \times \vec{c}) = \begin{vmatrix} \vec{a} \cdot \vec{a} & \vec{a} \cdot \vec{c} \\ \vec{b} \cdot \vec{a} & \vec{b} \cdot \vec{c} \end{vmatrix} = \cos \alpha - \cos \beta \cos \gamma,$$

所以

$$\cos \alpha = \cos \beta \cos \gamma + \sin \gamma \sin \beta \cos A.$$

同理可求得

$$\cos \beta = \cos \gamma \cos \alpha + \sin \gamma \sin \alpha \cos B,$$

$$\cos \gamma = \cos \alpha \cos \beta + \sin \alpha \sin \beta \cos C.$$

(2) 因为 $A = \angle(\vec{a} \times \vec{b}, \vec{a} \times \vec{c})$, $B = \angle(\vec{b} \times \vec{a}, \vec{b} \times \vec{c})$, $C = \angle(\vec{c} \times \vec{a}, \vec{c} \times \vec{b})$, 从而有

$$|(\vec{a} \times \vec{b}) \times (\vec{a} \times \vec{c})| = \sin \gamma \sin \beta \sin A,$$

$$|(\vec{b} \times \vec{a}) \times (\vec{b} \times \vec{c})| = \sin \gamma \sin \alpha \sin B,$$

$$|(\vec{c} \times \vec{a}) \times (\vec{c} \times \vec{b})| = \sin \beta \sin \alpha \sin C,$$

另一方面,

$$(\vec{a} \times \vec{b}) \times (\vec{a} \times \vec{c}) = (\vec{a}, \vec{b}, \vec{c}) \vec{a}, \quad (\vec{c} \times \vec{a}) \times (\vec{c} \times \vec{b}) = (\vec{a}, \vec{b}, \vec{c}) \vec{c},$$

$$(\vec{c} \times \vec{a}) \times (\vec{c} \times \vec{b}) = (\vec{a}, \vec{b}, \vec{c}) \vec{c},$$

所以

$$|(\vec{a} \times \vec{b}) \times (\vec{a} \times \vec{c})| = |(\vec{b} \times \vec{a}) \times (\vec{b} \times \vec{c})| = |(\vec{c} \times \vec{a}) \times (\vec{c} \times \vec{b})|.$$

从而得

$$\frac{\sin \alpha}{\sin A} = \frac{\sin \beta}{\sin B} = \frac{\sin \gamma}{\sin C}.$$

8. 我们有

$$|\overrightarrow{AB} \times \overrightarrow{AC}|^2 = (\overrightarrow{AB} \times \overrightarrow{AC}) \cdot (\overrightarrow{AB} \times \overrightarrow{AC})$$

$$= \begin{vmatrix} \overrightarrow{AB} \cdot \overrightarrow{AB} & \overrightarrow{AB} \cdot \overrightarrow{AC} \\ \overrightarrow{AC} \cdot \overrightarrow{AB} & \overrightarrow{AC} \cdot \overrightarrow{AC} \end{vmatrix}$$

$$= (|\overrightarrow{OB}||\overrightarrow{OA}|)^2 + (|\overrightarrow{OA}||\overrightarrow{OC}|)^2 + (|\overrightarrow{OB}||\overrightarrow{OC}|)^2.$$

由此即得所要证的结论.

习题 1.4

1. $\vec{a} \cdot \vec{b} = 22$, $|\vec{a}| = 6$, $|\vec{b}| = 7$, $(2\vec{a} - 3\vec{b}) \cdot (\vec{a} + 2\vec{b}) = -200$.

2. $\vec{a} \cdot \vec{b} = 11$, $|\vec{a}| = \sqrt{70}$, $|\vec{b}| = \sqrt{14}$, $\angle(\vec{a}, \vec{b}) = \arccos \dfrac{11\sqrt{5}}{70}$.

3. 因为 $\vec{b} = -3\vec{a}$, 所以 $\vec{a} /\!/ \vec{b}$, $\vec{b}$ 的长度是 $\vec{a}$ 的长度的 3 倍,

它们的方向相反.

4. $\dfrac{\pi}{3}$.

5. $V=\dfrac{1}{6}\,|\,(\overrightarrow{AB},\overrightarrow{AC},\overrightarrow{AD})\,|=1$.

6. （1）$2\vec{a}+3\vec{b}=(12,13,16)$；（2）$\lambda=2\mu$.

7. 点 P 为 $\left(\dfrac{13}{5},\dfrac{6}{5},-\dfrac{13}{5}\right)$.

8. $V_{ABCD}=\dfrac{58}{3}$.

9. $D(0,-7,0)$ 或 $D(0,8,0)$.

10. 可利用行列式的性质，证明略.

11. 取平面仿射坐标架 $\{A;\overrightarrow{AB},\overrightarrow{AC}\}$，点 P，Q，R 的坐标分别为

$$\left(\dfrac{\lambda}{1+\lambda},0\right),\left(\dfrac{1}{1+\mu},\dfrac{\mu}{1+\mu}\right),\left(0,\dfrac{1}{1+\nu}\right)$$

设 AQ 与 BR 相交于点 $M(x,y)$，可得 $x=\dfrac{1}{1+\mu(1+\nu)}$，$y=\dfrac{\mu}{1+\mu(1+\nu)}$.

三线 AQ，BR，CP 共点 $\lambda\mu\nu=1$.

12. $\vec{a}\times(\vec{b}\times\vec{c})=(10,13,19)$，$(\vec{a}\times\vec{b})\times\vec{c}=(-7,14,-7)$.

习题 2.1

1. （1）两平面相交；（2）两平面平行.

2. （1）$l=-\dfrac{7}{2}$，$m=6$；（2）$l=-19$，$m\in\mathbf{R}$.

3. 平面参数方程 $\begin{cases}x=3-2\lambda-\mu,\\ y=1-2\lambda,\\ z=-1+\lambda+2\mu,\end{cases}$ $(\lambda,\mu\in\mathbf{R})$（不唯一）.

平面一般方程 $4x-3y+2z-7=0$.

4. 所求平面方程是 $3x-y=0$ 和 $x+3y=0$.

5. $3x+4y=0$.

6. （1）$10x+9y+5z-74=0$；（2）$2x+y-3z-2=0$.

7. $\left(-\dfrac{1}{4},0,0\right)$，$\left(0,\dfrac{1}{4},0\right)$，$\left(0,0,-\dfrac{1}{7}\right)$.

8. （1）$\dfrac{\pi}{4}$；（2）$\arccos\dfrac{8}{21}$.

9. 证明略.

习题 2. 2

1. $\pi : 11x + 2y + z - 4 = 0$.

2. （1）$x - 2y - 1 = 0$；（2）$22x + 9y - z + 4 = 0$.

3. （1）$\arccos \dfrac{72}{77}$；（2）$\arccos \dfrac{98}{195}$.

4. （1）$\dfrac{x}{1} = \dfrac{y-4}{-2} = \dfrac{z-1}{0}$；（2）$\dfrac{x+\dfrac{3}{4}}{1} = \dfrac{y+\dfrac{1}{4}}{3} = \dfrac{z}{-4}$；

（3）$\dfrac{x}{1} = \dfrac{y-1}{0} = \dfrac{z+2}{0}$.

5. （1）此直线 L 与 x 轴平行的充要条件是 $A_1 = A_2 = 0$ 且 $D_1^2 + D_2^2 \neq 0$.

（2）直线 L 与 y 轴相交的充要条件是 $\begin{vmatrix} B_1 & D_1 \\ B_2 & D_2 \end{vmatrix} = 0$，$B_1^2 + B_2^2 \neq 0$.

（3）直线 L 与 z 轴重合的充要条件是 $C_1 = C_2 = D_1 = D_2 = 0$.

6. $\begin{cases} 5x - 5z + 3 = 0, \\ 2x + y + 2z + 3 = 0. \end{cases}$

7. 证明略.

8. $5y - 4z + 4 = 0$，$10x - 11z + 11 = 0$，$8x - 11y = 0$.

9. $a = \dfrac{5}{4}$.

10. 证明：假设这三个平面有公共点 $P_0(x_0, y_0, z_0)$，则

$$A_1 x_0 + B_1 y_0 + C_1 z_0 + D_1 = 0，\ A_2 x_0 + B_2 y_0 + C_2 z_0 + D_2 = 0，$$
$$\lambda(A_1 x_0 + B_1 y_0 + C_1 z_0) + \mu(A_2 x_0 + B_2 y_0 + C_2 z_0) + K = 0，$$

于是有 $-\lambda D_1 - \mu D_2 + K = 0$，这与 $K \neq \lambda D_1 + \mu D_2$ 矛盾. 因此三个平面没有公共点.

习题 2. 3

1. （1）等距平面为 $x + y - 2z + 1 = 0$.

（2）等距平面为 $-3x + 6y + 5z + 4 = 0$.

2. $B = -6$，$D = -27$.

3. （1）$d(A, \pi) = \dfrac{\sqrt{38}}{19}$；（2）$d(A, \pi) = \sqrt{2}$.

4. 所求点为 $(0, 0, -2)$ 或 $\left(0, 0, -\dfrac{82}{13}\right)$.

5. $\vec{N}_0 = \begin{cases} \dfrac{1}{\sqrt{A^2+B^2+C^2}}(A,B,C), & D<0, \\[4mm] \dfrac{-1}{\sqrt{A^2+B^2+C^2}}(A,B,C), & D>0. \end{cases}$

6. $d = \dfrac{|D^*-D|}{\sqrt{A^2+B^2+C^2}}.$

7. 平面方程为 $Ax+By+Cz+D\pm d\sqrt{A^2+B^2+C^2}=0.$

8. （1）$6\sqrt{\dfrac{13}{22}}$；（2）$\dfrac{\sqrt{6}}{2}.$

9. （1）直线与平面有一交点 $(0,0,-2)$；（2）直线在平面上.

10. 所求的射影点为 $P'(3,-2,4).$

11. 点 $P(x,y,z)$ 的坐标满足 $|Ax+By+Cz+D|<d^2$
$$\Leftrightarrow \begin{cases} Ax+By+Cz+D-d^2<0, \\ Ax+By+Cz+D+d^2>0. \end{cases}$$

平行平面 π_1 与 π_2 把不在 π_1 且不在 π_2 上的点分成三部分. π_1 上任取一点 $P_1(x_1,y_1,z_1)$，它的坐标满足 $Ax_1+By_1+Cz_1+D+d^2=0$，从而满足 $Ax_1+By_1+Cz_1+D-d^2=-2d^2<0$. 因此所求的点 P 与 π_1 上的点都在平面 π_2 的同侧. π_2 上任取一点 $P_2(x_2,y_2,z_2)$，它的坐标满足 $Ax_2+By_2+Cz_2+D-d^2=0$. 从而满足 $Ax_2+By_2+Cz_2+D+d^2=2d^2>0$. 因此所求的点 P 与 π_2 上的点都在平面 π_1 的同侧. 综上所述，所求的点 P 在平面 π_1 与 π_2 之间.

习题 2.4

1. $P'(0,2,7).$

2. L_1 与 L_2 的距离为 $\dfrac{73}{435}\sqrt{435}.$

3. 所求的两条交角平分线的方程分别是

$$\frac{x}{1+\dfrac{1}{2}\sqrt{\dfrac{14}{3}}}=\frac{y}{\dfrac{1}{2}+\dfrac{1}{2}\sqrt{\dfrac{14}{3}}}=\frac{z}{\dfrac{3}{2}+\dfrac{1}{2}\sqrt{\dfrac{14}{3}}} \text{和}$$

$$\frac{x}{1-\dfrac{1}{2}\sqrt{\dfrac{14}{3}}}=\frac{y}{\dfrac{1}{2}-\dfrac{1}{2}\sqrt{\dfrac{14}{3}}}=\frac{z}{\dfrac{3}{2}-\dfrac{1}{2}\sqrt{\dfrac{14}{3}}}.$$

4. 所求直线的标准方程为 $\dfrac{x-2}{2}=\dfrac{y+1}{-\dfrac{5}{3}}=\dfrac{z-3}{1}.$

5. $|P_1'P_2'| = \dfrac{3\sqrt{14}}{7}$，$P_1'\left(\dfrac{17}{7}, -\dfrac{2}{7}, \dfrac{15}{7}\right)$，$P_2'\left(\dfrac{23}{7}, \dfrac{1}{7}, \dfrac{24}{7}\right)$.

6. 所求直线的点向式方程是 $\dfrac{x-1}{-4} = \dfrac{y}{50} = \dfrac{z+2}{31}$.

7. $L:\begin{cases} 2x-3y+5z+41=0, \\ x-y-z-17=0 \end{cases}$ 或可写成 $L:\dfrac{x+48}{8} = \dfrac{y+\frac{95}{2}}{7} = \dfrac{z+\frac{35}{2}}{1}$.

习题 3.1

1. $xy=2$，$x+y\geqslant 2$，即动点 P 的轨迹为双曲线的一支.

2. 重心的轨迹为一条直线 $21x-15y-35=0$.

3. （1）$(x-5)^2 + \dfrac{(y+1)^2}{4} = 1$；（2）$x^{\frac{2}{3}} + y^{\frac{2}{3}} = (4r)^{\frac{2}{3}}$.

4. （1）$\begin{cases} x=t^2, \\ y=t^3, \end{cases}$ $(-\infty < t < \infty)$（不唯一）；

（2）令 $\begin{cases} x^{\frac{1}{2}} = a^{\frac{1}{2}}\cos^2 t, \\ y^{\frac{1}{2}} = a^{\frac{1}{2}}\sin^2 t, \end{cases}$ $(0 \leqslant t < 2\pi)$，即 $\begin{cases} x = a\cos^4 t, \\ y = a\sin^4 t, \end{cases}$ $(0 \leqslant t < 2\pi)$

（不唯一）；

（3）$\begin{cases} x = 3a\sin^{\frac{2}{3}} t\cos^{\frac{4}{3}} t, \\ y = 3a\sin^{\frac{4}{3}} t\cos^{\frac{2}{3}} t, \end{cases}$ $(0 \leqslant t < 2\pi)$（不唯一）.

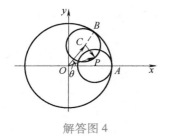

解答图 4

5. 设开始时动点 P 与大圆上的点 A 重合，并取大圆中心 O 为原点，OA 为 x 轴，过原点垂直于 OA 的直线为 y 轴，经过某一过程后，小圆与大圆的接触点为 B，小圆的中心设为 C，如解答图 4 所示.

可得轨迹的向量式参数方程为

$$\vec{r} = \left[(a-b)\cos\theta + b\cos\dfrac{a-b}{b}\theta\right]\vec{i} + \left[(a-b)\sin\theta - b\sin\dfrac{a-b}{b}\theta\right]\vec{j}$$
$$(-\infty < \theta < +\infty),$$

坐标式参数方程为

$$\begin{cases} x = (a-b)\cos\theta + b\cos\dfrac{a-b}{b}\theta, \\ y = (a-b)\sin\theta - b\sin\dfrac{a-b}{b}\theta, \end{cases} \quad (-\infty < \theta < +\infty).$$

6. 当 $a=4b$ 时，曲线方程可化为 $\begin{cases} x = a\cos^3\theta, \\ y = a\sin^3\theta, \end{cases}$ $(-\infty < \theta < +\infty)$.

此时的曲线是四尖点星形线，如解答图 5 所示.

7. 如解答图 6 所示，以 OA 为 y 轴，O 点为原点，过 O 点且垂直于 OA 的直线为 x 轴建立直角坐标系. 设 $\theta = \measuredangle(\vec{i}, \overrightarrow{OB})$，从而有

$$\vec{r} = \left(a\sin\theta\cos\theta + a\frac{\cos^3\theta}{\sin\theta}\right)\vec{i} + a\sin^2\theta\,\vec{j} = a\frac{\cos\theta}{\sin\theta}\vec{i} + a\sin^2\theta\,\vec{j} \quad (0<\theta<\pi).$$

它的坐标式参数方程为

$$\begin{cases} x = a\dfrac{\cos\theta}{\sin\theta}, \\ y = a\sin^2\theta, \end{cases} \quad (0<\theta<\pi).$$

一般方程为

$$x^2 y + a^2 y - a^3 = 0 \quad (y>0).$$

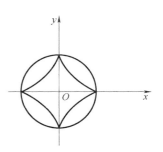

解答图 5

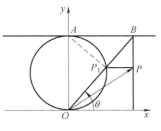

解答图 6

习题 3.2

1. 轨迹方程为两个平行平面

$$Ax + By + Cz + D \pm d\sqrt{A^2+B^2+C^2} = 0.$$

2. （1）$x^2+y^2+z^2=1$；（2）$x-2y+3z=0$.

3. 所求曲线方程为

$$\begin{cases} x^2+y^2+z^2-ax-by-cz=0, \\ \dfrac{x}{a}+\dfrac{y}{b}+\dfrac{z}{c}=1. \end{cases}$$

4. $(x-1)^2+(y+2)^2+(z-3)^2=49$.

5. $x^2+7y^2+7z^2-8xy+4yz+8xz-10x-32y-58z+124=0$.

6. 两个参数方程消去参数后可得曲面的一般方程均为 $x^2+y^2=z$.

7. 直角坐标为 $(1,1,1)$ 的点的球面坐标为 $\left(\sqrt{3}, \arcsin\dfrac{\sqrt{3}}{3}, \dfrac{\pi}{4}\right)$；

直角坐标为 $(1,1,1)$ 的点的柱面坐标为 $\left(\sqrt{2}, \dfrac{\pi}{4}, 1\right)$.

8. 球面方程为 $x^2+(y-2)^2+z^2=4$.

9. （1）$\rho=a$（正常数）表示原点在中心、半径为 a 的球面，所以该球面在直角坐标系中的方程为

$$x^2+y^2+z^2=a^2.$$

（2）$\varphi=\alpha$（常数）表示以 z 轴为界的半平面，它与 zOx 面的夹角为 α. 所以它在直角坐标系中的方程为

$$\cos \alpha = \frac{x}{\sqrt{x^2+y^2}}, \quad \sin \alpha = \frac{y}{\sqrt{x^2+y^2}},$$

即 $\tan \alpha = \dfrac{y}{x}$，也即

$$y = x\tan \alpha \quad (x\cos \alpha \geqslant 0, y\sin \alpha \geqslant 0).$$

（3）$\theta = \beta$（常数）表示以原点为顶点，z 轴为轴，半顶角为 $\dfrac{\pi}{2} - \beta$ 的一个直圆锥面（只有一腔）. 所以它在直角坐标系中的方程为

$$x^2 + y^2 - z^2\cot^2\beta = 0 \quad (z\sin \beta \geqslant 0).$$

10. $2x^2 + 2y^2 + 2z^2 - 2xy - 2yz - 2zx - 3 = 0.$

习题 3.3

1. 圆心坐标 $(1,1,1)$，半径为 1.

2. （1）$\begin{cases} \dfrac{x^2}{a^2} + \dfrac{z^2}{c^2} = 1, \\ bx = ay; \end{cases}$ （2）$\begin{cases} \dfrac{x^2}{9} + \dfrac{y^2}{16} = 1, \\ 5y = 4z. \end{cases}$

3. （1）$\begin{cases} x = \cos t, \\ y = \sin t, \\ z = \dfrac{1}{3}(6 - 2\cos t), \end{cases} \quad (0 \leqslant t < 2\pi);$

（2）$\begin{cases} x = \cos t, \\ y = \sin t, \quad (0 \leqslant t < 2\pi); \\ z = \cos t, \end{cases}$

（3）$\begin{cases} x = \dfrac{3}{\sqrt{2}}\cos t, \\ y = \dfrac{3}{\sqrt{2}}\cos t, \quad (0 \leqslant t < 2\pi). \\ z = 3\sin t, \end{cases}$

4. 曲线的一般方程为 $\begin{cases} x + y = a, \\ z^2 = 4xy, \end{cases}$ 因此所在平面方程为 $x + y = a.$

5. $(-1, 0, 3), \ (-1, 0, -3).$

6. xOy 面上的射影曲线为 $\begin{cases} 5x^2 + 8y^2 - 4y - 4xy - 54 = 0, \\ z = 0. \end{cases}$

yOz 面上的射影曲线为 $\begin{cases} 5y^2 + 5z^2 + 14z + 8yz + 10y - 3 = 0, \\ x = 0. \end{cases}$

xOz 面上的射影曲线为 $\begin{cases} 5x^2 + 4z^2 + 28z - 2 = 0, \\ y = 0. \end{cases}$

7. 取圆锥的顶点为坐标原点，圆锥的轴为 z 轴建立直角坐标系，并设圆锥角为 2α，旋转角速度为 ω，直线速度为 v，动点的初始位置在坐标原点，而且动点所在锥面直母线的初始位置在 xOz 坐标面上的 x 正向一侧，如解答图 7 所示. 可得圆锥螺线的向量式参数方程为

$$\vec{r} = vt\sin\alpha\cos\omega t\,\vec{i} + vt\sin\alpha\sin\omega t\,\vec{j} + vt\cos\alpha\,\vec{k} \quad (-\infty < t < +\infty).$$

坐标式参数方程为

$$\begin{cases} x = vt\sin\alpha\cos\omega t, \\ y = vt\sin\alpha\sin\omega t, \quad (-\infty < t < +\infty). \\ z = vt\cos\alpha, \end{cases}$$

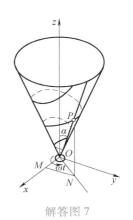

解答图 7

取 $\theta = \omega t$，并设 $\dfrac{v}{\omega}\sin\alpha = a$，$\dfrac{v}{\omega}\cos\alpha = b$，那么圆锥螺线的参数方程为

$$\begin{cases} x = a\theta\cos\theta, \\ y = a\theta\sin\theta, \quad (-\infty < \theta < +\infty). \\ z = b\theta, \end{cases}$$

习题 3.4

1. （1）$(x-2)^2 + (y+3)^2 = 9$ 表示圆柱面，母线的方向 $\vec{V} = (0,0,1)$，一条准线的方程为 $C:\begin{cases} (x-2)^2 + (y+3)^2 = 9, \\ z = 0. \end{cases}$

（2）$9x^2 - 4y^2 = 36$ 表示双曲柱面，母线的方向 $\vec{V} = (0,0,1)$，一条准线的方程为

$$C:\begin{cases} 9x^2 - 4y^2 = 36, \\ z = 0. \end{cases}$$

（3）$4x^2 - y = 0$ 表示抛物柱面，母线的方向 $\vec{V} = (0,0,1)$，一条准线的方程为

$$C:\begin{cases} 4x^2 - y = 0, \\ z = 0. \end{cases}$$

（4）$2x^2 + 3y^2 = 0 \Leftrightarrow \begin{cases} x = 0, \\ y = 0 \end{cases}$ 表示 z 轴，不表示柱面.

2. 所求的柱面方程为 $(x+z)^2 + y^2 = 1$.

3. 它在坐标面 xOy 上的射影曲线是一个圆 $\begin{cases} (x-1)^2 + y^2 = 1, \\ z = 0, \end{cases}$ 如解答图 8a 所示.

在坐标面 xOz 上的射影曲线是抛物线上的一段 $\begin{cases} 2(x-2)=-z^2, \\ y=0, \end{cases}$

$z\in[-2,2]$，如解答图 8b 所示.

在坐标面 yOz 上的射影曲线是 4 次代数曲线 $\begin{cases} 4y^2+(z^2-2)^2=4, \\ x=0, \end{cases}$

如解答图 8c 所示.

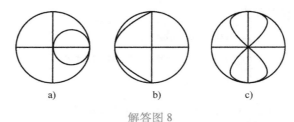

a)　　　　b)　　　　c)

解答图 8

4. $x^2+y^2=1$.

5. 柱面的方程为 $\left(x-\dfrac{X}{Z}z\right)^2+\left(y-\dfrac{Y}{Z}z\right)^2=1$.

6.（1）$x^2-2y^2-2x+2y+1=0$，$y-z+1=0$，$x^2-2z^2-2x+6z-3=0$.

（2）$7x+2y-23=0$，$2y+7z-2=0$，$x-z-3=0$.

7. 曲线 C 关于坐标面 xOz，xOy 的射影柱面分别是

$$5x^2+z^2=1,\quad 2x+y=0,\quad -1\leqslant x\leqslant 1.$$

曲线 C 在坐标面 xOz，xOy 内的射影曲线分别是

$$\begin{cases} 5x^2+z^2=1, \\ y=0, \end{cases}\quad \begin{cases} 2x+y=0, \\ z=0, \end{cases}\quad (-1\leqslant x\leqslant 1).$$

8.（1）方程 $3x^2=2yz$ 为 x，y，z 的二次齐次方程，故方程 $3x^2=2yz$ 表示一个顶点在原点的锥面 S. 取一个过原点的平面 π：$y+z=0$，由于平面 π 与锥面 S 的交线 $\begin{cases} y+z=0, \\ 3x^2=2yz \end{cases}$ 是一个点，即锥面的顶点，故 S 上不存在与平面 $y+z=0$ 平行的直线. 因此一个与 π 平行且不过原点的平面 $y+z+1=0$ 与 S 的交线可作为 S 的准线. 即 $C:\begin{cases} 3x^2=2yz, \\ y+z=1 \end{cases}$ 为 $S:3x^2=2yz$ 的一条准线.

（2）由于 $x^2-2y^2+3z^2-2x+8y-7=0\Leftrightarrow(x-1)^2-2(y-2)^2+3z^2=0$，于是方程表示一个顶点在 $(1,2,0)$ 的锥面. $C:\begin{cases} (x-1)^2+3z^2=2, \\ y=1 \end{cases}$ 为 S 的一条准线.

9. $3(x-3)^2-5(y+1)^2+7(z+2)^2-6(x-3)(y+1)+10(x-3)(z+2)-2(y+1)(z+2)=0$.

10. $2x^2+2y^2=z^2$.

11. 锥面的方程为 $\left(\dfrac{a^2+b^2}{ab}\right)xy+\left(\dfrac{b^2+c^2}{bc}\right)yz+\left(\dfrac{c^2+a^2}{ca}\right)zx=0$.

12. （1）它是以坐标面 xOz 上的曲线 $\begin{cases}z=\dfrac{1}{x^2},\\ y=0\end{cases}$ 为母线，z 轴为旋

转轴的旋转曲面，也可看成是以坐标面 yOz 上的曲线 $\begin{cases}z=\dfrac{1}{y^2},\\ x=0\end{cases}$ 为母

线，z 轴为旋转轴的旋转曲面.

（2）该曲面是以原点为顶点的锥面，准线可取为 $\begin{cases}xy+x+y=0,\\ z=1.\end{cases}$

13. 旋转曲面的方程为 $4x^2-17y^2+4z^2+2y-1=0$.

14. 旋转轴是 $x=y=z$，曲面被垂直于旋转轴的平面相截，所得曲线为圆.

15. $\begin{cases}x=(a+b\cos\theta)\cos\varphi,\\ y=(a+b\cos\theta)\sin\varphi,\quad(0\leqslant\theta<2\pi,0\leqslant\varphi<2\pi).\\ z=b\sin\varphi,\end{cases}$

16. 所求的旋转曲面为

$$x^2+y^2+z^2-1=\frac{5}{9}(x+y+z-1)^2,$$

即

$$2(x^2+y^2+z^2)-5(xy+xz+yz)+5(x+y+z)-7=0.$$

17. 取曲线

$$\begin{cases}5x^2+5y^2+2z^2-8xy-2xz-2yz+20x+20y-40z-16=0,\\ z=0\end{cases}$$

为准线，母线方向设为 $X:Y:Z$ 来建立柱面方程. 整理得柱面方程为

$$5x^2+5y^2+\left(\frac{5X^2}{Z^2}+\frac{5Y^2}{Z^2}-\frac{8XY}{Z^2}\right)z^2-8xy-$$

$$2\left(\frac{5X}{Z}-\frac{4Y}{Z}\right)xz-2\left(\frac{5Y}{Z}-\frac{4X}{Z}\right)yz+$$

$$20x+20y-20\left(\frac{X}{Z}+\frac{Y}{Z}\right)z-16=0.$$

与原方程比较，得 $X:Y:Z=1:1:1$，因此方程表示柱面.

18. 直线 L 的轨迹方程为 $4x^2-9y^2-144z=0$ 即 $\dfrac{x^2}{18}-\dfrac{y^2}{8}=2z$，它是一个双曲抛物面.

习题 3.5

1. 椭球面方程为 $\dfrac{x^2}{9}+\dfrac{y^2}{36}+\dfrac{z^2}{36}=1$.

2. （1）直圆锥面；（2）旋转单叶双曲面；（3）椭圆抛物面；（4）双曲抛物面；（5）两个平行平面；（6）双曲柱面；（7）直圆柱面；（8）双叶双曲面.

3. 所求的二次曲面的方程为 $\dfrac{x^2}{3}-\dfrac{z^2}{2}=2y$.

4. （1）$\lambda>0$，双叶双曲面；$\lambda=0$，二次锥面；$\lambda<0$，单叶双曲面.

（2）$\lambda>0$，直圆锥面；$\lambda=0$，重合平面；$\lambda<0$，点（虚锥面）.

（3）$\lambda=0$，抛物柱面；$\lambda<0$，双曲柱面；$0<\lambda<1$，椭圆柱面；$\lambda=1$，直线；$\lambda>1$，虚椭圆柱面.

5. 过原点且与单叶双曲面交线为圆的平面有两个，即

$$\frac{\sqrt{a^2+c^2}}{c}z\pm\frac{\sqrt{a^2-b^2}}{b}y=0.$$

6. 所求轨迹为 $x^2=4\left(y-\dfrac{1}{2}z^2\right)$，即 $x^2+2z^2=4y$，是椭圆抛物面.

7. 椭圆族焦点的轨迹方程为 $\begin{cases}\dfrac{x^2}{a^2-b^2}-\dfrac{z^2}{c^2}=1,\\ y=0.\end{cases}$

8. 答案略.

9. 曲线参数方程消去参数可得

$$S_1:x^2+(y-1)^2=1,$$
$$S_2:x^2+y^2+z^2=4,$$
$$S_3:z^2=4-2y,$$

于是曲线在圆柱面 S_1 上，也在球面 S_2 上，还在抛物柱面 S_3 上.

10. $S:\dfrac{18x^2}{5}+\dfrac{8y^2}{5}=2z$.

11. 当 $\lambda\neq0$ 时，方程可改写为 $x^2+2y^2+\lambda\left(z+\dfrac{1}{\lambda}\right)^2=\dfrac{1}{\lambda}-1$. 于是

（1）当 $\lambda<0$ 时，表示双叶双曲面；

（2）当 $0<\lambda<1$ 时，表示椭球面；

（3）当 $\lambda=1$ 时，表示一点；

（4）当 $\lambda > 1$ 时，表示虚椭球面；

（5）当 $\lambda = 0$ 时，方程可改写为 $x^2 + 2y^2 = -2\left(z + \dfrac{1}{2}\right)$. 于是

当 $\lambda = 0$ 时，表示椭圆抛物面.

习题 3.6

1. $\begin{cases} wx = uy, \\ u(y-z) = wz, \end{cases}$　其中 w，u 为不全为零的实数.

2. $\begin{cases} 1 + y = 0, \\ \dfrac{x}{2} - \dfrac{z}{3} = 0 \end{cases}$ 及 $\begin{cases} \dfrac{x}{2} + \dfrac{z}{3} = 1 - y, \\ \dfrac{x}{2} - \dfrac{z}{3} = 1 + y. \end{cases}$

3. $x + y = z^2$.

4. 所求两直母线分别是

$$\begin{cases} \dfrac{x}{2} + \dfrac{y}{3} = 2, \\ \dfrac{x}{2} - \dfrac{y}{3} = z \end{cases} \quad \text{与} \quad \begin{cases} \dfrac{x}{2} - \dfrac{y}{3} = 0, \\ z = 0. \end{cases}$$

5. 所求直母线的方程为

$$\begin{cases} x + y + z = 3, \\ 2x + y - 3z = 0 \end{cases} \quad \text{与} \quad \begin{cases} 2x + y - z = 2, \\ x + y - 2z = 0. \end{cases}$$

6. $9y^2 - 12yz + 4z^2 - 9x + 3z = 0$.

7. 所求的两条直母线的方程分别是

$$\begin{cases} 3x + 2y = 0, \\ z = 0 \end{cases} \quad \text{与} \quad \begin{cases} 3x - 2y = 9, \\ 3x + 2y = 4z. \end{cases}$$

8. 证明略.

9. 腰椭圆方程为 $\begin{cases} \dfrac{x^2}{a^2} + \dfrac{y^2}{b^2} - \dfrac{z^2}{c^2} = 1, \\ z = 0. \end{cases}$

$$\begin{cases} u\left(\dfrac{x}{a} + \dfrac{z}{c}\right) = v\left(1 + \dfrac{y}{b}\right), \\ v\left(1 - \dfrac{y}{b}\right) = u\left(\dfrac{x}{a} - \dfrac{z}{c}\right) \end{cases} \Rightarrow \begin{cases} x = \dfrac{2uva}{u^2 + v^2}, \\ y = \left(\dfrac{v^2 - u^2}{u^2 + v^2}\right)b, \\ z = 0. \end{cases}$$

(x, y, z) 坐标满足腰椭圆方程 $\begin{cases} \dfrac{x^2}{a^2} + \dfrac{y^2}{b^2} = 1, \\ z = 0. \end{cases}$ 同理可证另一族直

母线也与腰椭圆相交.

10. 设所求点坐标为 $P(x_0,y_0,z_0)$，$(x_0,y_0,z_0)=\left(\alpha,-\beta,\dfrac{\alpha^2-\beta^2}{2}\right)$.

习题 3.7

1~3. 略.

习题 4.1

1. 切线方程为 $3x-y=0$，法线方程为 $x+3y-10=0$.

2. $k=-5\pm2\sqrt{5}$.

3. 过点 $(1,1)$ 的切线方程为 $3x-y-2=0$.

4. 因为 x 轴的方向 $\vec{V}=(1,0)$，参数方程为 $\begin{cases} x=t, \\ y=0, \end{cases}$ $(t\in\mathbf{R})$，代入方程 $y^2=2px$ 中得 $t=0$，因此 $y^2=2px$ 与对称轴 $y=0$ 有一个交点 $(0,0)$.

5. （1）$(-1,1)$；（2）直线 $x-y-1=0$ 上的点都是奇异点.

6. $k=-5\pm2\sqrt{5}$.

7. 提示：先求出抛物线在点 (x_1,y_1) 的切线方程，再求交点.

习题 4.2

1. （1）当 $a\neq9$，b 为任意实数时，二次曲线有唯一的中心.

（2）当 $a=9$ 且 $b\neq9$ 时，二次曲线无中心.

（3）当 $a=b=9$ 时，二次曲线为线心曲线.

2. 二次曲线的两条对称轴是 $x+y=0$ 与 $x-y+4=0$.

它们的交点是中心 $C(-2,2)$.

3. （1）二次曲线为双曲线，对称轴方程为 $x-y+4=0$ 和 $x+y=0$.

（2）二次曲线是抛物线，对称轴方程为 $x+2y=0$.

4. 被点 $(5,1)$ 平分的弦的方程为 $20x-9y-91=0$.

5. 渐近线方程为 $3x+y-\dfrac{9}{13}=0$ 与 $2x-y+\dfrac{9}{13}=0$.

6. 曲线共轭于非渐近方向 $X:Y$ 的直径为 $x-y+1=0$.

7. 证明略.

8. 与 x 轴平行的弦的中点轨迹方程为 $6x+7y+4=0$.

9. 一对共轭直径的斜率 k，k' 应满足的关系式为 $a_{22}kk'+a_{12}(k+k')+a_{11}=0$.

10. 主方向 $X_1:Y_1=2:-1$ 是渐近方向，主方向 $X_2:Y_2=1:2$ 是非渐近方向；唯一的主轴方程为 $5x+10y-4=0$.

11. （1）二次曲线为 $10x^2+21xy+9y^2-41x-39y+4=0$.

（2）二次曲线为 $x^2-6xy+y^2-52x+28y+168=0$.

12. 主方向为 $X_1:Y_1=1:1$，$X_2:Y_2=-1:1$；

曲线的主直径为 $x+y=0$ 和 $x-y=0$.

习题 4.3

1. $\dfrac{x'^2}{2}-\dfrac{y'^2}{2}=1$.

2. （1）坐标系 I 到坐标系 II 的坐标变换公式为

$$\begin{pmatrix} x \\ y \end{pmatrix} = \pm \begin{pmatrix} \dfrac{4}{5} & \dfrac{3}{5} \\ -\dfrac{3}{5} & \dfrac{4}{5} \end{pmatrix} \begin{pmatrix} x' \\ y' \end{pmatrix} + \begin{pmatrix} 1 \\ 2 \end{pmatrix}.$$

（2）直线 $2x+y=0$ 在坐标系 II 中的方程为 $2\left(\dfrac{4}{5}x'-\dfrac{3}{5}y'+1\right)+\left(\dfrac{3}{5}x'+\dfrac{4}{5}y'+2\right)=0$.

（3）直线 $2x'+y'=0$ 在坐标系 I 中的方程是 $x+2y-5=0$.

3. 对应坐标变换公式为 $\begin{cases} x=\dfrac{4}{5}x'-\dfrac{3}{5}y'+2, \\ y=\dfrac{3}{5}x'+\dfrac{4}{5}y'+3, \end{cases}$ 点 $A(0,1)$ 的新坐标

为 $\left(-\dfrac{14}{5},-\dfrac{2}{5}\right)$.

4. 坐标变换是 $\begin{cases} x'=\dfrac{A_2x+B_2y+C_2}{\sqrt{A_2^2+B_2^2}} \\ y'=\dfrac{A_1x+B_1y+C_1}{\sqrt{A_1^2+B_1^2}} \end{cases}$.（这个新坐标系不一定是右手坐标系）

5. 考虑坐标变换 $x'=k(2x+y-2z)$，$y'=l(x-2y)$，其中 k，l 都是待定常数. 取 $k=\dfrac{1}{3}$，$l=\dfrac{1}{\sqrt{5}}$，从而得到直角坐标变换

$$\begin{cases} x' = \dfrac{1}{3}(2x+y-2z), \\[2mm] y' = \dfrac{1}{\sqrt{5}}(x-2y), \\[2mm] z' = -\dfrac{1}{3\sqrt{5}}(4x+2y+5z). \end{cases}$$

曲面在新直角坐标系下的方程是 $f(3x', \sqrt{5}\,y') = 0$，它表示一个柱面. 母线方向可以取为 $(4,2,5)$，在新直角坐标系下准线可以取为 $\begin{cases} f(3x', \sqrt{5}\,y') = 0, \\ z' = 0, \end{cases}$ 该准线在原直角坐标系下的方程是

$$\begin{cases} f(2x+y-2z, x-2y) = 0, \\ 4x+2y+5z = 0. \end{cases}$$

6. 标准方程为 $x''^2 = \sqrt{5}\,y''$. 这是一条抛物线，图略.

7. 曲面方程为 $\dfrac{x'^2}{3}+\dfrac{y'^2}{3}-\dfrac{z'^2}{3}=1$，是旋转单叶双曲面.

8. 曲线的标准方程为 $\dfrac{x''^2}{4}+\dfrac{y''^2}{9}=1$，图略.

9. 曲面的标准方程为 $5x''^2+2y''^2-10z''^2=0$，所给曲面是二次锥面.

10. 曲面的标准方程为 $x''^2+y''^2-z''^2=1$，图略.

11. （1）$ax'+by'+cz'=0$；

（2）$\dfrac{x'}{X}=\dfrac{y'}{Y}=\dfrac{z'}{Z}$；

（3）$x'^2+y'^2+z'^2=a^2+b^2+c^2-d$.

12. 标准方程为 $9x''^2+6y''^2=0$（即 $3x''^2+2y''^2=0$），直角坐标变换公式为

$$\begin{cases} x=\dfrac{1}{3}x''+\dfrac{2}{3}y''-\dfrac{2}{3}z''+\dfrac{5}{9}, \\[2mm] y=-\dfrac{2}{3}x''+\dfrac{2}{3}y''+\dfrac{1}{3}z''+\dfrac{8}{9}, \\[2mm] z=\dfrac{2}{3}x''+\dfrac{1}{3}y''+\dfrac{2}{3}z''+\dfrac{1}{9}. \end{cases}$$

习题 4.4

1. （1）$I_1=\dfrac{1}{a^2}+\dfrac{1}{b^2}$，$I_2=\dfrac{1}{a^2b^2}$，$I_3=-\dfrac{1}{a^2b^2}$，$K_1=-\left(\dfrac{1}{a^2}+\dfrac{1}{b^2}\right)$.

（2）$I_1=\dfrac{1}{a^2}-\dfrac{1}{b^2}$，$I_2=-\dfrac{1}{a^2b^2}$，$I_3=\dfrac{1}{a^2b^2}$，$K_1=-\dfrac{1}{a^2}+\dfrac{1}{b^2}$.

（3）$I_1=1$，$I_2=0$，$I_3=-p^2$，$K_1=-p^2$.

（4）$I_1=1$，$I_2=I_3=0$，$K_1=K$.

2. 二次曲线的简化方程是 $2y'^2-4=0$，图像是两条平行直线.

3. 当 $\lambda=4$ 时，方程表示两条直线.

4. 若 $I_2=I_3=0$，$K_1<0$ 时，二次曲线为一对平行直线，且其简化方程为

$$I_1 y^{*2}+\frac{K_1}{I_1}=0.$$

于是两条平行直线 $y^*=\sqrt{-\dfrac{K_1}{I_1^2}}$ 与 $y^*=-\sqrt{-\dfrac{K_1}{I_1^2}}$ 的距离为 $d=2\sqrt{-\dfrac{K_1}{I_1^2}}$，即

$$d=\sqrt{-\frac{4K_1}{I_1^2}}.$$

5. 简化后的标准方程为 $x'^2-y'^2+1=0$，双曲线的两轴长为

实轴为 2，虚轴为 2.

6. $I_1=A+C$，$I_2=AC-B^2>0$，$I_3=-AC+B^2$. 又方程 $\lambda^2-I_1\lambda+I_2=0$ 的两个根

$$\lambda_1=\frac{A+C+\sqrt{A^2-2AC+C^2+4B^2}}{2},\quad \lambda_2=\frac{A+C-\sqrt{A^2-2AC+C^2+4B^2}}{2},$$

且 $\dfrac{I_3}{I_2}=-1$，从而 $\pi|ab|=\dfrac{\pi}{\sqrt{\lambda_1\lambda_2}}=\dfrac{\pi}{\sqrt{AC-B^2}}$.

7. 当 $\lambda<-1$ 时，$I_2>0$，$I_1 I_3<0$，表示椭圆；当 $\lambda=-1$ 时，$I_2=0$，$I_3\ne0$，表示抛物线；当 $-1<\lambda<1$ 时，$I_2<0$，$I_3\ne0$，表示双曲线；当 $\lambda=1$ 时，$I_2=0$，$I_3=0$，$K_1=0$，表示一对重合直线；当 $\lambda>1$ 时，$I_2>0$，$I_1 I_3>0$，表示虚椭圆.

8. 当 $\lambda<-2$ 时，$I_2<0$，$I_3\ne0$，方程表示双曲线；

当 $\lambda=-2$ 时，$I_2=0$，$I_3=0$，$K_1>0$，方程表示一对平行的虚直线；

当 $-2<\lambda<-1$ 时，$I_2>0$，$I_1 I_3>0$，方程表示虚椭圆；

当 $\lambda=-1$ 时，$I_2>0$，$I_3=0$，方程表示一点（或称两交于实点的共轭虚直线）；

当 $-1<\lambda<0$ 时，$I_2>0$，$I_1 I_3<0$，方程表示椭圆；

当 $\lambda=0$ 时，$I_2=0$，$I_3\ne0$，方程表示抛物线；

当 $0<\lambda<1$ 时，$I_2<0$，$I_3\ne0$，方程表示双曲线；

当 $\lambda = 1$ 时，$I_2 < 0$，$I_3 = 0$，方程表示两条相交直线；

当 $\lambda > 1$ 时，$I_2 < 0$，$I_3 \neq 0$，方程表示双曲线.

9. 证明略.

习题 5.1

1. 证明思路：验证平面上的平移变换的集合 G 满足群所满足的条件.

2. (1) 设平移变换为 $\begin{pmatrix} x' \\ y' \end{pmatrix} = \begin{pmatrix} x \\ y \end{pmatrix} + \begin{pmatrix} c_1 \\ c_2 \end{pmatrix}$，则 $\begin{pmatrix} c_1 \\ c_2 \end{pmatrix} = \begin{pmatrix} -2 \\ -4 \end{pmatrix}$.

(2) 设旋转变换为 $\begin{pmatrix} x' \\ y' \end{pmatrix} = \begin{pmatrix} \cos\theta & -\sin\theta \\ \sin\theta & \cos\theta \end{pmatrix} \begin{pmatrix} x \\ y \end{pmatrix}$，当 $\begin{pmatrix} x \\ y \end{pmatrix} = \begin{pmatrix} 3 \\ 1 \end{pmatrix}$ 时，$\begin{pmatrix} x' \\ y' \end{pmatrix} = \begin{pmatrix} -1 \\ 3 \end{pmatrix}$，求得 $\sin\theta = 1$，$\cos\theta = 0$.

3. $(1-\sqrt{3})x' + (1+\sqrt{3})y' + 4\sqrt{3} - 6 = 0$.

4. (1) 等距变换 $\begin{pmatrix} x' \\ y' \end{pmatrix} = \begin{pmatrix} \cos\theta & -\sin\theta \\ \sin\theta & \cos\theta \end{pmatrix} \begin{pmatrix} x \\ y \end{pmatrix} + \begin{pmatrix} 2 \\ -1 \end{pmatrix}$，$\theta = \frac{3}{2}\pi$.

(2) 设等距变换为 $\begin{pmatrix} x' \\ y' \end{pmatrix} = \begin{pmatrix} \cos\theta & -\sin\theta \\ \sin\theta & \cos\theta \end{pmatrix} \begin{pmatrix} x \\ y \end{pmatrix} + \begin{pmatrix} c_1 \\ c_2 \end{pmatrix}$，$\theta = -\frac{3}{4}\pi$，

当 $\begin{pmatrix} x \\ y \end{pmatrix} = \begin{pmatrix} 0 \\ 1 \end{pmatrix}$ 时，$\begin{pmatrix} x' \\ y' \end{pmatrix} = \begin{pmatrix} -2+\sqrt{2} \\ -1-\sqrt{2} \end{pmatrix}$，求得 $\begin{pmatrix} c_1 \\ c_2 \end{pmatrix} = \begin{pmatrix} -2+\frac{3}{2}\sqrt{2} \\ -1-\frac{3}{2}\sqrt{2} \end{pmatrix}$.

5. 反射变换满足

$$\begin{pmatrix} x' \\ y' \end{pmatrix} = \begin{pmatrix} \dfrac{-a^2+b^2}{a^2+b^2} & \dfrac{-2ab}{a^2+b^2} \\ \dfrac{-2ab}{a^2+b^2} & \dfrac{a^2-b^2}{a^2+b^2} \end{pmatrix} \begin{pmatrix} x \\ y \end{pmatrix} + \begin{pmatrix} -2ac \\ -2bc \end{pmatrix}.$$

习题 5.2

1. $f_2 \cdot f_1 : \begin{cases} x'' = 3x+2 \\ y'' = 3x+y \end{cases}$ 且 $K = \begin{vmatrix} 3 & 0 \\ 3 & 1 \end{vmatrix} = 3 \neq 0$；

$f_1 \cdot f_2 : \begin{cases} x'' = 3x+2 \\ y'' = x+y-2 \end{cases}$ 且 $K = \begin{vmatrix} 3 & 0 \\ 1 & 1 \end{vmatrix} = 3 \neq 0$.

2. 所求的仿射变换为

$$\begin{cases} x'=\dfrac{x}{2}-\dfrac{y}{2}, \\ y'=\dfrac{x}{2}+\dfrac{y}{2}-1, \end{cases} \text{且} |A|=\begin{vmatrix} \dfrac{1}{2} & -\dfrac{1}{2} \\ \dfrac{1}{2} & \dfrac{1}{2} \end{vmatrix}=\dfrac{1}{2}\neq 0.$$

3. 所求仿射变换是

$$\begin{cases} x=x'+y'+1, \\ y=-x'+y'+1, \end{cases} \text{或} \begin{cases} x'=\dfrac{1}{2}x-\dfrac{1}{2}y, \\ y'=\dfrac{1}{2}x+\dfrac{1}{2}y-1. \end{cases}$$

4. 证明略.

5. (1) $(5,-7)$, $(5,2)$, $(19,-18)$;

(2) $\left(\dfrac{2}{3},\dfrac{19}{9}\right)$, $\left(\dfrac{7}{3},\dfrac{20}{9}\right)$, $\left(-\dfrac{1}{3},\dfrac{10}{9}\right)$;

(3) $10x+7y+35=0$;

(4) $5x-12y+26=0$.

6. 方程为 $5x'-y'-10=0$.

7. 证明略.

8. 证明略.

9. (1) $\dfrac{(x'-3)^2}{2^2}+\dfrac{(y'+2)^2}{3^2}=1$; (2) $(x'-5)^2=-2(y'-3)$.

10. 不变直线方程为 $x+2y-1=0$, 且此直线上的点均为不动点.

习题 5.3

1. 提示: 可设三点坐标, 用坐标法证明.

2. $\begin{cases} x'=x+z, \\ y'=y+z, \\ z'=z. \end{cases}$

3. $\begin{cases} x'=x, \\ y'=y, \\ z'=-z. \end{cases}$

4. 证明略.

5. 证明略.

习题 5.4

1~3. 略.

参 考 文 献

[1] 苏步青，华宣积，忻元龙，等. 空间解析几何[M]. 上海：上海科学技术出版社，1984.

[2] 黄宣国. 空间解析几何[M]. 上海：复旦大学出版社，2004.

[3] 吴光磊，田畴. 解析几何简明教程[M]. 2 版. 北京：高等教育出版社，2008.

[4] 沈一兵，盛为民，张希，等. 解析几何学[M]. 杭州：浙江大学出版社，2008.

[5] 石勇国，彭家寅. 解析几何[M]. 北京：科学出版社，2014.

[6] 丘维声. 解析几何[M]. 3 版. 北京：北京大学出版社，2015.

[7] 嵩天，礼欣，黄天羽. Python 语言程序设计基础[M]. 2 版. 北京：高等教育出版社，2017.

[8] 高红铸，王敬庚，傅若男. 空间解析几何[M]. 4 版. 北京：北京师范大学出版社，2018.

[9] 刘大成. Python 数据可视化之 matplotlib 实践[M]. 北京：电子工业出版社，2018.

[10] 米洛瓦诺维奇，富雷斯，韦蒂格利. Python 数据可视化编程实战：第 2 版[M]. 颛清山，译. 北京：人民邮电出版社，2018.

[11] 吕林根，许子道. 解析几何[M]. 5 版. 北京：高等教育出版社，2019.

[12] 杜娟. 空间解析几何理论应用与计算机实现研究[M]. 长春：吉林出版集团股份有限公司，2020.